全国高等职业院校食品类专业第二轮规划教材
（供食品检验检测技术、食品质量与安全、保健品开发与管理专业用）

食品微生物学基础

第2版

主　编　杨玉红　洪剑锋
副主编　赵春杰　彭必武　张阳迪　申　森
编　者　（以姓氏笔画为序）
申　森（黄河水利职业技术学院）
冉春霞（重庆三峡医药高等专科学校）
杜　金（长春职业技术学院）
杨玉红（鹤壁职业技术学院）
张阳迪（鹤壁职业技术学院）
赵春杰（内蒙古农业大学职业技术学院）
柯　轶（福建生物工程职业技术学院）
洪剑锋（湖南食品药品职业学院）
彭必武（湖南食品药品职业学院）
蒋明利（鹤壁金地食品配料有限公司）

中国健康传媒集团
中国医药科技出版社·北京

内 容 提 要

本教材为“全国高等职业院校食品类专业第二轮规划教材”之一，系根据本套教材的编写指导思想和原则要求，结合专业培养目标和本课程的教学目标、内容与任务要求编写而成。本教材具有专业针对性强、紧密结合新时代行业要求和社会用人需求、与职业技能鉴定相对接等特点，内容主要包括微生物主要类群的结构和功能、微生物的营养和生长控制、微生物在食品生产中的应用、微生物与食品保藏、微生物与食品安全等。本教材为书网融合教材，即纸质教材有机融合电子教材、教学配套资源（PPT、微课、视频、图片等）、题库系统、数字化教学服务（在线教学、在线作业、在线考试）。

本教材主要供高职高专食品检验检测技术、食品质量与安全、保健品开发与管理专业师生使用，也可作为食品加工技术、食品生物技术、农产品质量检测等专业的参考用书。

图书在版编目（CIP）数据

食品微生物学基础/杨玉红，洪剑锋主编．—2 版．—北京：中国医药科技出版社，2023. 12（2025. 8 重印）.

全国高等职业院校食品类专业第二轮规划教材

ISBN 978 – 7 – 5214 – 4304 – 2

Ⅰ.①食… Ⅱ.①杨… ②洪… Ⅲ.①食品微生物 – 微生物学 – 高等职业教育 – 教材 Ⅳ.①TS201. 3

中国国家版本馆 CIP 数据核字（2023）第 236140 号

美术编辑 陈君杞

版式设计 友全图文

出版 **中国健康传媒集团** | 中国医药科技出版社

地址 北京市海淀区文慧园北路甲 22 号

邮编 100082

电话 发行：010 – 62227427 邮购：010 – 62236938

网址 www. cmstp. com

规格 889 × 1194mm $^{1}/_{16}$

印张 10 $^{3}/_{4}$

字数 341 千字

初版 2019 年 1 月第 1 版

版次 2024 年 1 月第 2 版

印次 2025 年 8 月第 3 次印刷

印刷 大厂回族自治县彩虹印刷有限公司

经销 全国各地新华书店

书号 ISBN 978 – 7 – 5214 – 4304 – 2

定价 39. 00 元

出版说明

为了贯彻党的二十大精神，落实《国家职业教育改革实施方案》《关于推动现代职业教育高质量发展的意见》等文件精神，对标国家健康战略、服务健康产业转型升级，服务职业教育教学改革，对接职业岗位需求，强化职业能力培养，中国健康传媒集团中国医药科技出版社在教育部、国家药品监督管理局的领导下，通过走访主要院校，对2019年出版的“全国高职高专院校食品类专业‘十三五’规划教材”进行广泛征求意见，有针对性地制定了第二轮规划教材的修订出版方案，并组织相关院校和企业专家修订编写“全国高等职业院校食品类专业第二轮规划教材”。本轮教材吸取了行业发展最新成果，体现了食品类专业的新进展、新方法、新标准，旨在赋予教材以下特点。

1. 强化课程思政，体现立德树人

坚决把立德树人贯穿、落实到教材建设全过程的各方面、各环节。教材编写将价值塑造、知识传授和能力培养三者融为一体。深度挖掘提炼专业知识体系中所蕴含的思想价值和精神内涵，科学合理拓展课程的广度、深度和温度，多角度增加课程的知识性、人文性，提升引领性、时代性和开放性。深化职业理想和职业道德教育，教育引导学生深刻理解并自觉实践行业的职业精神和职业规范，增强职业责任感。深挖食品类专业中的思政元素，引导学生树立坚持食品安全信仰与准则，严格执行食品卫生与安全规范，始终坚守食品安全防线的职业操守。

2. 体现职教精神，突出必需够用

教材编写坚持“以就业为导向、以全面素质为基础、以能力为本位”的现代职业教育教学改革方向，根据《高等职业学校专业教学标准》《职业教育专业目录 (2021)》要求，进一步优化精简内容，落实必需够用原则，以培养满足岗位需求、教学需求和社会需求的高素质技能型人才，体现高职教育特点。同时做到有序衔接中职、高职、高职本科，对接产业体系，服务产业基础高级化、产业链现代化。

3. 坚持工学结合，注重德技并修

教材融入行业人员参与编写，强化以岗位需求为导向的理实教学，注重理论知识与岗位需求 相结合，对接职业标准和岗位要求。在不影响教材主体内容的基础上保留第一版教材中的“学习目标”“知识链接”“练习题”模块，去掉“知识拓展”模块。进一步优化各模块内容，培养学生理论联系实践的综合分析能力；增强教材的可读性和实用性，培养学生学习的自觉性和主动性。在教材正文适当位置插入“情境导入”，起到边读边想、边读边悟、边读边练的作用，做到理论与相关岗位相结合，强化培养学生创新思维能力和操作能力。

4. 建设立体教材，丰富教学资源

提倡校企“双元”合作开发教材，引入岗位微课或视频，实现岗位情景再现，激发学生学习兴趣。依托“医药大学堂”在线学习平台搭建与教材配套的数字化资源(数字教材、教学课件、图片、视频、动画及练习题等),丰富多样化、立体化教学资源，并提升教学手段，促进师生互动，满足教学管理需要，为提高教育教学水平和质量提供支撑。

本套教材的修订出版得到了全国知名专家的精心指导和各有关院校领导与编者的大力支持，在此一并表示衷心感谢。希望广大师生在教学中积极使用本套教材并提出宝贵意见，以便修订完善，共同打造精品教材。

数字化教材编委会

主　编　杨玉红　洪剑锋

副主编　赵春杰　彭必武　张阳迪　申　森

编　者　（以姓氏笔画为序）

申　森（黄河水利职业技术学院）

冉春霞（重庆三峡医药高等专科学校）

杜　金（长春职业技术学院）

杨玉红（鹤壁职业技术学院）

张阳迪（鹤壁职业技术学院）

赵春杰（内蒙古农业大学职业技术学院）

柯　轶（福建生物工程职业技术学院）

洪剑锋（湖南食品药品职业学院）

彭必武（湖南食品药品职业学院）

蒋明利（鹤壁金地食品配料有限公司）

前言

食品微生物学基础是高等职业院校食品相关专业一门必修专业基础课程，对食品加工、食品分析和食品质量与安全控制起着非常关键的作用，特别是随着现代生命科学和现代食品工业的迅猛发展，微生物对食品工业发展产生了越来越深刻的影响，已经渗透到食品加工、食品储运、食品安全的各个方面，成为支撑食品工业的重要技术。

《食品微生物学基础》（第 2 版）发挥教材的铸魂育人作用，深入挖掘本课程内容中蕴含的思想政治教育资源，结合教材知识及技能内容，在每章中均有机融入社会主义核心价值观、融入中国优秀传统文化、中国先进技术等内容。在每章中均增加了素质目标，明确本章课程思政素养目标，在“知识链接”模块中增加了课程思政案例，体现课程思政内容，强化课程思政意识，体现立德树人。

教材在传承和发扬第 1 版编写风格的基础上，对体例和内容进行了适当调整和增减。根据食品产业发展动态、食品法律法规及标准更新状态，对教材内容进行了相应的补充和更新，删除了与现行食品标准不吻合的内容，更新了培养基的配制方法、菌落总数检验方法、大肠菌群检验方法等内容，按照最新国标增加或更新了预包装食品中致病菌限量指标和即食食品中致病菌限量指标内容。引入了“情境导入”“学习目标”“知识链接”“本章小结”等模块，加强对学生“三基”训练，并提高分析问题和解决问题的能力，增强教材内容的实用性和可读性，使学生对食品微生物学的基本理论和基本技能有较为全面的了解，帮助学生提纲挈领地掌握重点内容，为进一步学习食品类其他课程奠定良好基础。

本教材为书网融合教材，在纸质教材的基础上，融入了更多更实用的数字化教学素材，如课程知识点体系、PPT 课件、视频、题库等，以更好地满足线上线下混合学习需求。

本教材由杨玉红、洪剑锋担任主编，赵春杰、彭必武、张阳迪、申森任副主编。具体编写分工为：第一章、第四章由杨玉红编写，第二章由杨玉红、蒋明利编写，第三章、第七章由张阳迪编写，第五章由赵春杰编写，第六章由冉春霞编写，第八章由杜金、柯轶编写，第九章由洪剑锋编写，第十章由彭必武编写，第十一章由申森编写。

本教材可供全国高等职业院校食品营养与检测、食品质量与安全、保健品开发与管理专业教学使用，也可作为食品智能加工技术、食品贮运与营销、食品检验检测技术、绿色食品生产与检验等类专业及保健品开发与管理专业用书，同时还可供从事营养、食品、生物、保健品专业工作人员参考。

本教材在编写过程中，得到教材建设指导委员会专家的悉心指导和各参编院校的大力支持，在此表示诚挚的谢意。

在编写过程中，编写团队广泛征求了各方面的意见，采取了集体讨论、分工互审、主编负责的方法，并经全体编写人员反复推敲，精心编撰。但由于知识能力所限，书中疏漏和不足之处在所难免，恳请广大读者批评指正，以便进一步修改、完善。

编　者

2023 年 11 月

目录

第一章

绪 论

知识目标

1. **掌握** 微生物的基本概念及生物学特点。
2. **熟悉** 食品微生物学及其研究的对象、内容与任务。
3. **了解** 微生物学及其分支学科、发展简史。

素质目标

通过本章的学习，结合微生物学发展历史中做出重要贡献的科学家们的事迹，树立正确的人生观，学习科学家们不畏艰辛、勇于探索、敢于实践的精神。

第一节 微生物及其生物学特点 微课1

PPT

一、微生物及其分类地位

（一）微生物的概念

微生物（microorganism，microbe）一般是指形体微小、结构简单、肉眼看不见或看不清的微小生物的总称。这些微小的生物体，绝大多数需要借助光学显微镜甚至电子显微镜才能看见。但是也有例外，有些微生物肉眼是可以看见的，比如我们日常食用的蘑菇、中药中的灵芝等真菌类微生物。随着科学技术的发展，近年来发现有些微生物肉眼也能看见，如1993年被正式确认为细菌的费氏刺骨鱼菌（*Epulopiscium fishelsoni*）。因此，上述概念是指一般而言，沿袭而来，现在仍然适用。

（二）微生物在生物学分类中的地位

微生物非常多样，具有独特的生物学特性，在整个生命科学中占有十分重要的地位。在1969年魏塔科（Whittaker）提出的动物界、植物界、原生生物界、真菌界和原核生物界五界系统，1977年卡尔·乌斯（Carl Woese）提出的细菌域、古菌域和真核域的三域系统，以及1996年美国雷文（P. H. Raven）等提出动物界、植物界、原生生物界、真菌界、真细菌界和古生菌界六界系统中，微生物都占据重要位置。

二、微生物的生物学特点

微生物虽然形体微小，结构简单，但是它们具有与很多高等生物相同的基本生物学特性，以及其他生物体不可比拟的一些特性。

（一）体积微小，比表面积大

微生物形体微小，一般测量用的单位是微米（μm）、纳米（nm），质量非常轻。这样小的细胞，就具有极大的比表面积（表面积/体积比值），使微生物与外界物质的交换能力非常强。

（二）种类多，分类广

微生物在自然界是一个十分庞大复杂的生物类群。迄今为止，被人类发现的微生物约有10万种，并且每年还在不断地发现和增加新的品种。它们具有各种生活方式和营养类型，广泛分布在土壤、大气、水域，以及其他生物体内，即使环境极端恶劣，其他很多生物体不能生存的地方，比如高山、深海、冰川、沙漠、深层土壤等，都有微生物存在。

从这个特性来看，微生物的资源极其丰富，在生产实践和生命科学研究中，利用微生物的前景是十分广阔的。

（三）繁殖快，代谢活力强

微生物繁殖速度快，很多都容易培养。如广泛存在于人和动物肠道中的大肠埃希菌（*Escherichia coli*），主要进行二分裂繁殖，在合适的条件下，每分裂一次的时间大约20分钟，按每小时分裂3次，一昼夜分裂72次，一个大肠埃希菌的后代数超过472236648万亿个，重约4722吨。同时微生物因为体积小，具有极大的比表面积，能快速进行物质交换，吸收营养和排泄废物，代谢速率最大。如发酵乳糖的细菌在1小时内可分解其自重1000～10 000倍的乳糖；产朊假丝酵母（*Candida utilis*）合成蛋白质的能力比大豆强100倍，比肉用公牛强10万倍。

微生物的这个特性在发酵工业上具有重要的实践意义，主要体现在生产效率高、发酵周期短，有着非常好的"活的化工厂"的作用，为我们充分利用它们的生物化学转换能力、开发微生物资源提供了有利的条件，也为生物学基本理论的研究提供了极大的便利。当然对于危害作用大的微生物来说，它们的这个特性却会给人类带来极大的危害，需要认真对待，加以区别。

（四）适应性强，易变异

微生物由于具有极大的比表面积，为了适应多变的环境条件，在其长期的进化过程中产生了许多灵活的代谢调控机制，使得微生物形成了极强的适应性。虽然微生物个体一般是单细胞、非细胞或简单多细胞，变异频率十分低（10^{-10}～10^{-5}），但由于数量多、繁殖快，也可以在短时间内产生大量变异后代。

利用微生物易变异的特性进行菌种选育，可以获得优良菌种，提高产品质量，这在工业上已有很多成功案例。但若保存不当，菌种的优良特性也容易发生退化，也是微生物应用中不可忽视的。

PPT

第二节 微生物学及其发展

一、微生物学及其分支学科

（一）微生物学的概念

微生物学是指在一定条件下研究微生物的形态结构、生理生化、遗传变异以及微生物的分类、进化、生态等一系列生命活动规律及其应用的一门学科。

（二）微生物学的主要分支学科

按照不同分类依据，微生物学可分为许多不同的分支学科，根据基础理论研究内容不同，形成的分支学科有微生物生理学、微生物遗传学、微生物生物化学、微生物分类学、微生物生态学等。根据微生物类群不同，形成的分支学科有细菌学、病毒学、真菌学、放线菌学等。根据微生物的应用领域不同，形成的分支学科有工业微生物学、农业微生物学、医学微生物学、药用微生物学、食品微生物学、兽医微生物学等。根据微生物的生态环境不同，形成的分支学科有土壤微生物学、海洋微生物学等。随着现代科学理论和技术的发展，新的微生物学分支学科正在不断形成和建立，如微生物分子生物学和微生物基因组学等。

情境导入

情境 天花曾是人类历史上最致命的传染病之一。在过去，天花疫情经常暴发，导致大规模死亡和不可逆的伤残。如英国女王玛丽于1694年32岁时死于天花，法国国王约瑟夫一世和路易十五、俄国沙皇彼得二世、德国皇帝威廉二世等均死于天花。公元17～18世纪，天花曾在世界上大流行，仅在欧洲，就有8次大流行的记载；1853年，夏威夷当地居民有80%死于天花。然而，通过全球范围的疫苗接种和卫生措施，当前天花已经在世界范围内被宣布消灭。在这个过程中，微生物学家对天花病毒进行了深入的研究，包括其传播途径、感染机制、疫苗开发等方面，为消灭天花这种可怕的疾病做出了巨大的贡献。

思考 除了消灭天花这种疾病，微生物学及微生物学家们还为人类社会的进步和发展作出了哪些贡献？

二、微生物学发展史 微课2

微生物学的发展同科学技术的整体发展是密不可分的，与其他学科的发展相辅相成。从自然科学的角度来说，学者们一般把微生物学的发展分为以下时期。

（一）微生物利用的经验时期

几千年前，人们虽然没有办法看到微小的微生物，也不知道微生物是什么，但是在日常生活中积累的经验有意无意地就开始利用了微生物。如很多年前埃及人就食用黄油和奶酪，犹太人用死海中的盐保存食物，中国人用盐腌保存肉类等。这一时期经历了漫长的过程，大多处于朦胧的利用阶段，积累了一些利用微生物的经验。在我国北魏时期农学家贾思勰所著的《齐民要术》中，列有谷物制曲、制酱、酿酒、酿醋和腌菜等工艺，说明人类已经在生产与日常生活中自发地采取相应的措施来控制和利用微生物。这一时期最显著的特点是凭借经验利用微生物进行有益活动。

（二）微生物形态学时期

1676年荷兰人安东尼·列文虎克（A. V. Leeuwenhoek）用自制的能放大50～300倍的单式显微镜首次观察到了细菌的个体，他是世界上真正看见并且描述微生物的第一人。随后他观察了河水、牙垢等样本，发现了能运动的微小生物，并将观察到的杆状、球状、螺旋状细菌的形态描画出来。1695年列文虎克把自己积累的大量结果汇集在《安东尼·列文虎克所发现的自然界秘密》一书中。列文虎克的发现和描述首次揭示了一个新的生物界——微生物界，这在微生物学的发展历史上具有划时代意义。

知识链接

一生磨一镜

安东尼·列文虎克（1632—1723）是荷兰显微镜学家、微生物学的开拓者。据记载，他最大的业余爱好就是打磨镜片，一磨就是一生，借着自己研磨的复合镜片，观察过雨水、污水、血液、头发、牙垢等，终于发现了另一个广阔的世界——微生物世界。列文虎克虽然没有受过正规教育，但被收为英国皇家学会的会员，从一个最普通、最平凡的人变成了震惊世界的名人。创造奇迹的秘诀就是他锲而不舍的精神，用尽毕生心血，致力于每一个平淡无奇的细节的完善。

显微镜在16世纪末诞生以后的几十年中，有包括伽利略在内的许多科学家群雄逐“镜”，但唯有列文虎克有如此石破惊天的发现，成为“显微镜之父”。这就是“工匠精神”！

（三）微生物生理学时期

在列文虎克发现微生物以后的近200年间，微生物学的研究基本停留在描述形态和形态分类阶段。直到1861年法国人巴斯德（Louis Pasteur）发现加热细长曲颈玻璃瓶里的营养基质后，长期保存不腐败变质，而不经过加热或加热后瓶口短粗玻璃瓶里的营养基质很容易腐败变质的现象，“曲颈瓶试验”彻底推翻了长期公认的“自然发生说”，证明空气中含有微生物。在这之后巴斯德还创立了巴氏消毒技术，证明了发酵是微生物作用的结果等，推动了病原学的发展，为食品和饮料的消毒提供了方法，更为微生物的生理生化研究和微生物学的许多分支学科的诞生奠定了坚实的基础。随后微生物学的发展进入生理生化研究阶段并建立了许多分支学科，如工业微生物学、医学微生物学、食品微生物学等。很早以前，中国人就用人痘苗经鼻接种预防天花，但是病死率较高。1798年，英国医生琴纳（Jenner）发明了接种牛痘苗预防天花，但是对其机制所知甚少。1877年开始，巴斯德研究了禽霍乱、炭疽病和狂犬病，首次制成狂犬疫苗，为人类防止传染病作出了杰出贡献。德国人科赫（R. Koch）是同时期另一位著名的微生物学家，他的主要贡献在于建立了微生物的分离培养技术、提出了科赫法则等。当然，在这个时期还有很多微生物学家对微生物学的发展作出了显著贡献，如1865年英国外科医生李斯特（J. Lister）提出外科手术无菌操作方法，1888年荷兰人贝叶林克（M. Beijerinck）分离出豆科植物根瘤菌，1982年俄国人伊万诺夫斯基（D. Ivanovsky）首先发现烟草花叶病毒，英国人弗莱明（Fleming）发现了青霉素等。

（四）微生物学的成熟时期

从20世纪50年代开始，特别是1953年美国人詹姆斯·沃森（James Watson）和弗兰西斯·克里克（Francis Crick）提出了DNA双螺旋结构，标志着微生物学发展历史上成熟期的到来，开启了分子生物学的辉煌时代。在菌种资源、新的微生物发酵原料的开发、利用代谢调控机制固定化细胞和酶、应用遗传工程组建特殊功能“工程菌”等方面，都被广泛地应用于动物、植物和人类研究的其他领域。食品微生物学的研究取得了很多成果（表1－1）。从此，食品微生物学研究进入到一个崭新的时期。

表 1－1 食品微生物学发展大事记

时间	重大事件
1659 年	Kircher 证实了牛乳中含有细菌
1680 年	列文虎克使用他发明的显微镜发现了酵母细胞
1780 年	Scheele 发现酸乳中主要酸是乳酸
1782 年	瑞典化学家开始使用罐贮的醋
1813 年	Donkin Hall 和 Gamble 对罐藏食品采用后续工艺保温技术，认为可以使用二氧化硫作为防腐剂
1820 年	德国诗人 Justinus Kerner 描述了香肠中毒
1839 年	Kircher 研究发黏的甜菜汁，发现可在蔗糖汁中生长并使其发黏的微生物
1843 年	I. Winslow 首次使用蒸汽杀菌
1846 年	酵母在欧洲首次实现工业化生产
1853 年	R. Chevallier Appert 的食品高压灭菌获得专利
1857 年	巴斯德证明乳酸发酵是由微生物引起的。在英国 Penrith，W. Taylor 指出牛乳是伤寒热传播的媒介
1861 年	巴斯德用曲颈瓶试验，证明微生物非自然发生，推翻了“自然发生说”
1864 年	巴斯德建立了巴氏消毒法
1867—1868 年	巴斯德研究了葡萄酒变质难题，并采用加热法除去不良微生物，采用的方法进入工业化实践
1867—1877 年	科赫证明炭疽病是由炭疽杆菌引起的
1873 年	Gayon 首次发表鸡蛋由微生物引起变质的研究，Lister 第一个在纯培养中分离出乳酸乳球菌
1874 年	在海上运输肉的过程中广泛使用冰
1876 年	发现腐败食品中的细菌总是可以从空气、食品或容器中检测到
1878 年	首次对糖的黏液进行微生物学研究，并从中分离出肠膜明串珠菌
1880 年	德国开始对乳进行巴斯德杀菌
1881 年	科赫等首创明胶固体培养基分离细菌，巴斯德制备了炭疽菌苗
1882 年	科赫发现结核分枝杆菌，获得诺贝尔奖；Krukowisch 首次提出臭氧对腐败菌具有毁灭性杀伤作用
1884 年	E. Metchnikoff 阐明吞噬作用；科赫发明了细菌染色和细菌的鞭毛染色
1885 年	巴斯德研究成功狂犬疫苗，开创了免疫学
1888 年	Miguel 首次研究嗜热细菌，Gaertner 首次从 57 人食物中毒的肉食中分离出肠炎沙门菌
1890 年	美国对牛乳采用工业化巴斯德杀菌工艺
1894 年	Russell 首次对罐藏食品进行细菌学研究
1895 年	荷兰的 Von Geuns 首次进行牛乳中细菌的计数工作
1896 年	Vanemenegem 首先发现了肉毒梭状芽孢杆菌，并于 1904 年鉴定出 A 型，1937 年鉴定出 E 型肉毒梭状芽孢杆菌
1897 年	Bucher 用无细胞存在的酵母菌抽提液，对葡萄糖进行乙醇发酵成功
1901 年	E. von Ehrlich（GR）制备白喉抗毒素
1902 年	提出嗜冷菌概念，0℃条件下能生长的微生物
1906 年	确认了蜡样芽孢杆菌食物中毒
1907 年	E. Metchnikoff 及合作者分离并命名保加利亚乳酸杆菌，B. T. P. Barker 提出苹果酒生产中醋酸菌的作用
1908 年	P. Ehrlich（GR）和 E. Melchnikoff（R）免疫工作
1912 年	嗜高渗微生物，描述高渗环境下的酵母
1915 年	B. W. Hammer 从凝固牛乳中分离出凝结芽孢杆菌
1917 年	P. J. Donk 从奶油状的玉米中分离出嗜热脂肪芽孢杆菌

续表

时间	重大事件
1919 年	J. Bordet（B）免疫性的发现
1920 年	Bigelow 和 Esty 发表了关于芽孢在 100℃耐热性系统研究；Bigelow，Bohart，Richoardson 和 Ball 提出计算热处理的一般方法，1923 年 C. D. Ball 简化了这个方法
1922 年	Esty 和 Meyer 提出肉毒梭状芽孢杆菌的芽孢在磷酸盐缓冲液中的 Z 值为 18F
1926 年	Linden，Turner 和 Thom 提出了首例链球菌引起的食物中毒
1928 年	在欧洲首次采用气调方法贮藏苹果
1929 年	弗莱明发现青霉素
1938 年	找到弯曲菌肠炎暴发的原因是变质的牛乳
1939 年	Schleifstein 和 Coleman 确认了小肠结肠炎耶尔森菌引起的胃肠炎
1943 年	美国的 B. E. Proctor 首次采用离子辐射保存汉堡肉
1945 年	Mcclung 首次证实食物中毒中产气荚膜梭菌的病理机制
1951 年	日本的 T. Fujino 提出副溶血性弧菌是引起食物中毒的原因
1952 年	Hershey 和 Chase 发现噬菌体将 DNA 注入宿主细胞；Lederberg 发明了影印培养法
1954 年	乳酸链球菌肽在奶酪加工中控制梭状芽孢杆菌腐败的技术在英国获专利
1955 年	山梨酸被批准作为食品添加剂
1959 年	Rodney Porter 发现免疫球蛋白结构
1960 年	F. M. Burnet（AU）和 P. B. Medawar（GB）发现对于组织移植的获得性免疫耐受性
1960 年	Moller 和 Scheible 鉴定出 F 型肉毒梭菌；首次报告黄曲霉产生黄曲霉毒素
1969 年	Edeman 测定了抗体蛋白分子的一级结构；确定产气梭状芽孢杆菌的肠毒素；Gimenez 和 Ciccarelli 首次分离到 G 型肉毒梭菌
1971 年	美国马里兰州首次暴发食品介导的副溶血弧菌性胃肠炎，第一次暴发食物传播的大肠埃希菌性胃肠炎
1972 年	G. Eelman（US）抗体结构研究
1973 年	Ames 建立细菌测定法检测致癌物
1975 年	Kohler 和 Milstein 建立生产单抗体技术；L. R. Koupal 和 R. H. Deible 证实沙门菌肠毒素
1976 年	B. Blumberg（US），D. C. Gajdusck（US）发现乙型肝炎病毒的起源和传播的机理，慢性病毒感染的研究
1977 年	Woese 提出古生菌是不同于细菌和真核生物的特殊类群。Sanger 首次对 Φ×174 噬菌体 DNA 进行了全序列分析
1977 年	R. Yalow（US）放射免疫试验技术的发现
1978 年	澳大利亚首次出现 Norwalk 病毒引起食物传播的胃肠炎
1980 年	B. Benacerraf（US）、G. mell（US）、J. Dausset（F）发现了组织相容性抗原
1981 年	美国暴发了食物传播的李斯特病
1982—1983 年	Prusiner 发现朊病毒（Prion）；美国首次暴发食物介导的出血性结肠炎；Ruiz－Palacios 等描述了空肠弯曲菌肠毒素
1983—1984 年	Mullis 建立 PCR 技术
1984 年	Kohler 和 Milstein 单克隆抗体形成技术的建立
1985 年	在美国发现第一例疯牛病
1987 年	S. Tonegawa（J）发现抗体多样性产生的遗传原理
1988 年	乳酸链球菌肽在美国被列入一般公认安全（GRAS）
1990 年	美国对海鲜食品强调实施危害分析和关键控制点（HACCP）体系
1990 年	第一个超高压果酱食品在日本问世
1995 年	第一个独立生活的流感嗜血杆菌全基因组序列测定完成

续表

时间	重大事件
1996 年	第一个自养生活的古生菌基因组测序完成，詹氏甲烷球菌基因组测序完成，酵母基因组测序完成
1996 年	大肠埃希菌 O157：H7 在日本流行
1996 年	P. C. Doherty（AU）、R. M. Zinkernagel（Sw）T 淋巴细胞识别病毒感染细胞机制的发现
1997 年	第一个真核生物酵母菌基因组测序完成，大肠埃希菌基因组测序完成；发现纳米比亚硫珍珠样菌，这是已知的最大细菌
1999 年	美国超高压技术在肉制品加工中得到商业化应用
2000 年	发现霍乱弧菌有两个独立的染色体
2002 年	约翰·芬恩（John B. Fenn）、田中耕一（Koichi Tanaka）、库尔特·维特里希（Kurt Wüthrich）发明了对生物大分子进行确认和结构分析、质谱分析的方法
2003 年	欧盟兽药管理科学委员会对污染产毒性大肠埃希菌的食品类别进行分级时，是对 VETCC 的多种高危食品载体进行分级，包括生牛肉或未煮熟的牛肉、其他反刍动物肉、切碎和（或）发酵牛肉及其产品等，这是对污染同一种致病菌的多种食品载体进行分级
2004 年	RODR GUEZ - VALERA 提出了宏蛋白质组（Metaproteome）的概念，即环境中所有生物的蛋白质组的总和，宏蛋白质组的研究方法与传统的蛋白质组研究方法相似，其流程一般包括蛋白质样品制备、蛋白分离和蛋白鉴定等
2008 年	CMR（Comprehensive Microbial Resource）公布 370 种细菌、28 种古菌、3 种病毒的全基因序列
2009 年	我国在 1995 年颁布的《中华人民共和国食品卫生法》基础上，2009 年 2 月 28 日，十一届全国人大常委会第七次会议通过了《中华人民共和国食品安全法》，2018 年修订，2021 年修正
2010 年	美国发生千人以上的沙门菌感染
2011 年	EFSA BIOHAZ 对欧盟猪肉抽检结果进行风险分级时，定义的分级对象是猪肉中的多种危害，如弯曲菌、布氏杆菌、肉毒梭菌和蜡样芽孢杆菌等十余种致病微生物和寄生虫，这是对来自于一种食品载体的多种危害物
2013 年	LüChangyong 等首次应用宏基因组测序研究了普洱茶渥堆发酵过程中微生物的群落结构为 3 个优势的细菌门（变形菌门、放线菌门和厚壁菌门）和 1 个处于主导地位的真菌门即子囊菌门
2016 年	Bora 等首次应用宏基因组学揭示了更为全面的微生物群落特征，其中微生物包括以乳酸菌为主的细菌、根霉、毛霉和曲霉等产淀粉酶菌株，季也蒙毕赤酵母（*Meyerozyma guilliermondii*）、威克汉姆西弗酵母（*Wickerhamomyces ciferrii*）、酿酒酵母等产乙醇菌株；但对于所获宏基因组数据，仅公布了分类学研究的结果，并没有进一步分析功能基因组和重构代谢途径
2018 年	四川大学华西医院宗志勇教授团队发现新菌种——华西克雷伯菌
2020 年	中国科学院武汉病毒研究所分离得到新冠病毒毒株
2021 年	丹麦哥本哈根大学的博士生索菲·霍尔茨马克·尼尔森古通过分析比发现普通感冒病毒的出现可能早于智人
2022 年	中国科学院西北生态环境资源研究所青藏高原多年冻土区高寒植被土壤微生物群落分布和构建过程研究获进展
2023 年	美国食品与药品管理局批准了首款口服粪便微生物组疗法

第三节　食品微生物学及其研究的对象、内容与任务

PPT

一、食品微生物学的研究对象

食品微生物学是专门研究微生物与食品之间相互关系的一门综合性学科，是微生物学的一个重要分支。这门学科融合普通微生物学、工业微生物学、农业微生物学、医学微生物学和食品有关的内容，同时又渗透了生理学、生物化学、分子生物学、机械学和化学工程等有关学科内容。

食品微生物学研究的主要对象是细菌、真菌（酵母菌和霉菌）、放线菌和病毒，细菌、真菌为研究重点，放线菌和病毒次之。

二、食品微生物学的研究内容

食品微生物学属于应用微生物学的范畴，它的主要研究内容是与食品生产、食品安全等有关的微生物特性，研究如何更好地开发和利用有益微生物为人类生产更多更丰富的食品，改善食品质量，同时也研究如何防止与控制有害微生物引起食品腐败变质、食物中毒，保证食品的安全性。此外，还研究与食品卫生有关的检测方法，为食品中微生物检测提供科学指标等。

食品微生物学所涉及的研究范围广，学科门类多，同时也是实践性很强的一门学科。

三、食品微生物学的研究任务

微生物广泛存在于食品原料和大多数食品之中，其种类、数量和作用各不相同，可以说既有益又有害。食品微生物学作为食品科学的一门专业基础课，研究的主要任务是如何开发微生物资源，利用和改善有益微生物，控制或消除有害微生物，并进行监测和预防，建立食品安全生产的微生物指标和质量控制体系，确保食品的安全性。

答案解析

练习题

1. 什么是微生物？什么是微生物学？
2. 微生物有哪些生物学特点？
3. 什么是食品微生物学？其主要研究对象、内容和任务是什么？

（杨玉红）

书网融合……

本章小结　　微课1　　微课2　　题库

第二章

原核微生物

学习目标

知识目标

1. **掌握** 原核微生物的形态特征。
2. **熟悉** 原核微生物的菌落特征。
3. **了解** 原核微生物的繁殖方式。

能力目标

1. 会辨认细菌、放线菌、蓝细菌、支原体、衣原体、立克次体和螺旋体的形态特点。
2. 能运用细菌、放线菌、蓝细菌等的知识，解决食品发酵、食品腐败中出现的问题。

素质目标

通过本章的学习，结合细菌的特殊结构内容，树立面对困境不畏艰辛、永不放弃，学习芽孢的抗逆精神。

第一节 细 菌

PPT

细菌是以横二分裂方式繁殖为主的单细胞原核微生物。它形体微小，结构简单，无典型的细胞核，只有核质，无核膜和核仁，不进行有丝分裂。

一、细菌的形态和大小

（一）细菌的形态

按外形将细菌分为球菌、杆菌、螺形菌三类。

1. 球菌 外形呈球形或近似球形，直径0.8～1.2 μm。由于在繁殖时二分裂平面不同，分裂后新菌排列的相互关系不同，又将它们分成双球菌、链球菌、四联球菌、葡萄球菌等。

2. 杆菌 菌体的形态多数呈直杆状，也有的菌体微弯。菌体两端多呈钝圆形，少数两端平齐（如炭疽杆菌），也有两端尖细（如梭杆菌）或末端膨大呈棒状（如白喉棒状杆菌）。排列一般分散存在，无一定排列形式，偶有成对或链状，个别呈特殊的排列如栅栏状或V、Y、L字样。

3. 螺形菌 包括弧菌和螺菌。如果菌体只有一个弯曲呈弧形或逗点状，称为弧菌，如霍乱弧菌；反之，如果菌体有多个弯曲，但不超过3～5个弯曲，称为螺形菌，如鼠咬热螺菌。

（二）细菌的大小

细菌（bacterium）是单细胞生物，形体微小，结构简单，通常以微米（μm）作为测量单位。观察细菌需经显微镜放大几百倍或几千倍。不同的细菌，甚至同一类细菌也可因菌龄、细菌生长的环境不同，其大小、形态都有不同程度的差异。

二、细菌的细胞结构及其功能

细菌的基本结构包括细胞壁、细胞膜、细胞质、核质等，除基本结构外，有些细菌还具有特殊结构，如荚膜、鞭毛、菌毛、芽孢等，见图2-1。细菌的结构对于细菌的鉴定及其致病性、免疫性都有重要作用。

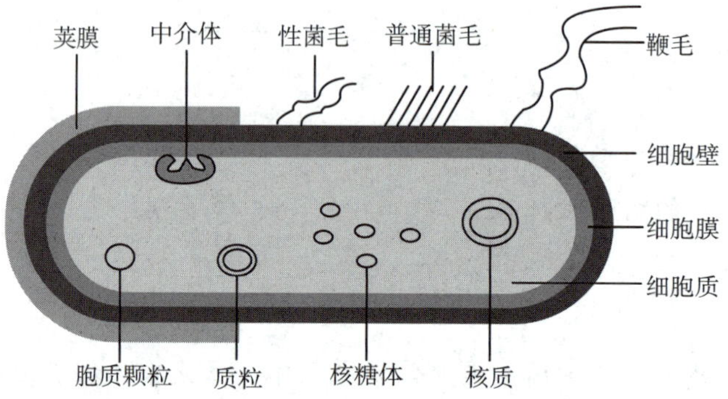

图2-1 细菌的结构

（一）基本结构

1. 细胞壁 位于细菌细胞的最外层，是一层质地坚韧而略有弹性的膜状结构。

（1）细胞壁的组成 组成比较复杂且随不同细菌而异。用革兰染色法将细菌分为革兰阳性菌与革兰阴性菌两大类，两类细菌的共有组分是肽聚糖，但各有其特殊组分。

1）革兰阳性菌细胞壁构成 革兰阳性菌的肽聚糖由聚糖骨架、四肽侧链、五肽交联桥三部分构成，聚糖骨架是由*N*-乙酰葡萄糖胺和*N*-乙酰胞壁酸间通过β-1,4糖苷键连接间隔排列，四肽侧链连接在胞壁酸上，四肽侧链和五肽交联桥的组成及连接方式随菌种而异。革兰阳性菌的肽聚糖是坚韧的三维立体结构且层数多（15~50层），占细胞壁干重的50%~60%，其余是其特有的磷壁酸成分，见图2-2。磷壁酸按结合部位分为膜磷壁酸和壁磷壁酸两种。

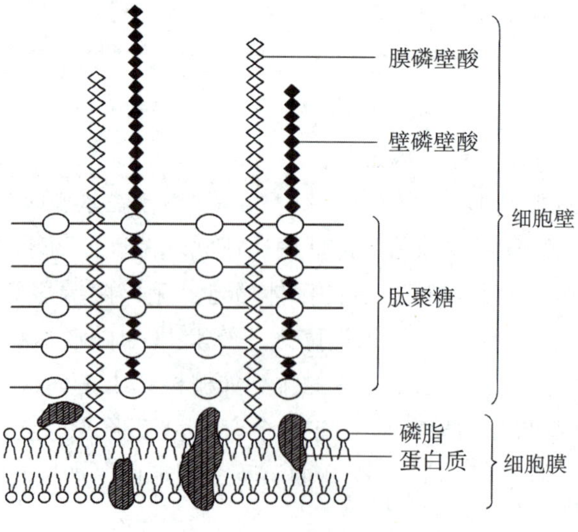

图2-2 革兰阳性菌细胞壁结构

2）革兰阴性菌细胞壁构成　革兰阴性菌的肽聚糖由聚糖骨架、四肽侧链两部分构成，革兰阴性菌的肽聚糖含量少（1～3层）且结构疏松。在肽聚糖层外侧由外向内依次为脂蛋白、脂质双层、脂多糖。脂多糖又由脂质A、核心多糖、特异性多糖三部分组成，见图2－3。

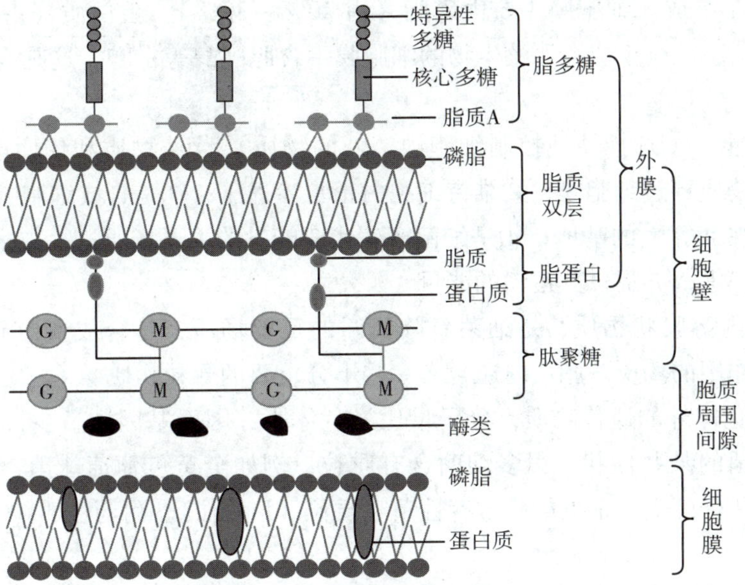

图2－3　革兰阴性菌细胞壁结构

青霉素抑制五肽桥与四肽侧链之间的连接，使细菌不能合成完整的细胞壁而死亡。溶菌酶破坏肽聚糖的β－1,4糖苷键引起细菌死亡。革兰阴性菌细胞壁肽聚糖含量少，又有外膜的保护作用，故对溶菌酶和青霉素不敏感。革兰阳性菌与革兰阴性菌细胞壁有明显的区别，见表2－1。

表2－1　革兰阳性菌与革兰阴性菌细胞壁的比较

细胞壁结构	革兰阳性菌	革兰阴性菌
强度	较坚韧	较疏松
厚度	厚，20～80 nm	薄，10～15 nm
肽聚糖层数	多，可达50层	少，仅1～2层
肽聚糖含量	多，占细胞干重50%～80%	少，占细胞干重5%～20%
糖类含量	多，约45%	少，15%～20%
脂类含量	少，1%～4%	多，11%～22%
磷壁酸	有	无
外膜	无	有
对青霉素、溶菌酶的敏感性	敏感	不敏感

革兰阴性菌与革兰阳性菌的细胞壁有明显的不同，对于鉴别细菌、选择用药、判定细菌的致病性都有重要意义。

（2）细菌细胞壁的主要功能　①维持细菌的固有外形；②抵抗低渗环境及参与胞内外物质交换；③有免疫原性；④与细菌致病性有关。

（3）细胞壁的革兰染色　1884年，丹麦细菌学家Hase Christian Gram创立了一种细菌鉴别染色法，即革兰染色法。该方法先用结晶紫液初染，再加碘液媒染，使细菌体着色，继而用乙醇脱色，最后用稀释复红复染。细菌用此法染色可分为两大类：一类是经乙醇处理不脱色，而保持其初染的深紫色，这样的细菌称为革兰阳性菌（用G^+表示）；另一类经乙醇处理即迅速脱去原来的紫色，而染上复红的红色，这样的细菌称为革兰阴性菌（用 G^- 表示）。

2. 细胞膜 位于细胞壁内侧，包绕细胞质，质地柔韧并富有弹性的液性膜状结构。厚约 7.5 nm，占细菌干重的 10% ~30%。功能主要有物质转运、生物合成和分泌、呼吸等。

（1）细胞膜的化学组成 细胞膜主要由磷脂（占 20% ~30%）、蛋白质（占 50% ~70%）以及少量的糖类（占 1.5% ~10%）组成。原核生物的细胞膜不含胆固醇等甾醇，这是与真核细胞膜的重要区别（支原体例外）。

（2）细胞膜的功能 ①选择性地控制细胞内、外的物质（营养物质和代谢废物）的运送、交换，能选择性地携带各种物质穿过细胞膜；②维持细胞内正常渗透压；③是合成细胞壁和荚膜（肽聚糖、磷壁酸、脂多糖、荚膜多糖等）的基地；④是细菌产生代谢能量的主要场所；⑤与鞭毛的运动有关，因为鞭毛基体着生于细胞膜上，并提供其运动的能量。

3. 细胞质 是膜内溶胶状物质，是细菌新陈代谢的重要场所，是合成蛋白质和复制核酸的场所，也是进行同化和异化作用的场所。胞质内还含有一些十分重要的颗粒物质。

（1）质粒 是染色体外的遗传物质，分子量比染色体小，因而基因数目少，100 ~200 个，携带特定遗传信息而控制细菌的某些性状。很多细菌含有质粒，例如金黄色葡萄球菌、大肠埃希菌、痢疾杆菌、沙门菌、白喉棒状杆菌等，常见的质粒有性菌毛质粒（F 质粒）、耐药性质粒（R 质粒）、毒力质粒（Vi 质粒）等。

（2）核糖体 是合成蛋白质的场所。链霉素、红霉素等能与细菌的核糖体结合，干扰细菌蛋白质的合成，从而抑制细菌的生长繁殖。

（3）胞质颗粒 多数为细菌储存的营养物质，包括多偏磷酸盐、糖、脂类等。胞质颗粒中较常见的是异染颗粒，经染色后颜色明显不同于菌体的其他部位。如白喉棒状杆菌的异染颗粒，对细菌鉴别有一定的意义。

细胞质的功能：细胞质构成细菌的内部环境，含有丰富的可溶性物质和各种内含物，在细菌的物质代谢及生命活动中起十分重要的作用。细胞质中还含有多种酶系统，是细菌合成蛋白质、脂肪酸、核糖核酸的场所，同时也是营养物质进行同化和异化代谢的场所，以维持细菌生长所需要的环境。

4. 核质细菌 是原核生物，无核膜和核仁，DNA 缠结成团，裸露于胞质中，故称核质或拟核，核质具有细胞核的功能，控制着细菌的遗传和变异等各种生物学性状。

情境导入

情境 1928 年，英国的细菌学家格里菲斯为了研究遗传和变异的物质基础，在小鼠上用肺炎双球菌进行了转化实验（在后续章节有详细介绍）。这种肺炎双球菌分为两个类别，第一种是粗糙型或称 R 型（R 来自英文 Rough），菌体无荚膜，菌落粗糙，一般无致病性；第二种是光滑型或称 S 型（S 来自英文 Smooth），菌体有荚膜，菌落光滑，致病性较强，为有毒株。

思考 1. 为什么有荚膜的 S 型肺炎双球菌的菌落是光滑的，而没有荚膜的 R 型则相反？

2. 为什么有荚膜的 S 型肺炎双球菌大多有毒性，致病性较强，而 R 型则一般无致病性？

（二）特殊结构 微课 1

1. 荚膜 是某些细菌在生长繁殖过程中分泌的一层黏液性物质，包裹在细胞壁外，通常这种黏液层厚度小于 0.2 μm，成分是多糖或多肽。它具有保护菌体免受巨噬细胞等的捕捉和吞噬，因而具有抗吞噬、侵袭力强、与致病性关系密切等特点。如肺炎球菌、炭疽杆菌等都有这类荚膜。

2. 鞭毛 是伸向于菌体表面细长弯曲呈波浪状的丝状物，成分是蛋白质，有抗原性，根据鞭毛数目和排列方式，将鞭毛分为单毛菌、双毛菌、丛毛菌和周毛菌，见图 2－4。鞭毛在菌体上的位置和数量对鉴别细菌有重要意义。

鞭毛的主要作用是：①细菌的运动器官；②与细菌的致病性有关；③保护细菌免受干燥。

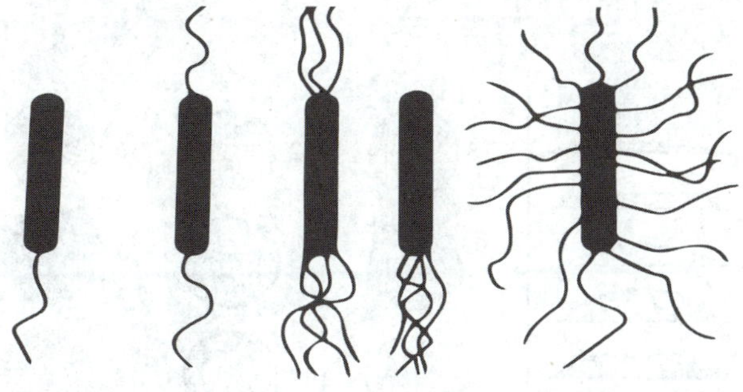

图 2－4　细菌的鞭毛

3. 芽孢　是在一定条件下，菌细胞胞浆脱水浓缩，在菌体内形成一个圆形或椭圆形的折光性强的小体。通常一个菌细胞只能形成一个芽孢。芽孢的位置对鉴定细菌有重要参考价值。例如，炭疽杆菌的芽孢是在菌体中央，破伤风杆菌的芽孢是在菌体末端，肉毒杆菌的芽孢位于菌体次极端，见图 2－5。

芽孢对高温、干燥、化学消毒剂及辐射等有很强的抵抗力，因此食品、医疗器械、敷料、培养基等的灭菌以杀灭芽孢为指标。

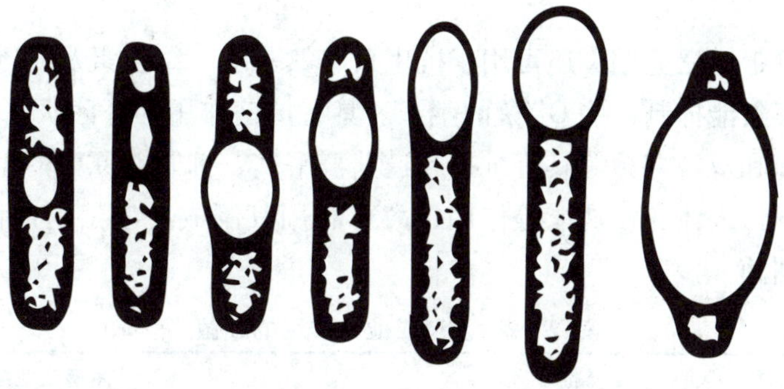

图 2－5　细菌芽孢的形态与位置

三、细菌的繁殖与菌落形态特征

（一）细菌的繁殖

细菌以简单的二分裂方式进行无性繁殖。多数细菌繁殖速度很快，20～30 分钟分裂一次。个别细菌的繁殖速度较慢，如结核分枝杆菌 18～24 小时繁殖一代。

（二）细菌的菌落特征

将单个微生物细胞或多个同种细胞接种于固体培养基表面（有时为内部），经适宜条件培养，以母细胞为中心在有限空间中大量繁殖，扩展成一堆肉眼可见的、有一定形态构造的子细胞群落，称为菌落。如果将某一纯种细胞大量密集接种于固体培养基表面，菌体生长形成的各菌落连接成片，则称菌苔。

各种细菌形成的菌落具有一定特征（图 2－6），如菌落大小、形状（圆形、假根状、不规则状等）、边缘情况（整齐、波形、裂叶状、锯齿形等）、隆起情况（扩展、台状、低凸、凸面、乳头状等）、光泽（闪光、金属光泽、无光泽等）、表面状态（光滑、皱褶、颗粒状、龟裂状、同心环状等）、质地（油脂状、膜状、黏稠、脆硬等）、颜色（正反面或边缘与中央部位的颜色）、透明程度（透明、半透明、不透明）等。菌落特征对细菌的分类、鉴定有重要意义。菌落主要用于微生物的分离、纯化、鉴定、计数等研究和选种、育种等实际工作中。

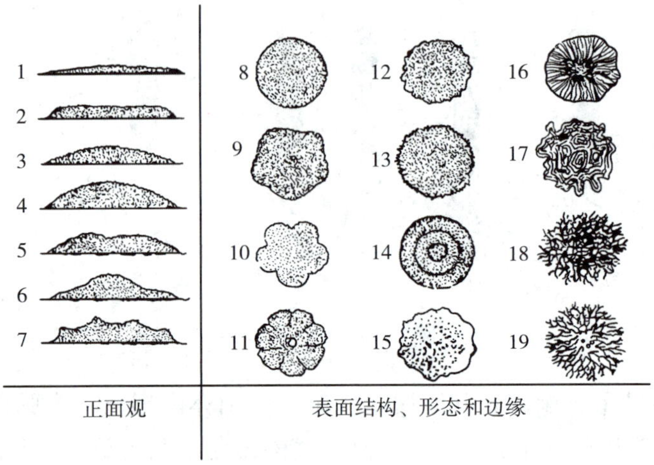

图 2-6 细菌的菌落特征

四、食品中常见的细菌

细菌在食品发酵工业中广泛应用，还可用于抗生素、氨基酸、维生素及酶等众多药物的生产。如多黏芽孢杆菌产生的多黏菌素能抑制一些 G^- 菌的生长。具有抗菌作用的杆菌肽也是由细菌产生的。另外，乳酸链球菌、乳酸乳杆菌和双歧杆菌等具有维护肠道菌群平衡、抑制病原菌的生长、抗肿瘤、合成维生素、降低血液胆固醇、增强人体免疫功能等作用，故可利用其制成益生菌制剂供临床使用。表 2-2 列举了发酵工业中常用的细菌。

表 2-2 发酵工业中常用的细菌

菌名	主要特征	发酵工业应用及其产物
枯草芽孢杆菌	G^+ 杆菌，有周鞭毛和芽孢。能液化明胶、胨化牛奶、还原硝酸盐、水解淀粉	细菌的一些亚种可用于生产蛋白酶和淀粉酶
醋化醋杆菌	G^- 椭圆或杆状，有周鞭毛，无芽孢	常用于醋酸酿造
德氏乳酸杆菌	G^+ 杆菌，可呈短链，不运动。不液化明胶，营养要求高，厌氧，最适温度 40～44℃，耐酸	在乳酸发酵工业中应用甚广
乳链球菌	G^- 球菌，成对或链排列。不水解淀粉、不液化明胶，发酵多种糖，能在 4% NaCl 培养基、pH 为 9.2 时生长	此菌使葡萄糖发酵的最终产物是右旋乳糖。常用于乳制品工业
北京棒杆菌	G^+ 短小棒状杆菌，细胞内有明显的横隔。不运动。26～27℃生长良好	可用于生产谷氨酸
大肠埃希菌	G^- 杆菌，周鞭毛。分解乳糖	可用于生产谷氨酸脱羧酶、天冬酰胺酶、天冬氨酸、苏氨酸和缬氨酸。食品卫生微生物检验的指示菌
荧光假单胞菌	G^- 杆菌，单端鞭毛。产生绿色或黄褐色荧光色素，嗜温、好气，氧化分解糖	能分解碳氢化合物及苯酚，可用于去除油品污染、工业废液中碳氢化合物和苯酚

第二节　放线菌

微课2

PPT

放线菌因其菌落呈放射状而得名。它是一类能形成分枝菌丝和分生孢子的原核生物。放线菌多数为腐生菌，少数为寄生菌。放线菌与人类关系极为密切，其最突出的特性是产生抗生素。放线菌还是酶类（葡萄糖异构酶、蛋白酶等）、维生素 B_{12}、氨基酸和核苷酸的产生菌。由于放线菌有很强的分解纤维素、石蜡、琼脂、角蛋白和橡胶等复杂有机物的能力，故它们在自然界物质循环和提高土壤肥力等方面具有重要作用。

一、放线菌的形态特征

根据放线菌的菌丝体形态与功能的不同，可将其分为基内菌丝（营养菌丝）、气生菌丝和孢子菌丝3个部分（图2-7）。

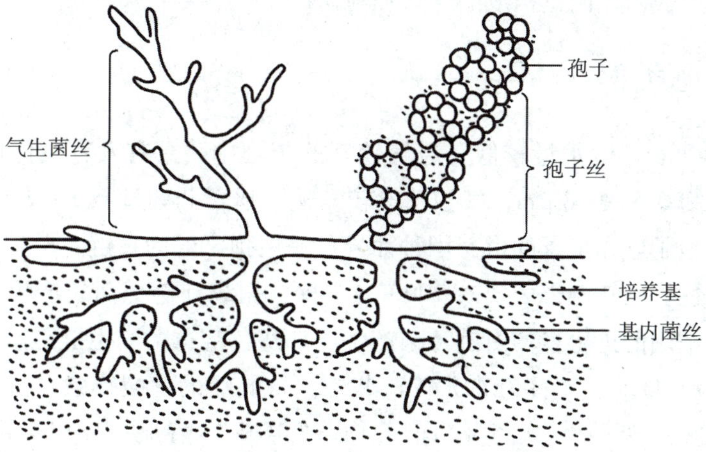

图2-7　放线菌的形态结构模式图

1. 基内菌丝　又称营养菌丝或一级菌丝，匍匐于培养基表面或生长于培养基之中吸收营养物质的菌丝称基内菌丝。其直径为0.8 μm左右，一般颜色淡，有的无色，有的产生黄、橙、红、紫、蓝、绿、褐、黑等水溶性或脂溶性色素。

2. 气生菌丝　又称二级菌丝，当营养菌丝发育到一定阶段，长出培养基表面伸向空间，则称为气生菌丝。其功能是繁殖后代，传递营养物质。一般颜色较深，比基内菌丝粗1~2倍，直形或弯曲状而有分枝，有的产生色素。

3. 孢子丝　生长到一定阶段，大部分分化出可形成孢子的菌丝称孢子丝。孢子丝的形态和在气生菌丝上的排列方式随菌种而异。孢子表面的结构特征也可作为鉴别菌种的重要依据。

二、放线菌的繁殖

放线菌主要通过形成无性孢子进行无性繁殖，其主要繁殖方式是形成分生孢子，少数放线菌可形成孢囊孢子，某些放线菌偶尔也产生厚壁孢子。在液体培养条件下主要以菌丝断裂的方式繁殖。放线菌形成孢子的方式主要有以下两种。

1. 横隔分裂　形成横隔孢子多数放线菌当菌丝生长到一定阶段后，一部分气生菌丝分化形成孢子丝，孢子丝逐渐成熟产生许多横隔膜，形成大小相近的小段，而后在横隔膜处断裂形成许多孢子，即为分生孢子。

2. 产生孢子囊 链孢囊菌属和游动放线菌属等少数类群的放线菌可以在气生菌丝或营养菌丝上形成孢子囊，而后在囊内形成孢囊孢子，孢子囊成熟后，可释放出大量孢囊孢子。

三、放线菌的菌落特征

放线菌的菌落由菌丝体构成。菌落局限生长，较小而薄，多为圆形，边缘有辐射状，质地致密干燥、不透明，表面呈紧密的丝绒状或有多皱褶，其上有一层色彩鲜艳的干粉（粉状孢子）。着生牢固，用接种针不易挑起，这是因为营养菌丝深入培养基内，气生菌丝又紧贴在基质表面交织成网状的缘故。菌落初期较光滑，后期产生孢子后，菌落表面呈絮状、粉末状或颗粒状。菌丝和孢子常具有色素，使菌落正面和背面的颜色不同。正面是气生菌丝和孢子的颜色，背面是基内菌丝或其分泌的水溶性色素的颜色。

将放线菌接种于液体培养基内静置培养，在瓶壁液面处形成斑状或膜状菌落，或沉于瓶底不使培养基浑浊；若振荡培养可形成由短菌丝构成的球状颗粒。

四、放线菌常见类群

1. 链霉菌属 大多生长于含水量较低、通气较好的土壤中，具有发育良好的分枝状菌丝体。菌丝无隔膜，营养菌丝直径为0.5～0.8 μm，气生菌丝较发达，比营养菌丝粗1～2倍，成熟后形成孢子丝，孢子丝产生分生孢子。孢子丝和孢子的形态因种而异。一般孢子丝为长链，单生，呈直波纹弯曲或螺旋状，成熟时呈现各种颜色。已知链霉菌属有1000多个种。据统计链霉菌属产生的抗生素占放线菌目的90%以上，许多著名而常用的抗生素均由链霉菌产生，如灰色链霉菌产生链霉素、龟裂链霉菌产生土霉素、红霉素链霉菌（*S. erythreus*）产生红霉素等。此外，抗肿瘤的丝裂霉素、抗真菌的制霉菌素、抗结核的卡那霉素等都是链霉菌的次级代谢产物。“5406”菌肥是由链霉菌属的泾阳链霉菌（*S. jingyangensis*）制成，其代谢产物对农作物生长有多方面的促进作用。

2. 诺卡菌属 又称原放线菌属（Proactinomyces），主要分布于土壤中。与链霉菌属不同，菌丝内有隔膜，营养菌丝直径0.5～1.0 μm，多数种无气生菌丝或气生菌丝不发达，分枝菌丝体可断裂成杆状或球状体。以横隔分裂方式形成孢子。菌落较小，表面崎岖多皱，致密干燥，呈粉质状，用针挑取易粉碎，颜色多样。已报道有100余个种，能产生30多种抗生素，如对结核分枝杆菌和麻风分枝杆菌有特效的利福霉素等。有些诺卡菌可用于石油脱蜡、烃类发酵以及污水处理中分解腈类化合物。

3. 放线菌属 放线菌属生长需要较丰富的营养素，常在培养基中加入血清或心、脑浸汁等。营养菌丝直径小于1 μm，菌丝有隔膜，可断裂成V形或Y形体。不形成气生菌丝，也不产生孢子，通常为厌氧或兼性厌氧。放线菌属多为致病菌，可引起多种人畜共患病。

4. 小单孢菌属 分布于土壤、水底淤泥、堆肥中。营养菌丝0.3～0.6 μm，无隔膜，不断裂，不形成气生菌丝，直接在营养菌丝上长出短孢子梗，顶端着生一个球形或椭圆形的孢子。菌落较小，常为黄色或红色。多数好氧，少数厌氧。此属目前已报道的有30余个种，也是产抗生素较多的一个属。如庆大霉素就是由绛红小单孢菌和棘孢小单孢菌产生。有的小单孢菌还产生利福霉素。此外，有的种还能积累维生素 B_{12}。

知识链接

衣原体之父——汤飞凡

汤飞凡（1897—1958），中国第一代医学病毒学家、医学微生物学家。1955 年，汤飞凡和助手黄元酮一起，经过几百次试验，成功分离出世界上第一株沙眼病毒“TE8”。他以身试毒，将沙眼病原体接种在自己的眼里，造成了典型的沙眼，为了观察全部病程，他坚持了 40 多天才接受治疗，并从自己眼里分离出这株病原体。1956 年，汤飞凡发表分离沙眼病毒成功的报告，得到世界医学界的承认，“TE8”被称为“汤氏病毒”。1973 年，WHO 正式将沙眼病毒定名为衣原体，而汤飞凡则被称为“衣原体之父”，也被称为“东方巴斯德”。我国邮电部门于 1992 年 11 月 22 日发行了汤飞凡纪念邮票。

练习题

答案解析

1. 简述细菌细胞壁的主要功能。
2. 简述放线菌的菌落特征。
3. 试述 G^+ 细菌和 G^- 细菌细胞壁构造的异同点。
4. 试述革兰染色的步骤和结果。

（杨玉红　蒋明利）

书网融合……

本章小结　　微课 1　　微课 2　　题库

第三章

真核微生物

学习目标

知识目标

1. 掌握　酵母菌的概念、形态结构、菌落特征、繁殖方式；霉菌的概念、形态结构、菌落特征。
2. 熟悉　霉菌和酵母菌的生物学特性以及繁殖方式。
3. 了解　食品中常见的酵母菌、霉菌、真菌与人类的关系及在食品加工业中的应用。

能力目标

能根据霉菌和酵母菌形态特点辨认霉菌和酵母菌的菌落特征。

素质目标

通过本章的学习，结合常见霉菌、酵母菌与人类的关系，培养正确的科学价值观和逻辑思辨能力。

真核微生物是一大类具有真正细胞核，具有核膜与核仁分化的，能进行有丝分裂的较高等的微生物，细胞内有线粒体等较复杂的细胞结构。真核微生物主要包括菌物界中的真菌、黏菌、假菌；原生生物界中的显微藻类和原生动物等。

第一节　酵母菌

微课 1

PPT

酵母菌是一群单细胞的真核微生物，通常以芽殖或裂殖来进行无性繁殖的单细胞真菌，极少数种可产生子囊进行有性繁殖。酵母菌不属于分类学上的名称，而是一类以出芽繁殖为主要特征的单细胞真菌的统称。酵母菌与人类关系密切，在酿酒、食品、医药工业等方面占有很重要地位。酵母菌通常分布于含糖量较高和偏酸性环境中，如水果、蔬菜、花蜜以及植物叶子上，尤其是葡萄园和果园的上层土壤中较多，而油田和炼油厂附近土层中分离到能利用烃类的酵母菌。

一、酵母菌的形态特征

酵母菌为单细胞，其细胞直径一般比细菌粗 10 倍，为（1～5）μm ×（5～30）μm，有些种长度达 20～50 μm，最长者达 100 μm。例如，典型的酿酒酵母（又称啤酒酵母）细胞大小为（2.5～10.0）μm ×（4.5～21）μm，长者可达 30 μm。故 400 倍的光学显微镜就能清晰显示酵母菌的形态。各种酵母菌有其一定的形态和大小，但也随菌龄、环境条件（如培养基成分）的变化而有差异。一般成熟的细胞大于幼龄细胞，液体培养的细胞大于固体培养的细胞。有些种的细胞大小、形态极不均匀，而有的种则较均匀。酵母菌细胞的形态通常呈球形、卵圆形或椭圆形，少数呈圆柱形、香肠形、柠檬形、尖顶形、三角形或长颈瓶形等。

在一定培养条件下，有些酵母菌（如假丝酵母）在进行一连串的出芽繁殖后，如果子细胞与母细胞不立即分离，其间以极狭小的面积相连，这种藕节状的细胞串称假菌丝；此种假菌丝与霉菌的真菌丝不同，霉菌的真菌丝是细胞相连的横隔面积与细胞直径一致的竹节状。

二、酵母菌的细胞结构特征

酵母菌是典型的真核微生物，细胞的典型构造可见图 3－1。

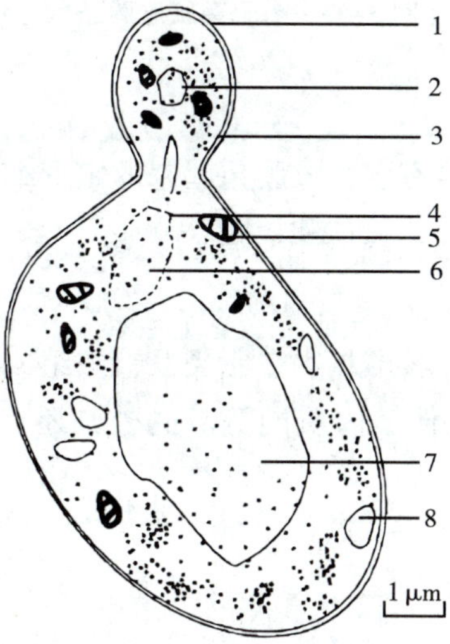

1. 细胞壁；2. 芽体液泡；3. 芽体；4. 核膜孔；5. 细胞核；6. 线粒体；7. 贮存颗粒；8. 液泡

图 3－1　酵母菌细胞的模式构造

（一）细胞壁

细胞壁厚 25～70 nm，约占细胞干重的 25%，是一种坚韧的结构，呈三明治状排列（图 3－2）。其化学组成主要是：外层为甘露聚糖，内层为葡聚糖，其间夹有一层蛋白质分子。此外，细胞壁上还含有少量类脂和以环状形式分布在芽痕周围的几丁质，由此构成的细胞壁既不同于细菌的细胞壁，也不同于植物细胞的细胞壁。

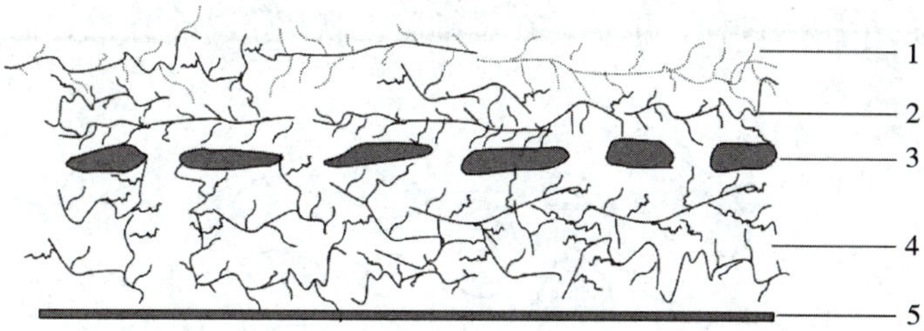

1.磷酸甘露聚糖；2. 甘露聚糖；3. 蛋白质；4. 葡聚糖；5. 细胞质膜

图 3－2　酵母细胞壁的结构

（二）细胞膜

酵母菌细胞膜的成分主要是蛋白质（其中含有可吸收糖和氨基酸的酶）、类脂（甘油酯、磷脂、甾醇等）和糖类（甘露聚糖等），见图 3－3。

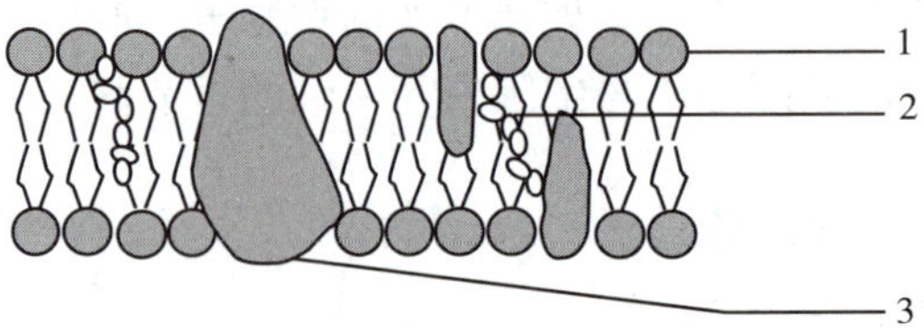

1.磷脂分子；2. 甾醇分子；3. 蛋白质分子

图3－3 酵母菌细胞膜结构

（三）细胞核

酵母菌属于真核细胞型微生物，具有多孔核膜包起来的定形细胞核——真核，它的核与高等动植物细胞的核在结构上比较相似，包括核膜、核仁和核孔。

（四）细胞质和内含物

酵母菌的细胞质主要是由蛋白质、核酸糖类、脂类及盐类组成的稀胶状溶液，其中悬浮着一些已经分化的细胞器，重要的细胞器有线粒体、内质网等。此外，还有液泡和由细胞膜内陷形成的微体等结构。

三、酵母菌的繁殖

酵母菌的繁殖方式有多种类型。与原核细胞相比，除了能进行无性繁殖外，还能进行有性繁殖。所谓的有性繁殖是指通过不同类型的“异型配子”或“异性细胞”的直接接触而完成的生殖方式。繁殖方式对酵母菌的鉴定极为重要。

（一）无性繁殖

1. 芽殖 是酵母菌最常见的繁殖方式。在良好的营养和生长条件下，酵母生长迅速，细胞核邻近的中心体产生一个小突起，同时，由于水解酶对细胞壁多糖的分解使细胞壁变薄，细胞表面向外突出，逐渐冒出小芽。然后，部分增大和伸长的核、细胞质、细胞器（如线粒体等）进入芽内，最后芽细胞从母细胞得到一整套核物质、线粒体、核糖体、液泡等，当芽体达到最大体积时，它与母细胞相连部位形成了一块隔壁。隔壁的成分是由葡聚糖、甘露聚糖和几丁质构成的复合物。最后，母细胞与子细胞在隔壁处分离，成为一独立的细胞的过程，于是，在母细胞上就留下一个芽痕，而在子细胞上就相应地留下一个蒂痕（图3－4）。

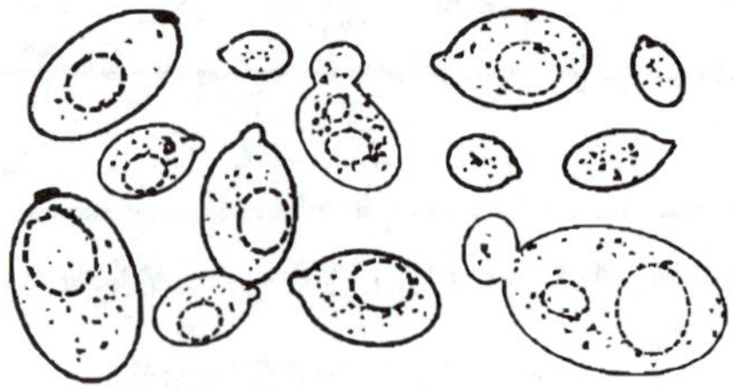

图3－4 酵母的芽殖情况

2. 裂殖 酵母菌的裂殖与细菌的裂殖相似。其过程是细胞伸长，核分裂为二，然后细胞中央出现隔膜，将细胞横分为两个相等大小的、各具有一个核的子细胞。进行裂殖的酵母菌种类很少，例如裂殖酵母属的八孢裂殖酵母等。

3. 产生无性孢子 掷孢子是掷孢酵母属等少数酵母菌产生的无性孢子，外形呈肾状。这种孢子是在卵圆形的营养细胞上生出的小梗上形成的。孢子成熟后，通过一种特有的喷射机制将孢子射出而繁殖。此外，有的酵母如白假丝酵母等还能在假菌丝的顶端产生厚垣孢子或者掷孢子的方式进行无性繁殖。

（二）有性繁殖

真菌的有性繁殖都是借助形成的各种类型有性孢子完成的。酵母菌形成的有性孢子为子囊孢子，产生子囊孢子的结构称为子囊。不同种类的酵母菌通过有性繁殖形成的子囊结构并不完全相同，在形态上有较大的差异。子囊内产生子囊孢子，子囊孢子的数目也随菌种而异，有的为4个，有的为8个。

1. 子囊孢子的形成过程 ①两个不同遗传型的细胞相互接触、细胞壁融合，称为质配；②两个细胞的核进行融合，称为核配；③二倍体的核进行减数分裂，形成子囊孢子，与此同时，营养细胞外壁分化、加厚，形成特定结构的子囊。子囊孢子成熟后，借助一定的方式释放到周围环境中，每个子囊孢子都可萌发、独立生长发育成新的酵母细胞。

由于多数酵母菌都能以子囊孢子进行有性繁殖，故子囊菌亚门中的酵母菌种类最多。

2. 酵母菌的生活史 在酵母菌的生活周期中，既有以出芽方式进行的无性繁殖过程，也有以子囊孢子形式进行的有性繁殖过程。其中无性繁殖过程称为无性世代，有性繁殖过程称为有性世代。由于酵母菌是单倍体生物，因此它的无性世代又称单倍体世代（n），有性世代又称二倍体世代（2n），由无性世代和有性世代共同组成酵母菌的生活周期，称为世代交替现象（图3－5）。

值得注意的是，不同种类酵母菌在其生活周期中，无性世代和有性世代所占的比例差异较大，可分三种类型：①单倍体世代（n）和二倍体世代（2n）同等重要；②单倍体世代（n）占优势；③二倍体世代（2n）占优势。

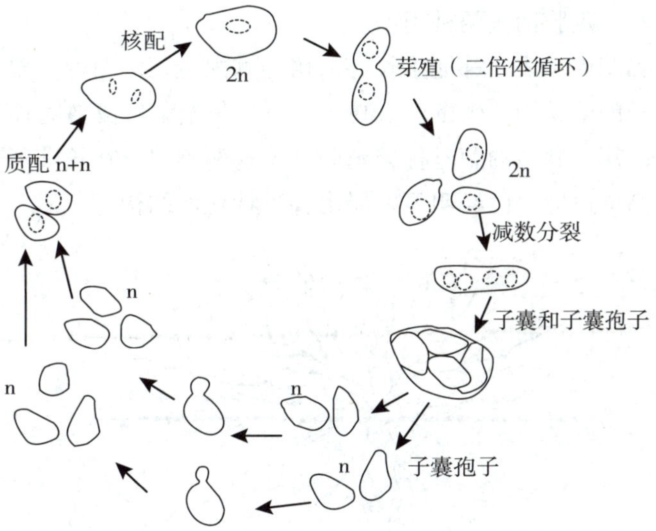

图3－5 酵母菌的生活史

四、酵母菌菌落特征

酵母菌都是单细胞微生物，且细胞都是粗短的形状，在固体培养基表面，细胞间充满着毛细管，所以它们形成的菌落也与细菌相仿，一般都有湿润，较光滑，有一定的透明度，容易挑起，菌落质地均匀以及正反面和边缘、中央部位的颜色都很均一等特点。但由于酵母的细胞比细菌的大，细胞内颗粒较明显、细胞间隙含水量相对较少以及不能运动等特点，故反映在宏观上就产生了较大、较厚、外观较稠和比较不透明的菌落。酵母菌菌落的颜色比较单调，多数都呈乳白色，少数为红色，个别为黑色。另外，凡不产生假菌丝的酵母菌，其菌落更为隆起，边缘圆整，而会产生假菌丝的酵母，则菌落较平坦，表面和边缘较粗糙。酵母菌的菌落一般还会散发出一股悦人的酒香味。

第二节 霉 菌

微课2

PPT

情境导入

情境 某啤酒生产企业将一种被称为产朊假丝酵母的真菌应用在啤酒的酿造中。这种产朊假丝酵母不但能够在各种酿酒条件下良好地生长和发酵，还能通过调控发酵条件和选取不同菌株，产生不同风味和香气特点的啤酒。这种酵母菌名称中的"假丝"是指当其处于生长旺盛阶段时，由于新生成的芽细胞还没有来得及从母细胞中分离便又生成新的芽细胞，形成了一种丝状结构，这就是酵母菌的"假菌丝"。

思考 产朊假丝酵母的"假菌丝"与霉菌的菌丝有什么区别？

一、霉菌的菌丝构成

（一）菌丝和菌丝体

霉菌是"丝状真菌"的统称。菌丝是由细胞壁包被的一种管状细丝，大都无色透明，宽度一般为3～10 μm，比细菌的宽度大几倍到几十倍。菌丝有分枝，分枝的菌丝相互交错而成的群体称为菌丝体。霉菌的菌丝分有隔膜菌丝和无隔膜菌丝两种类型。

霉菌的菌丝在固体培养基内和表面都能生长，向培养基内生长的菌丝主要功能是吸收营养，成为营养菌丝；在培养基表面生长的菌丝为气生菌丝（图3-6），气生菌丝成熟时往往特化形成具有一定结构的能够产生各种类型孢子的用于繁殖的菌丝称繁殖菌丝。这两类菌丝在长期的进化过程中，因其自身的生理功能和对不同环境的高度适应，已经明显发展出各种特化的结构。

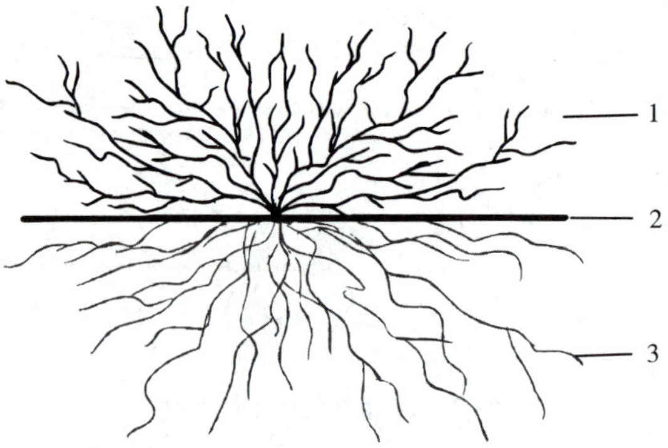

1. 气生菌丝；2. 培养基表面；3. 基内菌丝（琼脂中）

图3-6 霉菌的菌丝体

（二）菌丝的特异化

特异化菌丝有假根、吸器、菌核以及子实体等（图3-7）。

假根是根霉属，真菌的匍匐枝与基质接触处分化形成的根状菌丝，在显微镜下假根的颜色比其他当丝要深，起固着和吸收营养的作用。

吸器是某些寄生性真菌从菌丝上产生出来的旁枝，侵入寄主细胞内形成指状球状或丛枝状结构，用以吸收寄主细胞中的养料。

菌核是由菌丝团组成的一种硬的休眠体，一般有暗色的外皮，在条件适时可以生出分生孢子梗、菌丝子实体等。

子实体是由真菌的营养菌丝和生殖菌丝缠结而成的具有一定形状的产孢结构，如伞菌的子实体呈伞状。

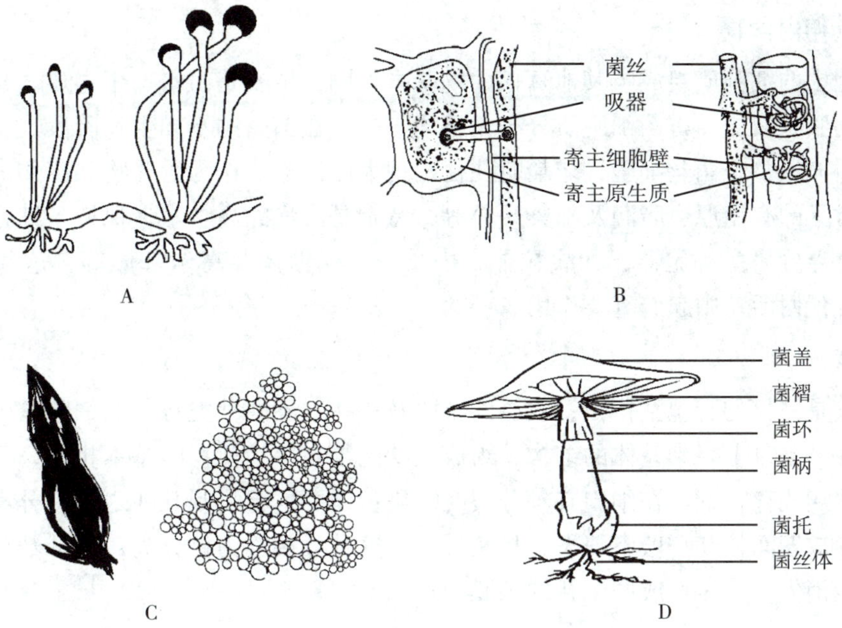

图 3－7　真菌菌丝的几种特殊形态

A. 假根；B. 吸器；C. 菌核；D. 子实体

二、霉菌的菌丝细胞结构

霉菌菌丝细胞的最外层是坚韧的细胞壁，紧贴细胞壁的是其原生质膜，在原生质膜包被的菌丝细胞质中，含有核、线粒体、核糖体、高尔基体及液泡等结构，亚显微结构主要由微管和内质网等单位膜结构支持和组成（图 3－8）。

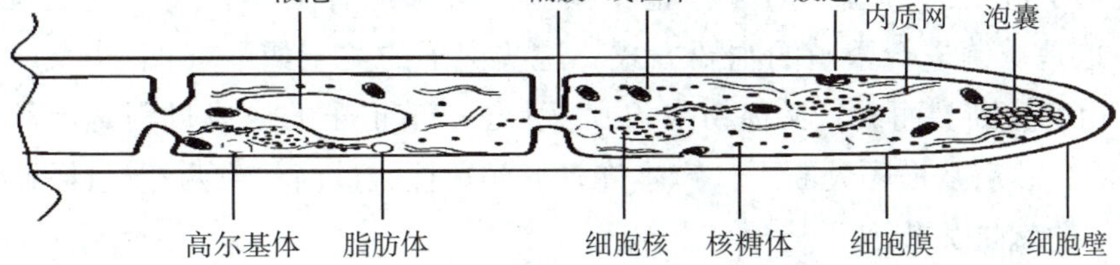

图 3－8　霉菌细胞的基本结构

（一）细胞壁

多数霉菌细胞壁的主要成分为几丁质。它是 N－乙酰葡萄糖胺借助 β－1,4 糖苷键连接成的链状聚合分子，该结构与组成植物细胞壁的纤维素相似，不同的是葡萄糖环上的第二碳原来连接的是乙酰胺基，而不是羟基。一些低等水生类型的霉菌如水霉菌，其细胞壁成分为纤维素。几丁质和纤维素分别构成了高等及低等霉菌细胞壁的多层、半晶体网状结构——微原纤维，它镶嵌在无定形的 β－葡聚糖基质中形成坚韧的外层结构，有的还含有少量蛋白质。

（二）细胞膜

细胞膜与原核细胞的膜相似，霉菌的细胞膜是一个分隔细胞内、外的半透膜屏障。霉菌的细胞膜中也含有固醇，这种扁平的分子能增强膜的硬度。与其他生物膜结构不同的是在霉菌的细胞壁和细胞膜之间能形成一种特殊的膜结构，称为膜边体。这种由单位膜包围形成的膜边体形状变化很大，有管状囊状及颗粒状。该结构可能与细胞壁的形成有关。

（三）细胞质和内含物

霉菌菌丝细胞中的细胞质组成与其他真核生物基本相同，主要是由水、蛋白质、核酸、糖类及无机盐等构成的透明的胶状液体。霉菌细胞质分布是不均匀的，在菌丝的不同生长阶段，含量也有一定的差异。幼龄时细胞质充满整个菌丝细胞，老龄时往往出现大的液泡。作为营养物和废物的储藏场所。其中含有多种物质，常见的有糖原、脂滴及异染颗粒等，特别是液泡的高含水量保持了细胞内的高膨胀压。

在细胞质中悬浮着一些细胞器，如线粒体、内质网、核糖体及高尔基体等，这些细胞器在能量产生、蛋白质合成等代谢活动中起着重要作用。

（四）细胞核

霉菌的细胞核是完整的，包括核仁、双层的核膜及核孔。不同种类霉菌的细胞核中含有的染色体数目不同，一般都在一条以上。染色体的结构、组成及功能与高等动植物的基本相同，不同的是霉菌染色体往往是以单倍体形式存在的。在细胞有丝分裂时，染色体要进行复制并随之进行分离。电镜观察结果表明，在两个核形成期间核膜一般不消失，呈哑铃状，这种分裂称为核分离；当减数分裂发生时，随着核分离，核膜完全消失，直至形成两个新的核膜。

三、霉菌的繁殖和生活史

（一）霉菌的繁殖

霉菌的繁殖能力一般都很强，繁殖方式也较复杂，可分为无性繁殖和有性繁殖。主要以产生大量的无性孢子为主，在液体培养时能够以菌丝断裂方式进行繁殖。在一定的生长阶段，当条件适宜时，多数霉菌可通过产生有性孢子的方式进行有性繁殖。在霉菌的生长周期中，一般先进行无性繁殖，后期进行有性繁殖，由此构成其独特的生活史。

1. 无性孢子 繁殖无性孢子是指不经“异性”菌丝细胞配合，由菌丝自身分化或分裂形成的孢子。通过产生无性孢子进行的繁殖称为无性孢子繁殖。霉菌的种类丰富，产生的无性孢子类型是最为复杂无性孢子，也是霉菌进行繁殖的主要方式，这些孢子的类型如下（图3－9）。

（1）节孢子 由菌丝断裂而成，又称粉孢子或裂孢子。节孢子的形成过程是菌丝生长到一定阶段，菌丝上出现许多横隔，然后从横隔处断裂，产生许多形如短柱状、筒状或两端呈钝圆形的节孢子。如白地霉的无性繁殖形成的就是关节孢子。

（2）游动孢子 产生在由菌丝膨大而成的游动孢子囊内，孢子通常为圆形、洋梨形或肾形，具一根或两根鞭毛，能够游动。鞭毛的亚显微结构为“9＋2”型。产生游动孢子的真菌多为水生真菌，大多数为鞭毛菌亚门的真菌。

（3）厚垣孢子 具有较厚的壁，又称厚壁孢子。它是由菌丝中间（少数在顶端）的个别细胞膨大，原生质浓缩和细胞壁变厚而形成的休眠孢子。厚垣孢子呈圆形、卵圆形或圆柱形，它是霉菌度过不良环境的一种休眠细胞，其形成过程与细菌芽孢有类似之处，并且对不良环境也有较强的抗性，因此它既是霉菌的一种无性繁殖形式，也是霉菌的休眠体。当环境条件适宜时，就能萌发成菌丝体。接合菌亚门中

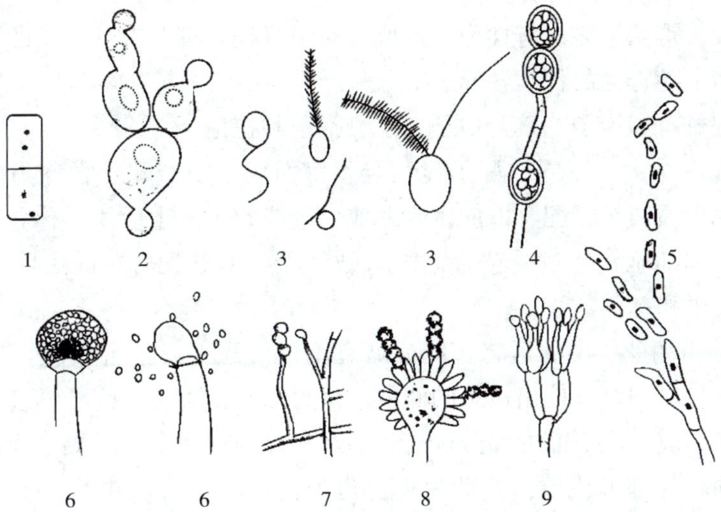

1. 酵母菌的裂殖；2. 酵母菌的出芽繁殖；3. 游动孢子；4. 厚垣孢子；
5. 节孢子；6. 孢囊孢子；7~9. 分生孢子

图 3－9　真菌的各种无性孢子

的一些种类如总状毛霉往往能借助这种方式进行繁殖。

（4）孢囊孢子　生在孢子囊内的孢子称孢囊孢子。这是一种内生孢子，在孢子形成时，气生菌丝或孢囊梗顶端膨大，并在下方生出横隔与菌丝分开面形成孢子囊。孢子囊逐渐长大，然后在囊中形成许多核，每一个核包以原生质并产生孢子壁，即成孢囊孢子。原来膨大的细胞壁就成为孢囊壁。带有孢子囊的梗叫作孢囊梗。孢囊梗伸入到孢子囊中的部分叫囊轴。孢子囊成熟后破裂，孢囊孢子扩散出来，遇适宜条件即可萌发成新个体。

（5）分生孢子　是霉菌中常见的一类无性孢子，是生于菌丝细胞外的孢子，所以称为外生孢子，主要借助空气传播。分生孢子着生于已分化的分生孢子梗或具有一定形状的小梗上，也有些真菌的分生孢子就着生在菌丝的顶端，如红曲霉和交链孢霉。

值得注意的是，在同一种霉菌菌丝上不一定都采用一种类型的无性孢子，如在许多霉菌特别是接合菌亚门中，同一菌丝体上常发现孢囊孢子和厚壁孢子共存的现象。

2. 有性繁殖　霉菌有性繁殖靠产生有性孢子进行。真菌有性孢子是经过两个性细胞（或菌丝）的结合而形成的。大多数真菌的菌体是单倍体，二倍体仅限于接合子。在霉菌中，有性繁殖不及无性繁殖普遍，仅发生于特定条件下，在特殊的培养基上出现。霉菌的有性孢子形成过程一般经过质配、核配和减数分裂 3 个阶段。

（1）质配阶段　质配是两个遗传型不同的“性细胞”结合的过程，质配时两者的细胞质融合在一起，但两者的核各自独立，共存于同一细胞中，称为双核细胞。此时每个核的染色体数目都是单倍的（即 $n+n$）。

（2）核配阶段　质配完成后，双核细胞中的两个核进行融合，形成二倍体的合子，此时核的染色体数是双倍的（即 $2n$）。在低等霉菌中，质配后紧接着进行的就是核配，而高等霉菌中，质配后不一定马上进行核配，经常以双核形式存在一段时间，在此期间双核细胞也可分裂产生双核子细胞。霉菌染色体的基因重组一般发生在核配阶段。

（3）减数分裂　由于霉菌的核是以单倍体的形式存在，故二倍体的核还需进行减数分裂才能使子代的染色体数与亲代保持一致，即恢复到原来的单倍体状态。多数霉菌在核配后立刻进行减数分裂，形成各种类型的单倍体有性孢子，但也有少数种类霉菌像酵母菌一样能以二倍体的合子形式存在一段时间，此现象常见于接合菌亚门中的霉菌。

经过上述三个阶段，霉菌最终以有性孢子完成繁殖全过程。霉菌有性孢子的形成是一个相当复杂的过程，有性孢子的类型也随霉菌的种类各异。

常见的真菌有性孢子有卵孢子、接合孢子、子囊孢子和担孢子。

（1）卵孢子 是由两个大小不同的配子囊结合发育而成。小型配子囊称为雄器，大型配子囊称为藏卵器。藏卵器中的原生质与雄器配合以前，收缩成一个或数个原生质团，称卵球。当雄器与藏卵器配合时，雄器中的细胞质和细胞核通过受精管而进入藏卵器与卵球配合，此后卵球生出外壁即成为卵孢子。卵孢子的数量取决于卵球的数量。

（2）接合孢子 是由菌丝生出的形态相同或略有不同的配子囊接合而成。接合孢子的形成过程是两个相邻的菌丝相遇，各自向对方伸出极短的侧枝，称为原配子囊。原配子囊接触后，顶端各处膨大并形成横隔，即为配子囊，配子囊下面的部分称配囊柄。相接触的两个配子囊之间的横隔消失，其细胞质与细胞核互相配合，同时外部形成厚壁，即为接合孢子。在适宜的条件下，接合孢子可萌发成新的菌丝体。

真菌接合孢子的形成有同宗配合和异宗配合两种方式。同宗配合是雌雄配子囊来自同一个菌丝体，当两根菌丝靠近时，便生出雌雄配子囊，经接触后产生接合孢子，甚至在同一菌丝的分枝上也会接触而形成接合孢子。异宗配合，是两种不同质菌系的菌丝相遇后形成的。这种有亲和力的菌丝，在形态上并无区别。通常用“+”或“-”符号来代表。

（3）子囊孢子 形成于子囊中，先是同一菌丝或相邻的两菌丝上的两个大小和形状不同的性细胞互相接触并互相缠绕。接着两个性细胞经过受精作用后形成分枝的菌丝，称为造囊丝。造囊丝经过减数分裂，产生子囊。每个子囊产生2~8个子囊孢子。在子囊和子囊孢子发育过程中，原来的雄器和藏卵器下面的细胞生出许多菌丝，它们有规律地将产囊丝包围，于是形成了子囊果。子囊果有3种类型：①完全封闭圆球形，称闭囊壳；②有孔，称为子囊壳；③呈盘状，称子囊盘。子囊孢子成熟后即被释放出来，子囊孢子的形状、大小、颜色、纹饰等差别很大，多用于子囊菌的分类依据。

（4）担孢子 是担子菌产生的有性孢子。在担子菌中，两性器官多退化，以菌丝结合的方式产生双核菌丝，在双核菌丝的两个核分裂之前可以产生钩状分枝而形成锁状联合。双核菌丝的顶端细胞膨大为担子，担子内2个不同性别的核配合后形成1个二倍体的细胞核，经减数分裂后形成4个单倍体的核，同时在担子的顶端长出4个小梗，小梗顶端稍微膨大，最后4个核分别进入小梗的膨大部位，形成4个外生的单倍体的担孢子。担孢子多为圆形、椭圆形、肾形和腊肠形等。

（二）霉菌的生活史

霉菌的生活史都是从孢子开始，经过发芽、生长成为菌丝体，再由菌丝体经过无性和有性繁殖最终产生孢子为止，即孢子—菌丝体—孢子的循环过程，在绝大多数霉菌的生活史中都有无性阶段和有性阶段，它们分别组成无性世代和有性世代，因此霉菌中的世代交替现象十分明显。典型的生活史如下：霉菌的菌丝体发育成熟后，可通过各种方式产生并释放出无性孢子，无性孢子萌发形成新的菌丝体。这样的繁殖方式可循环多次，构成霉菌的无性世代。当无性繁殖进行一段时间后，一般在霉菌生长发育的后期并且是在特定的环境条件下，才进入有性繁殖阶段，即在菌丝体上分化出特殊的“性细胞”或配子，经质配、核配和减数分裂等环节，最后产生各种类型的有性孢子，有性孢子萌发再发育成新的菌丝体，上述过程构成霉菌的有性世代（图3-10）。

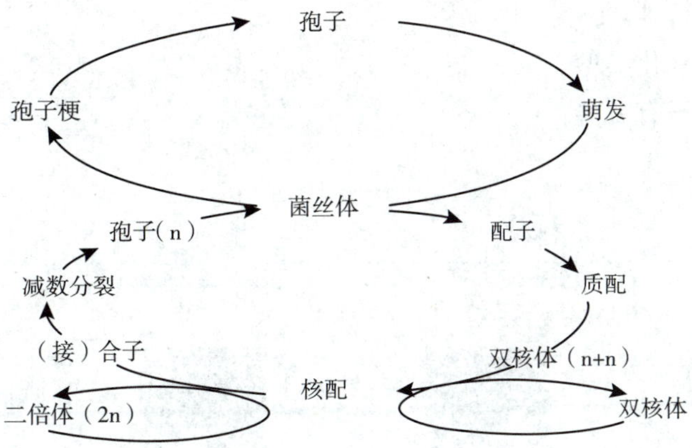

图 3－10　霉菌的生活史

知识链接

霉变甘蔗中毒

霉变甘蔗中含有大量有毒真菌及其毒素，霉变甘蔗中毒是指食用了保存不当而霉变的甘蔗引起的真菌性食物中毒。目前认为引起甘蔗变质的霉菌为节菱孢菌，该菌产生的3－硝基丙酸是一种毒性很强的神经毒素，进入人体后迅速吸收，短时间内引起广泛性中枢神经系统损害，干扰细胞内酶的代谢，增强毛细血管的通透性，从而引起脑水肿、脑疝等，严重者导致缺血坏死，出现各种有关的局灶症状，有些损害为不可逆性。霉变甘蔗中毒在我国淮河以北地区比较多见，多发生于儿童和青年，每年2～3月份为发病高峰期，以家庭散发性食物中毒较为明显，可危及生命或遗留神经系统后遗症，病死率在10%以上。

四、霉菌的菌落特征

霉菌的菌落是由分枝状菌丝体组成，由于菌丝较粗而长，形成的菌落比较疏松，常呈现绒毛状、棉花样絮状或蜘蛛网状。有些霉菌如根霉、毛霉、链孢霉的菌丝生长很快，在固体培养基中没有固定大小。有不少种类的霉菌，其生长有一定的局限性，如青霉和曲霉。菌落表面常呈现肉眼可见的不同结构和色泽特征，这是因为霉菌形成的孢子有不同的形状、构造和颜色。有的产生水溶性色素，可分泌到培养基中，使菌落背面出现不同颜色。一些生长较快的霉菌菌落，其菌丝生长向外扩展，所以菌落中部的菌丝菌龄较大，而菌落边缘的菌丝是最幼嫩的。同一种霉菌，在不同成分的培养基形成的菌落特征可能有变化；但各种霉菌在一定的培养基上形成的菌落大小、形状、颜色等相对是比较一致的。因此，菌落特征也是霉菌鉴定的主要依据之一。

练习题

答案解析

1. 简述真菌的主要特征。
2. 简述酵母菌的繁殖方式。

3. 简述酵母菌的菌落特征。
4. 简述霉菌菌丝的特异化类型。
5. 常见的真菌有性孢子有哪些？

（张阳迪）

书网融合……

本章小结　　微课1　　微课2　　题库

第四章 非细胞型微生物

学习目标

知识目标

1. **掌握** 病毒的大小和形态结构、化学组成；噬菌体的形态结构。
2. **熟悉** 噬菌体的概念、温和型噬菌体和毒性噬菌体的概念。
3. **了解** 病毒的增殖周期；噬菌体的种类。

能力目标

能运用病毒、噬菌体的知识防治食品的污染问题。

素质目标

通过本章的学习，结合病毒、噬菌体污染食品的知识，培养食品安全意识、良好的责任心和社会责任感。

第一节 病 毒

PPT

病毒是一类比细菌更加微小，能通过细菌过滤器，只含一种类型的核酸（DNA 或 RNA）与少量蛋白质，仅能在敏感的活细胞内以复制的方式进行增殖的非细胞生物。病毒与其他所有生物不同，它无细胞结构、无酶体系、无代谢机制，所以称之为非细胞生物。

知识链接

病毒的发现

1886 年，德国科学家麦尔（Mayer）把患有花叶病的烟草植株的汁液注射到健康烟叶的叶脉中，能引起花叶病，证明这种病是可以传染的。1892 年，俄国植物病理学家伊万诺夫斯基（D. Iwannovski）把患病烟草植株的汁液通过细菌过滤器后，仍能使健康烟草植株发生花叶病，这说明致病因子比细菌小。1898 年，荷兰细菌学家贝杰林克（M. Beijerinck）采用琼脂凝胶层析法把患病烟草叶子的汁液置于琼脂凝胶块的表面，发现感染烟草花叶病毒的物质在凝胶中以适度的速度扩散，而细菌仍滞留于琼脂的表面。从这些实验结果，贝杰林克首次提出这种致病因子不是细菌，而是一种新的物质，称为“传染性活流质”，并取名为病毒，拉丁名叫“Virus”。此后，许多学者陆续发现了植物、动物和细菌中的病毒。

一、病毒的概念和特点

病毒粒子（即病毒体）简称毒粒，是指在细胞外环境中形态成熟、结构完整、具有感染性的单个病毒。毒粒具有一定的大小、形态、结构、化学组成与理化性质，甚至可以结晶纯化。

病毒具有下列基本特点：①个体极其微小；②没有细胞结构，化学成分较简单，仅核酸和蛋白质两种，而且只含 DNA 或 RNA 一类核酸；③缺乏完整的酶系统和独立的代谢能力；④超级专性寄生；⑤有些病毒的核酸还能整合到宿主的基因组中，并诱发潜伏性感染；⑥病毒具有感染态和非感染态双重存在方式；⑦对一般抗生素不敏感，但对干扰素敏感。

二、病毒的分类

病毒按感染的对象分为动物病毒、植物病毒、细菌病毒、昆虫病毒及真菌病毒。另外还有类病毒、拟病毒和朊病毒。按遗传物质分为 DNA 病毒和 RNA 病毒两大类。

三、病毒的基本形态和大小

病毒能通过除菌滤器，是体积最小的微生物，必须用电子显微镜才能观察得到，常以纳米（nm）作为其测量单位。各种病毒体大小相差悬殊，大多数病毒体的直径小于150 nm；但最大的病毒直径约为 300 nm，如痘病毒；而最小的病毒直径仅 20～30 nm，如脊髓灰质炎病毒。

病毒的形态多种多样，多数呈球形或近球形，少数呈杆状、丝状、砖块状、子弹状、蝌蚪状等（图 4－1）。

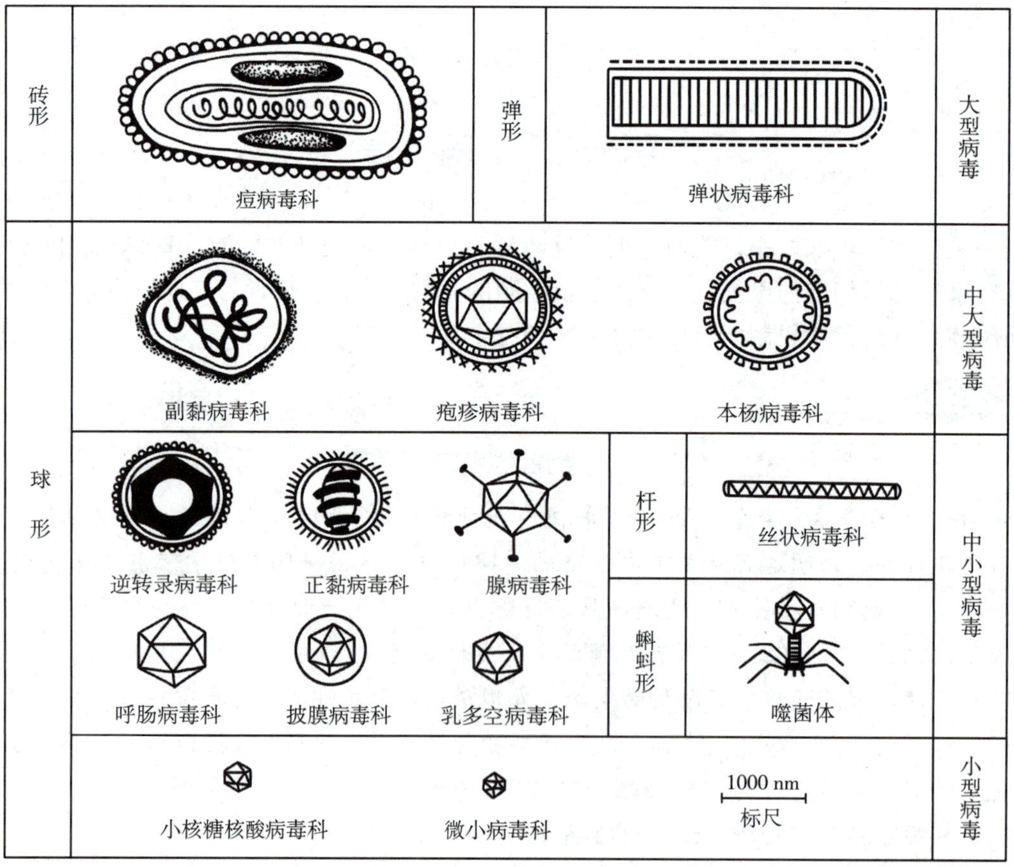

图 4－1　病毒的形态模式图

四、病毒的基本结构与化学组成 微课

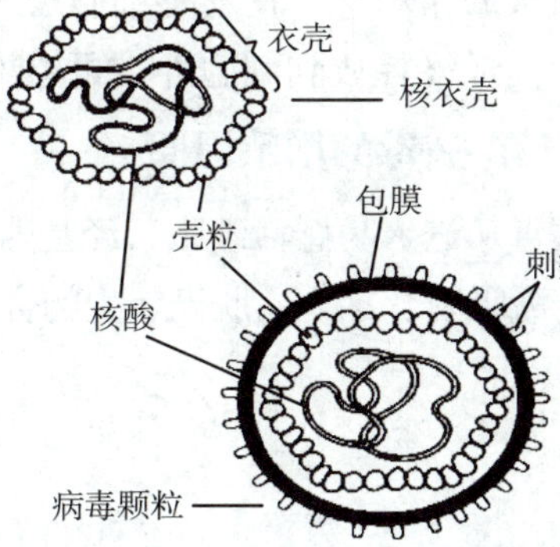

图 4-2 病毒的结构模式图

病毒的基本结构是核心和衣壳，合称核衣壳。有些病毒在核衣壳外面还有一层包膜，构成完整的病毒颗粒（图 4-2）。

1. 核心 位于病毒体的中心，由单一核酸（RNA 或 DNA）组成，控制着病毒的感染、增殖、遗传和变异等生物学特性。此外，某些病毒的核心还含有少量功能蛋白，如核酸多聚酶、逆转录酶等。

2. 衣壳 是包绕在核心外的一层蛋白质，由一定数量的壳粒组成，每个壳粒又由一个或多个多肽分子组成。不同病毒体的壳粒数量、形态及对称方式均有所不同，故可作为病毒鉴别和分类的依据之一。

病毒衣壳可分为下列几种对称类型。①螺旋对称型：壳粒沿螺旋形的病毒核酸链对称排列，如流感病毒。②20 面体立体对称型：核酸浓集在一起呈球形或近似球形，衣壳则包绕在核心外呈 20 面体对称型，如脊髓灰质炎病毒。③复合对称型：病毒体结构复杂，病毒壳粒的排列既有螺旋对称、又有 20 面体立体对称，如噬菌体。

衣壳蛋白是由病毒基因编码的，其主要功能有：①保护病毒核酸，蛋白质组成的衣壳包绕着核酸，可使核酸免受环境中核酸酶及其他理化因素的破坏；②具有黏附作用，衣壳能与易感宿主细胞表面的受体结合，帮助病毒进入宿主细胞；③具有免疫原性，是病毒体的主要抗原成分，可诱导机体产生特异性免疫、阻止病毒的扩散，也可引起免疫病理损伤。

3. 包膜 是包膜病毒的最外层结构，化学成分主要是脂类、蛋白及多糖。包膜是某些病毒在成熟过程中以出芽方式释放、穿过宿主细胞膜或核膜时获得的。故包膜既含有来源于宿主细胞膜或核膜的成分，又含有病毒基因编码的糖蛋白成分。一些病毒的包膜表面常有糖蛋白组成的不同形状的突起，称为包膜子粒或刺突。包膜的主要功能有：①保护病毒的核衣壳，维持病毒的形态；②介导病毒体吸附、融合、穿入至易感细胞内；③刺突具有免疫原性，构成病毒的表面抗原，也可作为区分病毒的种、型及亚型的依据；④包膜具有宿主细胞膜脂质的特点，对脂溶剂敏感，故可作为病毒鉴定与分类的依据。

情境导入

情境 2020 年 9 月 15 日，世界顶级的生物学学术期刊 *Cell* 上发表了一篇关于新冠病毒的论文。论文介绍了科学家们在研究中发现，通过引入外源性肝素（heparin）可降低新冠病毒感染率 80%～90%，这为防控新冠病毒乃至其他病毒的传播提供了新的思路。肝素是一种常用的抗凝血药物，但它也具有一定的抗病毒作用。肝素抗病毒的主要机理是通过与病毒蛋白质、受体或细胞表面分子相互作用，阻断病毒进入宿主细胞。

思考 肝素抗病毒主要是作用在病毒增殖周期的哪个阶段？

五、病毒的增殖

（一）病毒的增殖方式

病毒缺乏增殖所需要的酶系统和细胞器，只能在易感的活细胞内，借助宿主细胞提供的原料、能量和场所，以复制的方式增殖。即病毒进入易感活细胞后，以病毒核酸分子为模板，在核酸多聚酶及其他

必要因素的作用下，使易感细胞按一定程序复制和合成子代病毒所需的核酸与蛋白质，经过装配形成子代病毒，最终释放到细胞外，再感染其他细胞。

（二）病毒的增殖周期

病毒从进入易感活细胞，经基因组复制、形成子代病毒并释放到细胞外的过程，称为复制周期，可人为地分为吸附、穿入、脱壳、生物合成、组装成熟与释放五个步骤（图4-3）。

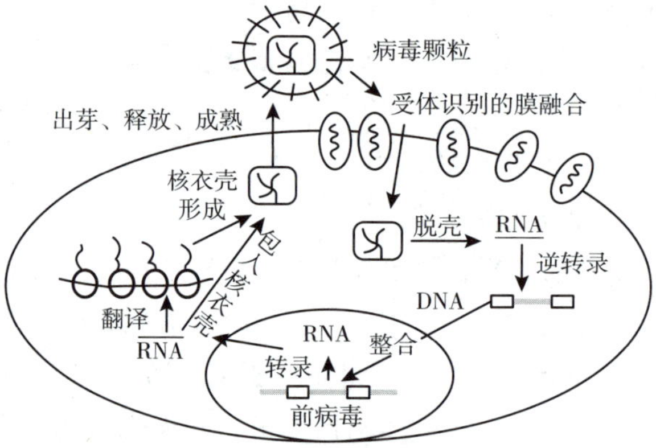

图4-3 病毒复制周期示意图

1. 吸附 是病毒感染的第一步，一般在几分钟到几十分钟完成。病毒可通过随机碰撞或静电引力与宿主细胞发生非特异性可逆结合，也可通过病毒表面结构与宿主细胞表面的受体发生特异性结合。

2. 穿入 即病毒核衣壳进入宿主细胞内的过程。包膜病毒可通过包膜与宿主细胞膜密切接触，在融合蛋白作用下发生融合，使核衣壳进入细胞质中。无包膜的病毒可通过细胞吞饮，或直接穿透细胞膜进入细胞质内。包含噬菌体在内的一些病毒吸附宿主细胞后，细胞表面的酶类还可协助病毒脱去衣壳，使病毒核酸直接进入胞质。

3. 脱壳 进入胞质内的核衣壳脱去衣壳、暴露出病毒核酸的过程。多数病毒穿入细胞已在细胞溶酶体酶的作用下，裂解衣壳释放出核酸。

4. 生物合成 指病毒基因组从衣壳中释放后，利用宿主细胞提供的低分子物质大量合成病毒核酸和蛋白质的过程。

5. 组装 成熟与释放子代病毒核酸和蛋白质合成后，在宿主细胞中组装形成新的病毒体，并转移至胞外的过程。病毒的释放方式主要有破胞释放和芽生释放两种。无包膜病毒装配成的核衣壳即为成熟的病毒体；而有包膜病毒装配成核衣壳后，还需以出芽方式释放时，包上核膜或细胞膜后方可成为成熟的病毒体。

PPT

第二节 噬菌体

一、噬菌体的概念及其主要类型

（一）噬菌体的概念

噬菌体是一类能感染细菌、真菌等微生物的病毒。噬菌体具有病毒的基本特性，只能在活的微生物细胞内复制。分布广，有严格的宿主特异性。大多数噬菌体呈蝌蚪形。噬菌体与食品发酵工业关系密切，如果生产菌种污染了噬菌体，造成菌体裂解，不能积累发酵产物，常发生倒罐事件，造成较大经济损失。因此，如何防止噬菌体污染是一个十分重要的问题。

（二）噬菌体的形态学分类

噬菌体分为蝌蚪状、微球状和细杆状（线状或丝状）3 种形态，根据结构又可分为 A、B、C、D、E、F 共 6 种类型（表 4－1）。多数噬菌体呈蝌蚪状。

表 4－1　噬菌体的形态分类及其特征

类型	形态	头部	尾部	核酸类型	噬菌体举例
A	蝌蚪	20 面体	可收缩的长尾，有尾鞘	dsDNA	大肠埃希菌 T_2、T_4、T_6 枯草杆菌 SP_{50}、PBS_1
B	蝌蚪	20 面体	不能收缩的长尾，无尾鞘	dsDNA	大肠埃希菌 T_1、T_5、λ、β、γ－白喉杆菌噬菌体
C	蝌蚪	20 面体	不能收缩的短尾，无尾鞘	dsDNA	大肠埃希菌 T_5、T_7、枯草杆菌 ϕ29、Nf 鼠伤寒沙门菌 P_{22}
D	微球	20 面体，顶角有较大壳微粒	无尾	ssDNA	大肠埃希菌 ϕX_{174}、ϕR、Su
E	微球	20 面体，顶角有较小壳微粒	无尾	ssRNA	大肠埃希菌 f_2、M_{12}、Qβ、fr
F	细小	细长波状态弯曲	不分头尾	ssDNA	大肠埃希菌 f_1、fd、M_{13}、铜绿假单胞菌 pf_1、pf_2

二、噬菌体的结构特点

（一）化学组成

噬菌体主要由核酸和蛋白质组成。蛋白质构成头部衣壳和尾部的尾鞘。头部衣壳包裹噬菌体的核酸，起保护作用。多数噬菌体的核酸为双链 DNA，仅少数为单链 DNA 或 RNA。其基因组含有 2000～200 000 个碱基，特殊之处在于某些噬菌体的碱基中含有稀有碱基，如大肠埃希菌 T_2 噬菌体的 DNA 中含 5－羟甲基胞嘧啶，而不含胞嘧啶；某些枯草芽孢杆菌噬菌体的 DNA 中含尿嘧啶或羟甲基尿嘧啶，而不含胸腺嘧啶。这些特殊的碱基作为噬菌体 DNA 的天然标记而与寄主菌的 DNA 相区别。

（二）噬菌体的结构

以大肠埃希菌 T_4 蝌蚪形噬菌体为例（图 4－4）。噬菌体由头部、颈部和尾部 3 部分构成。①头部：由线状 dsDNA 和衣壳构成。衣壳由 8 种蛋白质组成，并由 212 个直径为 6 nm 的衣壳粒有规律地对称排列，呈椭圆形正 20 面体立体对称。头部内藏有由线状 dsDNA 构成的核心。②颈部：由颈环和颈须构成。颈环为一个六角形的盘状构造，其上长有 6 根颈须，用于裹住吸附前的尾丝。③尾部：由尾鞘、尾管、尾板（基板或基片）、尾丝和刺突（尾刺）5 部分构成。尾鞘由衣壳粒缠绕而成的环螺旋组成，呈螺旋对称。尾鞘收缩时，其 144 个衣壳粒（蛋白亚基）发生复杂的移位效应，使原有尾鞘的长度缩成一半，因此，与肌纤维蛋白的收缩十分相似。中空的尾管是头部核酸（基因组）注入寄主细胞时的必经之路。尾板是一个有中央孔的六角形盘状物，其上长有 6 个短直的刺突和 6 根细长的尾丝。刺突有吸附功能，而尾丝具有专一吸附在敏感寄主细胞表面相应受体（如性菌毛、G^- 细菌外膜蛋白等）上的功能。T_4 噬菌体通过尾丝吸附于寄主大肠埃希菌细胞表面后，刺激尾板

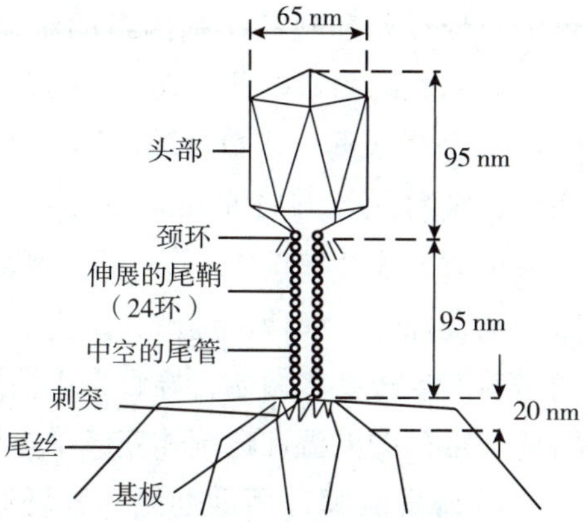

图 4－4　大肠埃希菌 T_4 噬菌体结构模式图

的构型变化，中央孔开口，分泌和释放溶菌酶溶解寄主细胞壁，继而尾鞘蛋白发生收缩，将尾管插入寄主细胞内，注入头部的核酸，而蛋白质衣壳、尾鞘、尾丝、刺突等留在外面。

（三）噬菌体的抵抗力

噬菌体对理化因素的抵抗力比一般细菌的繁殖体强，加热70～80℃，30分钟仍不失活。噬菌体在低温下能长期存活，经反复冻融并不减弱其裂解能力。大多数噬菌体能抵抗乙醚、三氯甲烷和乙醇。消毒剂需作用较长时间才能使其失活，如在0.5%升汞、0.5%苯酚中经3～7天不丧失活性。但对紫外线较敏感，一般照射10～15分钟丧失活性。

三、温和噬菌体与毒性噬菌体

根据与寄主菌的关系，可将噬菌体分为两类。一类在寄主菌细胞内复制增殖，产生许多子代噬菌体，并最终使寄主菌细胞裂解，这类噬菌体被称为毒（烈）性噬菌体。另一类感染寄主菌后不立即增殖，而是将其核酸整合到寄主菌核酸中，随寄主菌核酸的复制而复制，并随细菌的分裂而传代，这类噬菌体被称为温和噬菌体或溶原性噬菌体。

（一）毒性噬菌体的增殖与溶菌

毒性噬菌体感染寄主细胞后进行大量增殖并最终引起细菌裂解。其溶菌过程包括吸附、侵入、复制、装配（成熟）和释放（裂解）5个阶段（图4－5）。从吸附到寄主菌细胞裂解释放子代噬菌体的过程，称为噬菌体的复制周期或溶菌周期。

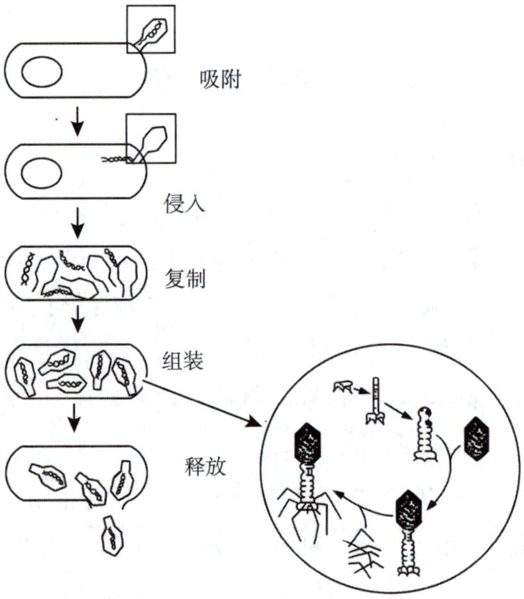

图4－5　毒性噬菌体的增殖

（二）温和噬菌体与溶原性细菌

温和噬菌体感染寄主菌后不立即增殖，而是将其基因组整合到寄主菌的核酸中，并随寄主菌核酸的复制而复制，且伴随寄主菌分裂而分配到两个子代细菌基因中，即为溶原状态。整合在寄主菌核酸中的噬菌体基因组称为原噬菌体（或前噬菌体），染色体上带有温和噬菌体基因组的细菌称为溶原性细菌。溶原性细菌有以下特点。

1. 自发裂解　多数溶原性细菌不发生裂解现象，能够正常繁殖，并将原噬菌体传至子代菌体中。只有极少数（发生率为10^{-5}左右）溶原性细菌（如芽孢杆菌、大肠埃希菌、假单胞菌、棒状杆菌、沙门菌、葡萄球菌、弧菌、链球菌、变形杆菌、乳杆菌等）的原噬菌体脱离寄主菌的DNA，并在寄主菌体内增殖产生成熟噬菌体，导致寄主菌细胞裂解，这种现象称为溶原性细菌的自发裂解。也就是说极少数溶原性细菌中的温和噬菌体变成了毒性噬菌体。

2. 诱发裂解　用低剂量的紫外线照射处理，或用X线、丝裂霉素C、氮芥等其他理化因素处理，能够诱发大部分甚至全部溶原性细菌大量裂解，释放出噬菌体粒子，这种现象称为诱发裂解。因此，温和噬菌体既有溶原周期，又有溶菌周期，而毒性噬菌体只有溶菌周期。

3. 复愈　有极少数溶原性细菌其中的原噬菌体消失了，成为非溶原性细菌，此时既不会发生自发裂解现象，也不会发生诱发裂解现象，称为溶原性细菌的复愈或非溶原化。

4. 对同源噬菌体的感染　具有免疫性溶原性细菌对本身产生的噬菌体或外来的同源噬菌体不敏感。

这些噬菌体虽然可以进入溶源性细菌，但不能增殖，也不能导致溶源性细菌裂解。如含有 λ 原噬菌体的溶源细菌对原噬菌体的毒性有免疫性。

5. 溶源性转变 噬菌 DNA 整合到细菌基因组中而改变了细菌的基因型，使溶源性细菌相应性状发生改变，称为溶源性转变。

四、噬菌体与食品发酵工业的关系

（一）噬菌体污染的危害

在发酵工业和食品工业中，噬菌体给人类带来的危害是污染生产菌种、造成菌体裂解、无法累积发酵产物、发生倒罐事件，损失极其严重。例如生产谷氨酸的北京棒状杆菌，生产酸乳的乳酸菌，生产食醋的醋酸菌，生产丙酮、丁醇的丙酮丁醇梭菌，生产链霉素的灰色链霉菌等若受到相应噬菌体感染，则菌体因细胞裂解而很快消失，发酵液变得澄清，不积累发酵产物，使发酵作用完全停止。故在微生物发酵工业中，必须采取一定预防措施以减少由噬菌体造成的损失。

（二）噬菌体污染的防治措施

做好发酵工厂的环境清洁卫生和生产设备、用具的消毒杀菌工作；妥善处理好发酵废液，对排放或丢弃的活菌液要严格消毒或灭菌后才能排放；严格无菌操作，防止菌种被噬菌体污染，对空气过滤器、管道和发酵罐要经常严格灭菌；定期轮换生产菌种和使用抗噬菌体的生产菌株。由于噬菌体对寄主专一性较强，一种噬菌体通常只侵染细菌的个别品系，因此一旦发现生产菌种被噬菌体污染，可通过轮换不同品系的生产菌种，选育和使用抗噬菌体的生产菌株，每隔一定时间轮换使用 1 次等办法，可以达到防治噬菌体的目的。

练习题

答案解析

1. 什么是病毒？病毒的主要特点是什么？
2. 病毒复制可分为哪几个阶段？各个阶段的主要过程如何？
3. 简述病毒的结构与化学组成。
4. 简述溶源性细菌的特点。
5. 试介绍大肠埃希菌 T_4 噬菌体的结构。

（杨玉红）

书网融合……

本章小结　　微课　　题库

第五章

微生物的营养

学习目标

知识目标

1. **掌握** 微生物的营养要素及其功能；微生物培养基的类型。
2. **熟悉** 微生物培养基的配制原则。
3. **了解** 营养物质进出微生物细胞的方式；微生物的营养类型。

能力目标

1. 会包扎常用玻璃器皿并正确进行灭菌操作。
2. 能根据微生物生长要素选择适宜的培养基并独立配制。

素质目标

通过本章的学习，结合培养基配制内容，养成良好的实验习惯，提升实验室安全风险防范的意识；养成良好的卫生习惯，建立生物安全和自我保护意识。

第一节 微生物的营养需求 微课

PPT

微生物在生长过程中，必须从外界环境摄取适宜的营养物质，通过新陈代谢将其转化成自身的细胞物质并获得生命活动所需的能量。凡是能够满足微生物生长、繁殖和完成各种代谢活动所需的物质称为微生物的营养物质。微生物吸收和利用营养物质的过程称为营养。

不同的微生物对各种营养物质的需求量不同。因此，培养微生物时，需要根据微生物对营养物质的不同需求，为其提供相应的营养物质及培养条件。

熟悉微生物生长所需的营养物质及其在微生物体内的功能，有助于更好地掌握微生物的生长、繁殖及代谢规律，可以有效地培养、利用和控制微生物，对于科学研究和生产实践具有重要意义。

一、微生物细胞的化学组成

营养物质是微生物构成菌体细胞的基本原料，也是获得能量及维持代谢的物质基础，微生物吸收何种营养物质取决于微生物细胞的化学组成。通过对各类微生物细胞化学成分的分析，发现微生物细胞的化学组成与其他生物没有本质上的区别。由碳、氢、氧、氮和各种矿物质元素组成，这些元素主要以水、蛋白质、糖类、脂肪、核酸和无机盐等形式存在于微生物细胞内。不同种类的微生物，其化学组成含量不同；同一种微生物，在不同的生长时期及不同的生长条件下，各种元素含量也有一定差别。表5-1为微生物细胞中主要元素含量。

表 5-1　微生物细胞中主要元素含量

元素	细菌（%）	酵母菌（%）	霉菌（%）
C	50.4	49.8	47.9
H	8.0	6.7	6.7
O	20.0	31.1	40.2
N	15.0	12.5	5.2

二、微生物生长的营养物质及其生理功能

微生物生长需要从外界获得营养物质，营养物质按照它们在机体中的生理作用不同，分为碳源、氮源、水、无机盐和生长因子五大要素。

（一）碳源

碳源是指凡是能够被微生物利用，构成细胞物质或代谢产物中碳素来源的物质。碳源物质是构成细胞物质的主要元素，在细胞内经过一系列变化，20%的碳素转化成细胞物质。如糖类、脂类、蛋白质、细胞贮藏物质及各种代谢产物，其余均被氧化分解并释放出能量用于维持微生物生命活动所需。因此，碳源通常也是机体生长的能源。

自然界中的碳源种类很多，根据碳源的来源不同，可将碳源分为无机碳源和有机碳源。无机碳源，如CO_2和碳酸盐类；有机碳源，如糖类、脂肪、有机酸等。糖类是微生物比较容易利用的碳源，尤其是单糖（葡萄糖、果糖）和双糖（蔗糖、麦芽糖、乳糖）。简单的有机酸、氨基酸、醇、醛、酚等含碳化合物也能被多数微生物利用。实验室内常用的碳源有葡萄糖、蔗糖、淀粉、甘露醇、有机酸等。微生物工业发酵中所利用的碳源物质通常不是纯物质，常选择农副产品和工业废弃物，如玉米粉、马铃薯、饴糖、麸皮、米糠、酒糟、酱渣、棉籽壳、木屑及农作物秸秆等。这些碳源作为发酵的前体物质，经过微生物发酵产生许多具有重要价值的代谢产物，它们除了提供碳源、能源外，还可提供其他营养成分。此外，为了节约粮食，人们已经开展代粮发酵的科学研究，以自然界中广泛存在的纤维素、石油、CO_2、H_2等作为碳源和能源物质来培养微生物，生产各种代谢产物。

在几种不同的可利用的碳源物质同时存在的环境中，微生物对碳源物质的利用具有选择性。如在葡萄糖和淀粉同时存在的环境中，微生物优先利用葡萄糖，只有当环境中葡萄糖消耗殆尽后，才利用淀粉。微生物对碳源物质的选择性利用遵循如下原则：即结构简单、相对分子质量小的优先于结构复杂、相对分子质量大的。如单糖优先于双糖、已糖优先于戊糖、纯多糖优先于杂多糖、淀粉优先于纤维素。

（二）氮源

氮源是为微生物生长、繁殖提供氮素来源的物质，一般不作为能源物质被微生物利用。只有少数细菌可以利用铵盐、硝酸盐等含氮物质作为其生长所需的氮源和能源。氮源对微生物的生长发育具有重要的意义，可被微生物利用，在细胞内合成氨基酸和碱基，并进一步合成蛋白质和核酸等细胞成分及含氮代谢产物。能被微生物利用的氮源物质可以分为分子态氮、无机氮源和有机氮源三类。

1. 分子态氮　只有少数具有固氮能力的微生物（如固氮菌、根瘤菌）能利用空气中的分子态氮作为氮源。微生物主要通过其细胞内的固氮酶系统完成，当基质中含有无机或有机氮源时，固氮酶系统将被抑制，转而利用基质中的含氮物作为氮源。

2. 无机氮源　主要指铵态氮（NH_4^+）、硝态氮（NO_3^-）和简单的有机氮化物（如尿素），绝大多数

微生物可以利用。NH_4^+ 被微生物吸收后直接用于合成氨基酸或其他有机氮化合物；NO_3^- 进入细胞后，先被还原成 NH_4^+ 才能被微生物利用。微生物对无机氮源的利用会导致其生长环境 pH 的改变，因此，利用无机含氮物作为培养微生物的氮源时，需要在培养基中加入缓冲剂以维持环境 pH 的稳定。

3. 有机氮源 多数寄生性微生物和部分腐生性微生物要以有机氮化合物作为氮素来源。氨基酸和蛋白胨是多数微生物良好的有机氮源。蛋白质等复杂的有机氮化合物需要先经过微生物分泌的胞外蛋白酶水解成氨基酸等简单的小分子化合物后才能被吸收利用。

在实验室中，常以铵盐、尿素、硝酸、氨基酸、蛋白胨、酵母浸膏、牛肉膏等简单化合物作为氮源。在发酵工业生产中，常以花生饼粉、蚕蛹粉、豆饼粉、鱼粉、玉米浆、麸皮、米糠等作为氮源。简单氮化物可以直接被微生物快速吸收利用，称为速效氮源；复杂有机氮化物需经胞外酶分解成简单氮化物才能成为有效态氮源被微生物吸收利用，称为迟效氮源。微生物对氮源同样具有选择性，一般遵循以下原则：铵离子优先于硝酸盐、氨基酸优先于蛋白质。

（三）水

水是微生物细胞的主要组分，也是生命活动的必需物质，占细胞鲜重的70%～90%。微生物所含水分包括结合水和自由水两种状态。结合水一般不能流动，不易蒸发，不冻结，不能作为溶剂，也不能渗透；自由水则能流动，容易从细胞中排出，可以作为溶剂。

微生物细胞内的水分生理功能主要有：维持蛋白质、核酸等生物大分子稳定的天然构象；参与细胞内一系列化学反应；起到溶剂与运输介质的作用，营养物质的吸收与代谢物的分泌需要以水为介质才能完成；由于水的比热容高，是热的良好导体，能有效吸收代谢过程中释放的热量并将吸收的热量迅速散发出去，从而有效控制细胞内的温度变化；维持细胞正常形态。

微生物缺乏水会影响代谢作用的运行，微生物生长用水一般用自来水、井水、河水等即可，如有特殊要求可用蒸馏水。

（四）无机盐

无机盐又称矿物质，是微生物生长必不可少的一类营养物质，对机体生长具有多种重要的生理功能，主要包括：构成细胞的组成成分；参与酶的组成；作为酶的激活剂；调节细胞渗透压；作为自养微生物的能源和无氧呼吸时的氢受体。

根据微生物对矿物质元素需要量的不同，分为常量元素和微量元素，见表5－2、表5－3。

微生物培养时，无机盐可以从培养基的有机物中获得，一般只需添加一定量的硫酸盐、磷酸盐和氯化物。微量元素一般不需要额外添加，通常来源于化学试剂、自来水和普通玻璃器皿。微量元素如果是重金属，其含量超标会对微生物产生毒害作用。

表5－2 常量元素的生理功能

元素	生理功能
P	核酸、蛋白质、磷脂组分，参与能量转移
S	含硫氨基酸、维生素的成分，硫化细菌的能源
K	酶的辅因子、维持细胞渗透压
Na	细胞运输系统组分，维持细胞渗透压
Mg	酶的激活剂，叶绿素成分
Ca	酶的辅因子，维持酶的稳定性，芽孢的组分

表 5－3　微量元素的生理功能

元素	生理功能
Fe	细胞色素及某些酶的组分，铁细菌的能源，叶绿素的组分
Mn	酶的辅因子、激活剂
Zn	RNA 和 DNA 聚合酶的成分，肽酶、脱羧酶的辅因子
Cu	细胞色素氧化酶，抗坏血酸氧化酶，酪氨酸酶的组分
Co	维生素的组分，肽酶的辅因子
Mo	硝酸还原酶、固氮酶、甲酸脱氢酶的组分
Se	甘氨酸还原酶、甲酸脱氢酶的组分

（五）生长因子

生长因子又称生长素，是指微生物生长必需但需要量很少，微生物自身不能合成或合成量不能满足机体生长需要的有机化合物。根据生长因子的化学结构和它们在机体中生理功能的不同，可分成维生素、氨基酸、嘌呤与嘧啶三大类。狭义的生长因子仅指维生素（主要是 B 族维生素）。

生长因子的生理功能主要有：维生素作为酶的辅基或辅酶参与新陈代谢；某些微生物缺乏合成某些氨基酸的能力，必须在培养基中补充；嘌呤与嘧啶作为酶的辅酶或辅基，并参与核苷酸和核酸的合成。实验室中常用富含维生素的酵母膏和富含氨基酸的蛋白胨等廉价的材料作为综合生长因子配制培养基，从而满足某些微生物的生长需要。

除上述营养物质外，微生物的生命活动也离不开能源。凡是能够提供最初能量来源的营养物质或辐射能称为能源。微生物对能源的利用非常广泛，配制培养基时，一般不需要特别提供能源。异养微生物能够利用碳源作为能源，通过有机物的分解获取能量，只有少数异养微生物能够利用氮源和光作为能源；自养微生物可以利用光能或无机物作为能源。

第二节　微生物对营养物质的吸收

PPT

微生物生长和繁殖所需营养物质必须进入细胞内才能被利用。此外，微生物生长过程中产生的代谢物需要及时分泌到细胞外，避免在胞内积累产生毒害作用。在营养物质进入细胞与代谢物分泌到细胞外的过程中，细胞膜起着重要的作用。影响营养物质进入细胞的因素主要有：营养物质本身的性质，如相对分子质量、溶解性、带电性等；微生物所处环境，如温度、pH、离子强度、诱导物质和抑制剂等；微生物细胞的通过屏障，包括细胞壁、细胞膜、荚膜等。根据物质跨膜运输过程的特点，可将营养物质的运输方式分为单纯扩散、促进扩散、主动运输和基团移位。

一、单纯扩散

单纯扩散又称被动运输或被动扩散，是细胞内外物质交换最简单的一种方式。在运输的过程中不需要载体的介入，营养物质仅通过细胞膜上的小孔，由高浓度向低浓度环境扩散。此过程是非特异性的纯粹物理过程，不消耗能量，因此不能逆浓度梯度运输，物质扩散的动力来自于膜内外的浓度差。物质扩散的速率随膜内外浓度差的降低而减小，直到膜内外营养物质浓度相同时达到一个动态平衡。

单纯扩散的物质主要是一些小分子物质，如水、某些气体（如 O_2、CO_2）、某些无机离子、某些氨基酸、脂肪酸、甘油、乙醇等。单纯扩散不是微生物细胞吸收营养物质的主要方式。

二、促进扩散

促进扩散又称协助扩散，营养物质运输过程中借助细胞膜上的特异性载体蛋白，由高浓度向低浓度环境扩散。与单纯扩散一样，促进扩散也是一种被动的物质跨膜运输方式，在这个过程中不消耗能量，因此不能逆浓度梯度运输，物质扩散的动力来自于膜内外的浓度差，运输速率与膜内外物质的浓度差成正比。

促进扩散与单纯扩散的主要区别在于物质运输过程中，需要载体蛋白的协助才能进入细胞，而且每种载体蛋白只运输特定的物质，具有高度的特异性。载体蛋白与被运输物质存在一种亲和力，并且这种亲和力胞外大于胞内。通过被运输物质与相应载体间亲和力大小的变化，使该物质与载体发生可逆性的结合与分离，导致物质穿过细胞膜进入细胞内。被运输物质与载体间的亲和力大小变化是通过载体分子的构象变化实现的。

通过促进扩散进入细胞的营养物质主要有氨基酸、单糖、维生素、无机盐等，主要在真核微生物中存在。如葡萄糖通过促进扩散进入酵母菌细胞。在原核微生物中比较少见，但发现甘油可通过促进扩散进入沙门菌属、志贺菌属等肠道细菌细胞。

三、主动运输

主动运输是广泛存在于微生物中的一种主要的物质运输方式。是指通过细胞膜上特异性载体蛋白构型变化，使膜外物质进入膜内的一种运输方式。物质在运输的过程中需要消耗能量，并且由低浓度向高浓度运输。

在主动运输过程中，不同种类的微生物所需的能量来源不同。好氧微生物与兼性厌氧微生物直接利用呼吸能；厌氧微生物利用化学能；光合微生物利用光能。微生物在生长和繁殖过程中所需的各种营养物质，如氨基酸、离子、糖类等，主要是以主动运输的方式进入细胞。

四、基团移位

基团移位是微生物营养吸收过程中一种特殊的运输方式，基团移位与主动运输相比，在营养物质运输过程中，需要特异性载体蛋白、消耗能量，且被运输的营养物质自身会发生化学变化。

这种运输方式主要用于葡萄糖、甘露糖、果糖、脂肪酸、核苷、碱基等物质的运输，但不能运输氨基酸。如许多糖及糖的衍生物在运输的过程中，由细菌的磷酸酶系统催化，使其磷酸基团被转移到糖分子上，以磷酸糖的形式进入细胞。

基团移位主要存在于厌氧型和兼性厌氧型细菌中。也有研究表明，某些好氧菌，如枯草杆菌和巨大芽孢杆菌也利用磷酸转移酶系统将葡萄糖运输到细胞内。

第三节　微生物的营养类型

PPT

微生物与其他生物一样，在生长和繁殖过程中，不断从外界吸收营养物质，合成细胞成分和提供代谢所需能量。在长期进化过程中，由于生态环境的影响，微生物逐渐分化成各种营养类型。由于各种微生物的生活环境和对不同营养物质的利用能力的不同，它们的营养需求和代谢方式也不尽相同。

根据微生物生长时所需碳源物质的性质不同，可将其分为两种基本营养类型：①自养型微生物，利用无机含碳物作为唯一营养物质；②异养型微生物，至少需要一种有机含碳物作为营养物质。此外，根据微生物生命活动中能量来源不同，可将其分为两种能量代谢类型：①化能型微生物，利用吸收的营养物质降解产生的化学能；②光能型微生物，吸收光能来维持生命活动。因此，将碳源物质的性质和代谢能量的来源结合，可将微生物分为光能自养型、光能异养型、化能自养型和化能异养型四种营养类型。

一、光能自养型

光能自养型微生物能以 CO_2 或可溶性碳酸盐（CO_3^{2-}）作为唯一碳源或主要碳源，并能够通过光合磷酸化的方式将光能转变成化学能供细胞利用。此类型的微生物细胞内含有光合色素，能利用光能进行光合作用。此类型微生物能以无机物，如水、硫化氢、硫代硫酸钠或其他无机化合物为电子供体（供氢体），使 CO_2 还原成细胞物质，并且伴随元素氧（硫）的释放。光合色素是一切光能微生物特有的色素，主要包括叶绿素（或菌绿素）、类胡萝卜素和藻胆素三类，代表微生物有微藻类、蓝细菌、紫硫细菌、绿硫细菌等。

二、光能异养型

光能异养型微生物含光合色素，以光能为能源，利用有机物作为供氢体，还原 CO_2，合成细胞的有机物质。光能异养型微生物在生长时大多数需要外源的生长因子。例如，深红螺菌利用异丙醇作为供氢体（有机酸、醇等），进行光合作用，将 CO_2 还原为细胞有机物质并积累丙酮。光能异养型微生物虽然能利用 CO_2，但必须要在有机物同时存在的条件下才能生长。

光能异养型微生物在光和厌氧条件下，进行上述反应。但在黑暗和好氧条件下，又可利用有机物氧化产生的化学能，推动代谢作用。

三、化能自养型

化能自养型微生物既不依赖于光，也不依赖于有机营养物，而是完全依赖于无机矿物质。利用 CO_2 或碳酸盐作为唯一或主要碳源，生长所需的能量来自于无机物氧化过程中释放的化学能。供氢体是某些特定的无机物，如 H_2、H_2S、Fe^{2+} 或亚硝酸盐。

目前已经发现的化能自养型微生物均为原核微生物，如硫化细菌、硝化细菌、氢细菌、铁细菌等。它们广泛分布于土壤和水中，对自然界中无机营养物质的循环起着重要作用。

四、化能异养型

化能异养型微生物不含光合色素，不氧化无机物，生长所需的碳源主要是一些有机物，如淀粉、糖类、纤维素、有机酸等，能量来自有机物氧化过程中释放的化学能，因此有机物既是这类微生物的碳源物质又是能源物质。目前已知的微生物中绝大多数属于此类型，包括大部分细菌、放线菌和几乎全部真菌。

在化能异养型微生物中，根据它们利用的有机物的特性不同，又可分为腐生型与寄生型两种。

腐生型微生物利用无生命的有机物质进行生长繁殖。大多数腐生菌是有益的，在自然界物质转化中起重要作用，但也容易导致物品的腐败，如引起食品腐败的某些霉菌和细菌（如梭状芽孢杆菌、毛霉、根霉、曲霉等）。

寄生型微生物生活在活细胞内，从寄主体内获得生长所需的营养物质。寄生又分为专性寄生和兼性寄生两种。只能在活的寄主生物体内寄生并生活的叫专性寄生，如引起人、动物、植物及微生物病害的病原微生物（如病毒、噬菌体、立克次氏体）。如果微生物既能在活的生物体上营寄生生活，又能在死亡的有机残体上生长，同时也可在人工培养基上生长，这种寄生方式叫兼性寄生。大多数病原微生物属于兼性寄生微生物。如人和动物肠道内普遍存在的大肠埃希菌，生活在人和动物肠道内是寄生，随粪便排出体外，又可在水、土壤和粪便中腐生；又如引起瓜果腐烂的瓜果腐酶的菌丝可侵入果树幼苗的胚芽基部进行寄生，也可以在土壤中长期进行。

营养类型的划分不是绝对的，有些微生物在生长条件改变时，营养类型也会发生转变。例如，红螺菌在有光和厌氧的条件下为光能自养型，在黑暗中与有氧的条件下，则能利用有机物氧化产生的化学能生长，成为化能营养型。绝大多数异养型微生物也能吸收利用 CO_2，可以把 CO_2 加至丙酮酸上生成草酰乙酸，这是异养生物普遍存在的反应。因此，划分异养型微生物和自养型微生物的标准不在于它们能否利用 CO_2，而在于它们是否以 CO_2 作为唯一的碳源或主要碳源。在自养型和异养型之间、光能型和化能型之间还存在一些过渡类型。例如，氢细菌在缺乏有机物的环境中营自养生活，而在供给合适的有机物时，可以利用有机的碳源，又成为化能异养型。

第四节　培养基

PPT

培养基是人工配制而成的适合微生物生长繁殖和积累代谢产物所需要的营养基质。培养基可用于微生物的分离、培养、鉴定以及微生物发酵生产等方面。

培养基含有微生物所需的五大营养要素（碳源、氮源、水分、无机盐和生长因子）和适宜的 pH、渗透压及氧化还原电位等。不同微生物对营养基质的需求不同，特定的培养基可有效促进特定微生物生长繁殖，促使微生物发酵，积累某种代谢产物，控制、抑制其他代谢产物的积累，以达到最佳实验、科研和生产目的。配制培养基时，不但需要根据不同微生物的营养需求加入适当种类和数量的营养物质，还要注意碳氮比、调节适宜的 pH、保持适当的渗透压，还要结合微生物的特殊营养需求、代谢特点，并保持无菌状态等。

一、培养基的类型

培养基的种类繁多，根据成分、物理状态和用途的不同可分为若干类型。

（一）按培养基成分不同划分

1. 天然培养基　又称复合培养基，是指利用化学成分不清楚或不恒定的天然有机物制成的培养基。天然培养基的特点是配制方便，营养丰富，经济节约，除实验室经常使用外，更适宜工业上大规模的微生物发酵生产。缺点是其成分不清楚，不同厂家生产的或同一厂家不同批次生产的产品成分不稳定，因而不适合某些实验要求，某些精细的科学实验结果重复性差。

常用的天然有机营养物质包括牛肉膏、蛋白胨、酵母浸膏、豆芽汁、麦曲汁、玉米粉、土壤浸液、麸皮、马铃薯、牛奶、血清等。牛肉膏蛋白胨培养基和麦芽汁培养基就属于此类型。

2. 合成培养基　又称化学限定培养基，是指利用化学成分和含量完全已知的营养物质配制而成的培养基。合成培养基的特点是成分精确，量易控制，配制重复性强。缺点是配制过程复杂，价格较高及微生物生长较慢，不适合于大规模生产。

合成培养基一般用于实验室对微生物进行营养代谢、分类鉴定和菌种选育等要求较高的定性、定量测量和研究等工作。高氏 Ⅰ 号培养基和查氏培养基就属于此类型。

3. 半合成培养基　是指在天然培养基的基础上，适当加入已知成分的无机盐类，或在合成培养基的基础上添加某些天然成分而制成的培养基。半合成培养基的营养成分更加全面、均衡，能充分满足微生物对营养物质的需要，是实验室和发酵工业最常用的一类培养基。培养霉菌用的马铃薯葡萄糖琼脂培养基就属于此类型。

情境导入

情境 琼脂是一种从红藻类中提取的多糖，常被用作微生物培养基的凝固剂。琼脂在高温下溶解，在适当的温度下冷却后会形成凝胶，这种凝胶的网络结构具有一定的孔隙大小，可以容纳水分和营养物质的扩散。同时，琼脂凝胶稳定性较高，能够保持培养基的凝胶状态，不易受到外界条件的干扰。另外，琼脂本身易于在水中溶解，并形成透明的溶液。这使得制备琼脂培养基方便快捷，而且能够在固化后提供较好的透明度。

思考 琼脂作为一种理想的凝固剂，常被应用在微生物培养基配置中的原因有哪些？

（二）根据物理状态划分

根据培养基中凝固剂的有无及含量的多少，可将培养基划分为液体培养基、固体培养基和半固体培养基三类。

1. 液体培养基 是指将各种营养物质全部溶解于水中，配制而成的液体状态培养基。微生物在液体培养基中可充分接触养分，有利于生长繁殖及代谢产物的积累，适用于微生物的纯培养。液体培养基便于灭菌、运输和检测，因此在观察菌种的培养特性、研究菌体的理化特征和进行杂菌检查等方面应用及其广泛。常用于大规模工业化生产，如乙醇、啤酒和乳制品的生产等。

2. 固体培养基 是指在液体培养基中加入一定量的凝固剂（添加量通常为质量分数 1.5% ~ 2.0%），使其成为固体状态的培养基。某些天然固体营养物质制成的培养基也属于固体培养基，如麸皮、米糠、木屑、土豆块、胡萝卜等制成的培养基。此外，在营养基质上覆盖滤纸或滤膜制成的培养基也属于固体培养基。

理想的凝固剂应具备以下条件：不被所培养的微生物分解利用；在微生物生长的温度范围内保持固体状态；凝固剂凝固点不能太低，否则不利于微生物的生长；凝固剂对所培养的微生物无毒害作用；凝固剂在灭菌过程中不会被破坏；透明度好，黏着力强；配置方便、价格低廉。

常用的凝固剂包括琼脂、明胶和硅胶，其中琼脂是绝大多数微生物最理想的凝固剂。琼脂是从藻类（海产石花菜）中提取的一种高度分支的复杂多糖，主要由琼脂糖和琼脂胶两种多糖组成，大多数微生物不能降解琼脂，灭菌过程中不会被破坏，且价格低廉；明胶是由胶原蛋白制备获得的产物，是早期用来作为凝固剂的物质，但由于其凝固点太低，而且某些细菌和许多真菌产生的非特异性胞外蛋白酶以及梭菌产生的特异性胶原酶都能液化明胶，目前已较少作为凝固剂使用；硅胶是由无机硅酸钠、硅酸钾被盐酸及硫酸中和凝聚而成的胶体，它不含有机物，适合配制分离与培养自养型微生物的培养基。

在实验室中，固体培养基一般是加入平皿或试管中，制成培养微生物的平板或斜面。固体培养基为微生物提供一个营养表面，单个微生物细胞在这个营养表面进行生长繁殖，可以形成单个菌落。因此，固体培养基在微生物分离、鉴定、计数、保藏等方面起着非常重要的作用。

3. 半固体培养基 是指在液体培养基中加入少量凝固剂（添加量通常为质量分数 0.2% ~ 0.8%）使之呈半流体状态或直接将营养物质配置成半流体状态的培养基。常用于观察细菌运动、菌种保存、菌种鉴定和噬菌体的效价测定等方面。在食品发酵生产中，常用水来稀释固体培养基以获得半固体培养基，如小曲白酒的边糖化发酵、酱油的高盐稀醪发酵等。

（三）根据用途划分

1. 基础培养基 是指含有一般微生物生长繁殖所需要的基本营养物质的培养基。例如培养细菌的牛肉膏蛋白胨培养基、培养放线菌的高氏Ⅰ号培养基、培养真菌的马铃薯葡萄糖琼脂培养基等都属于基础培养基。基础培养基也可以作为某些特殊培养基的基础成分，再根据某种微生物的特殊营养需求，在基础培养基中加入所需营养物质。

2. 加富培养基 是指在基础培养基中加入某些特殊营养物质制成的一类营养丰富的培养基。这些特殊营养物质包括血液、血清、酵母浸膏、动植物组织液等。加富培养基一般用来培养某些对营养要求比较苛刻的微生物。例如，某些霉菌缺乏合成一种或几种氨基酸的能力，培养时可在查氏培养基中加入相应的氨基酸或适量的蛋白胨来满足其生长需要。此外，加富培养基还可用来富集和分离混合样品中数量很少的某种微生物。因此，加富培养基常用于菌种筛选前的增殖和分离培养。如果加富培养基中含有某种微生物所需的特殊营养物质，该种微生物就会比其他微生物生长速度快，并逐渐富集而占优势，从而淘汰其他微生物，达到分离该种微生物的目的。

3. 选择培养基 是用来将某种或某类微生物从混杂的微生物群体中分离出来的培养基。根据不同种类微生物的特殊营养需求或对某种化学物质的敏感性不同，在培养基中加入相应特殊营养物质或化学物质，抑制不需要的微生物的生长，有利于所需微生物的生长。常用的选择培养基加入的化学物质多为染色剂、抗生素、脱氧胆酸钠等抑制剂。如在乙醇发酵生产过程中，培养料中加入适量青霉素可以抑制细菌和放线菌生长，而对酵母菌无害，糖化处理最终获得选择性培养基，即糖化醪。现代基因克隆技术中也常用选择培养基，在筛选含有重组质粒的基因工程菌株过程中，利用质粒上具有的对某种（些）抗生素的抗性选择标记，在培养基中加入相应抗生素，能够比较方便地淘汰非重组菌株，以减少筛选目标菌株的工作量。从某种意义上讲，选择培养基类似于加富培养基，而两者的区别在于选择培养基一般是抑制不需要的微生物的生长，使需要的微生物增殖，从而分离所需微生物；而加富培养基是用来增加所要分离的微生物的数量，使其形成生长优势，从而分离该种微生物。

4. 鉴别培养基 是指在培养基中加入与某种微生物代谢产物产生明显特征变化的物质，从而能用肉眼快速鉴别微生物的培养基。鉴别培养基主要用于微生物的分类鉴定以及分离筛选产生某种代谢产物的菌种。如伊红美蓝培养基，用于鉴别食品中的大肠埃希菌，若大肠埃希菌存在，其代谢产物与伊红、美蓝结合，使菌落呈现深紫色并带有金属光泽。

5. 生产用培养基 在生产实践中经常使用孢子培养基、种子培养基和发酵培养基。

（1）孢子培养基 是指用来使菌种产生孢子的固体培养基。孢子培养基能使菌体迅速生长，并产生大量优质孢子，不易引起变异。孢子培养基要求营养不能太丰富，尤其是氮源，否则不易产生孢子；无机盐浓度适当，否则影响孢子的颜色和数量；培养基的湿度和 pH 也会对孢子产量产生影响。工业生产常用的孢子培养基包括麸皮培养基、小米培养基、大米培养基和玉米碎屑培养基等。

（2）种子培养基 是指专门用于微生物孢子萌发、大量生长繁殖、产生足够菌体的培养基。种子培养基的特点是营养丰富、安全、氮源和维生素含量高、易被利用等。种子培养基一般要求培养基中含有丰富的天然有机氮源，因为某些氨基酸可以刺激孢子萌发。如酱油生产中使用的由麸皮、豆粕、水等配制的种子培养基。

（3）发酵培养基 是指专门用于微生物积累大量代谢产物的培养基。发酵培养基要求营养成分总量较高，碳氮比适宜。发酵培养基不是微生物最适生长培养基，它适用于菌种生长、繁殖和合成代谢产物之用，是为了使微生物迅速地、最大限度地产生代谢产物。

培养基是微生物生长繁殖和发酵的重要物质基础，在实际应用中，要根据不同类型的培养基特点，灵活掌握、具体应用。

知识链接

发酵工业常用的培养基

1. 种子培养基 为保证发酵生产获得大量优质种子而设计的培养基，特点是营养较丰富，氮源比例较高。有时为使菌种能迅速适应发酵条件，有目的地加入发酵培养基的基质。

2. 发酵培养基 用于生产预定发酵产物，一般以碳为主要元素，碳源含量往往高于种子培养基。

3. 保藏培养基 用于在一定期限内保护和维持微生物活力，防止长期保存对微生物的不利影响，或使微生物在长期保存后容易复苏，如 Dorset 卵黄培养基。

二、配制培养基的基本原则

配制培养基应遵循以下基本原则：目的明确、营养协调、理化适宜、经济节约。

（一）目的明确

不同种类的微生物对营养物质的需求不同；同一种微生物，培养目的不同，所需的营养物质也不同。因此，需要根据不同微生物的营养需求配制不同的培养基。此外，还应明确培养目的是进行特定微生物菌种的鉴别实验，还是进行微生物菌种的生物学特性研究；是要收获大量的微生物菌体，还是要利用微生物生产发酵食品或是积累目的代谢产物。明确培养基配制的目的是培养基配制的首要问题。

在实验室中常用牛肉膏蛋白胨培养基（简称普通肉汤培养基）培养细菌；用高氏 I 号培养基培养放线菌；用麦芽汁培养基（或马铃薯葡萄糖琼脂培养基）培养酵母菌；用查氏培养基（或马铃薯葡萄糖琼脂培养基）培养霉菌。

（二）营养协调

培养基中营养物质的含量及配比，尤其是碳氮比对微生物的生长和代谢影响很大。营养物质浓度过高会导致渗透压过高，对微生物生长起抑制作用；营养物质浓度过低会导致营养供应不足，不能满足微生物生长的需要。碳氮比一般是指培养基中碳元素与氮元素的物质的量之比，但在实际生产中常用还原糖的含量与粗蛋白含量的比值。通常细菌和酵母菌培养基的碳氮比为 5∶1，霉菌培养基的碳氮比为 10∶1。发酵工业中通过控制培养基的碳氮比来控制微生物的代谢。如在谷氨酸的生产发酵中，当培养基的碳氮比为 4∶1 时，菌体大量繁殖，但谷氨酸产生量较少；当培养基的碳氮比为 3∶1 时，菌体繁殖受到抑制，但谷氨酸大量合成。

各种无机盐类的含量也要控制和均衡。单一无机盐类的含量过高，会影响微生物对其他矿物质元素的吸收，甚至可能对细胞产生毒害作用。配制培养基时，通常选用一些多功能的无机盐。如在培养基中加入适量的 KH_2PO_4 和 Na_2HPO_4，不仅能为微生物提供 K、Na 和 P 元素，还可作为缓冲剂起到稳定培养基 pH 的作用。此外，对于某些微生物，还要加入一定的生长因子。如在乳酸菌培养过程中，需要加入一定量的氨基酸和维生素。

（三）理化适宜

不同微生物具有不同的最适生长、繁殖和发酵 pH。培养基的 pH 必须控制在一定范围内，以满足不同类型微生物的生长繁殖或产生代谢产物。一般来讲，细菌生长的最适 pH 为 7.0～8.0；放线菌生长的最适 pH 为 7.5～8.5；酵母菌生长的最适 pH 为 3.8～6.0；霉菌生长的最适 pH 为 4.0～5.8。

微生物在生长、繁殖和代谢过程中，由于营养物质不断被分解利用和代谢产物逐渐生成与积累，导致培养基的 pH 发生变化。因此，需要控制培养基的 pH，否则导致微生物生长速度下降和代谢产物产量下降。通常在培养基中加入缓冲剂以减缓培养过程中 pH 的变化。常用的缓冲剂是 KH_2PO_4 和 K_2HPO_4 组成的混合物。但有些微生物，如乳酸菌能产生大量乳酸，上述缓冲系统难以起到缓冲作用，可以在培养基中添加难溶的碳酸盐（$CaCO_3$）来进行调节。$CaCO_3$ 难溶于水，不会使培养基 pH 过度升高，但可以不断中和微生物产生的酸，同时释放出 CO_2，将培养基 pH 控制在一定范围内。

（四）经济节约

配制培养基时，在不影响培养效果的前提下，应尽量选择廉价且易于获得的原料作为培养基的成分。尤其是在发酵工业中，培养基用量很大，选择廉价的原料可以有效地降低产品成本。如在微生物单细胞蛋白的工业生产中，利用糖蜜（制糖工业中含有蔗糖的废液）、乳清（乳制品工业中含有乳糖的废液）、豆制品工业废液和黑废液（造纸工业中含有戊糖和己糖的亚硫酸纸浆）等可作为培养基的原料；工业上的甲烷发酵主要利用废水、废渣做原料，而在我国农村，已经推广和使用人畜粪便及禾草为原料发酵生产甲烷。大量的农副产品或制品，如谷皮、米糠、玉米浆、酵母浸膏、酒糟、豆饼、花生饼、蛋白胨、淀粉渣等都是常用的发酵工业原料。

三、培养基的制备

（一）配置前的准备

1. 查阅相关资料，核对选择设计的培养基配方是否适合微生物生长。
2. 检查所需原料、设备等是否符合要求。

（二）配制方法的选择

实验室用培养基配制方法主要包括：营养物质的溶解方法、pH 的调节方法和灭菌方法等。生产用培养基配制通常采用天然原料，配制方法主要为原料的预处理方法，包括原料除杂、原料粉碎、pH 的调节及其他营养素的添加等。

1. 配制过程 实验室常用培养基的一般制作程序如下。

原料选择→称量→混合溶解（加热煮沸）→调节 pH→过滤→分装→灭菌→备用

2. 配制结果的验证 培养基的配制过程中，难免产生一定的误差。一般需要对培养基进行无菌培养、理化检验和感官检验等操作，以验证是否被杂菌污染或培养基组成是否适合配制目的，了解实际配制结果的可用性。若配制的培养基经无菌培养出现菌落或培养基变浑浊，说明培养基已经被杂菌污染，不能用于微生物培养。

（三）注意事项

1. 建立完善的配制记录 配制培养基时将培养基配制日期、种类、名称、配方、原料、灭菌的压力和时间、终 pH 和配制人员姓名等信息进行详细记录，防止发生混乱。

2. 合理存放培养基 培养基应现配现用，配制好的培养基若不能及时使用，应存放于冷暗处，且放置时间不宜超过 1 周，以免降低其营养价值或发生化学变化。

练 习 题

答案解析

1. 微生物需要哪些营养物质？它们各有什么主要的生理功能？

2. 试比较单纯扩散、协助扩散、主动运输和基团转位四种运输营养物质的方式有什么异同？

3. 理想的培养基凝固剂应具备哪几个特性？

4. 试述划分微生物营养类型的依据。

5. 为了防止微生物在培养过程中会因本身的代谢作用改变环境的 pH，在配制培养基时应采取什么样的措施？

（赵春杰）

书网融合……

本章小结　　微课　　题库

第六章

微生物的生长与控制

学习目标

知识目标

1. **掌握** 微生物生长测定方法；微生物的生长规律。
2. **熟悉** 环境条件对微生物生长的影响。
3. **了解** 工业上常用的微生物培养技术。

能力目标

1. 会用常见方法测定微生物生长量。
2. 能选择合适的方法控制微生物的生长繁殖。

素质目标

通过本章的学习，结合微生物的生长控制中消毒、灭菌技术等内容，培养无菌意识，逐步树立食品安全意识、职业责任感和行业道德感。

第一节 微生物生长的概念及生长量的测定

PPT

一、微生物生长的概念

微生物不论其在自然条件还是人为条件下，都是通过“以数取胜”或者“以量取胜”来发生作用的。可以说，未达到一定数量的微生物就相当于没有它们的存在。而微生物的生长和繁殖正是保证其获得巨大数量的必要前提。

当微生物合成代谢的速度超过分解代谢的速度时，个体细胞的原生质体总量增加，表现为细胞体积变大、重量增加，此现象被称为生长。随着生长的延续，微生物细胞内各组分将按恰当比例成倍增加，在达到一定程度后会引起细胞分裂，导致细胞数目的增加，对于单细胞微生物来说，则表现为个体数目的增加，称为繁殖。细菌等单细胞微生物的生长实际上就是群体细胞数目的增加；而霉菌、放线菌等丝状微生物的生长则表现为菌丝的生长和分枝，其细胞数目的增加并不意味着个体数目的增多，因此，常以菌丝长度、体积及质量增加情况来衡量其生长，其繁殖则主要通过形成无性孢子或者有性孢子使其个体数目增加来完成。可见，微生物的个体生长、繁殖与群体生长存在着以下关系：

个体生长→个体繁殖→群体生长

群体生长 = 个体生长 + 个体繁殖

除特定的目的以外，在微生物的研究和应用过程中，只有群体生长才有实际意义，因此，凡是在微生物学中提到的“生长”，一般都是指“群体生长”，这与研究大型生物时有所不同。

二、微生物生长量的测定

在研究微生物生长的过程中，常常需要对微生物的生长量进行测定。根据微生物的种类、生长状况、研究目的等的不同需要，可选择不同的测定方法。概括起来常用的测定方法有以下几种。

（一）直接计数法

1. 显微计数法 取一定量稀释的单细胞培养物悬液放置于血球计数板（适用于细胞个体较大的单细胞微生物，如酵母菌等）或细菌计数板（适用于细胞个体较小的细菌等）上，根据计数板使用规则，在显微镜下计数一定体积下的平均细胞数，最终换算出供测样品中的细胞数。此方法简便、快捷，是一种常用的细胞计数方法，但其无法区别死、活细胞，故又称为全菌计数法。

2. 比浊法 这是测定菌悬液中细胞数量的快捷方法。其原理是：当特定光线通过微生物菌悬液时，由于菌体的吸收和散射，会使透光量减少。因此菌悬液中细胞的浓度与浑浊度成正比，而与透光度成反比，当细胞越多时，浊度越大，透光量则越少。测定菌悬液的光密度（或透光度）或浊度可以反映出细胞的浓度。将未知细胞数的菌悬液与已知细胞数的菌悬液相比，即可求出未知菌悬液中所含的细胞数（图 6－1）。比浊仪、分光光度计是测定菌悬液中细胞浓度的常用仪器。此法简单快捷，但不适宜颜色太深或混杂有其他物质的菌悬液。通常在使用此法测定细胞浓度时，应先用显微计数法做对应计数，取得经验数据，同时制作菌数对 OD 值（光密度）的标准曲线，方便查获菌数值。

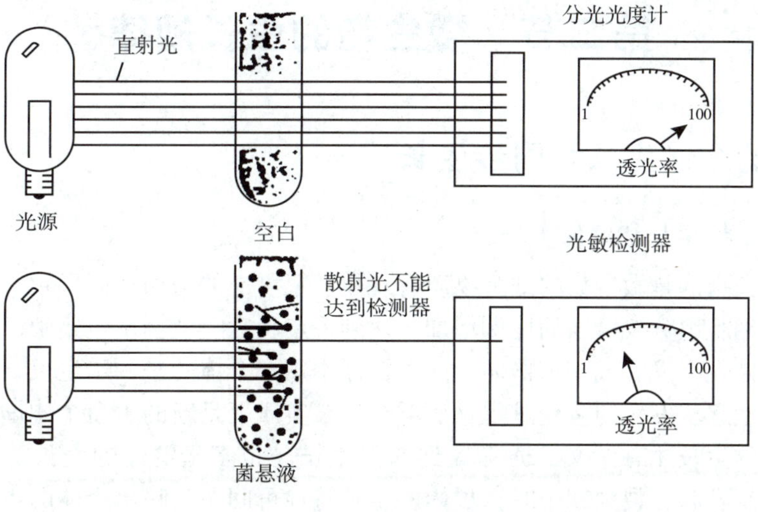

图 6－1 比浊法测定菌悬液细胞浓度的原理

（二）间接计数法

间接计数法又称活菌计数法，依据的原理是活菌在液体培养基中会使培养基浑浊或在固体培养基上会形成菌落。直接计数法测定的是死、活细胞的总数，而用间接计数法测得的仅为活菌数。这类方法测得的数值往往要比直接计数法测得的数值小。常用的间接计数法主要有平板菌落计数法、液体稀释最大概率数法、薄膜过滤计数法等。

（三）重量法

重量法依据的原理是：每个细胞具有一定的重量，根据待测细胞总重及已知单细胞重量，可计算出细胞数量。该方法可以用于单细胞、多细胞、丝状体微生物等的数量测定。

1. 干重法 将一定量的培养物用离心或过滤的方法分离出来，洗净后离心，并称重得到湿重。若是丝状体微生物，过滤后还需要用滤纸吸去菌丝间的自由水再称重。或者将它们置于 105℃ 或红外线下烘干至恒重，或者置于低温下真空干燥后称重，以获得培养物中的细胞干重。此方法直接、可靠，但要求测定时菌体浓度较高，且样品中不含非菌体的干扰物质。

2. 含氮量测定法 蛋白质为细胞的主要组成成分，且含量较稳定，细菌细胞干物质中50% ~80%为蛋白质，其中重要元素氮的含量可通过凯氏定氮法、双缩脲法等测得，即细胞总量 = 蛋白质总量/（50% ~80%） = 含氮量 ×6.25/（50% ~80%）。通常细菌的含氮量约为其干重的14%，而酵母菌约为7.5%，霉菌约为6.5%。本方法适用于固体或液体条件下微生物总生长量测定，但测定前需充分洗涤菌体细胞以除去含氮杂质干扰。

3. DNA 测定法 此方法是基于 DNA 与 DABA - 2HCl（20%浓度的3,5 - 二氨基苯甲酸 - 盐酸溶液）相结合能显示出特殊荧光反应的原理，定量测定培养物菌悬液的荧光反应强度，从而求得 DNA 的含量。由于每个细菌的 DNA 含量相对恒定，平均约为 8.4×10^{-5} mg，因此可直接反映所含细胞的物质量，同时还可以根据 DNA 含量计算出细菌的数量。

（四）生理指标测定法

微生物新陈代谢的过程必然要消耗或产生一定量的物质，因此可以根据某物质的消耗量或某产物的形成量来表示微生物生长量，如微生物对氧的吸收量、发酵糖的产酸量或 CO_2 的释放量等。通过对微生物在生长过程中伴随出现的这些指标的测定，可得出微生物的数量，即样品中的微生物数量越多或生长越旺盛，指标值就会越明显。但由于这类测定方法影响因素较多，所以误差较大，该方法仅在特定条件下，例如分析微生物生理活性等作比较分析时使用。

第二节 微生物的生长规律

PPT

一、微生物的个体生长和同步生长

（一）微生物的个体生长和群体生长

微生物的个体生长指的是微生物的细胞物质有规律、不可逆的增加，而导致细胞体积扩大、质量增加的生物学过程。各细胞组分按恰当的比例增加，达到一定程度后就会发生繁殖，进而引起个体数目的增加，这样原有的个体就会发展成一个群体。随着群体中每个个体的进一步生长，就会引起这一群体的生长。个体生长是一个逐步发生的量变过程，而群体生长实质上是新的生命个体增加的质变过程。在微生物学研究中，群体的生长才有意义，通常提到的“生长”也多指群体的生长。当某一群体中所有个体细胞都处于同样的生长和分裂周期中时，群体的生长特性可间接反映出个体的生长规律。

（二）微生物的同步生长及获得方法

在分批培养过程中，细菌群体能以一定的速率生长，但并非所有细胞都同时进行分裂。也就是说，培养中的细胞不一定处于同一生长阶，因而它们的生理状态和代谢活动也不完全一样。如果想以群体测定结果的平均值来代表单个细胞的生长情况，就必须设法使群体中的个体处于同一生长阶段，即使群体和个体的行为变得一致，为达到此目的，发展了单细胞的同步培养技术。

使培养的微生物群体中不同步的个体细胞转变成生长发育在同一阶段上的培养方法叫作同步培养法。利用一定的技术手段来控制细胞的生长，从而使细胞群体中各个个体都处于分裂步调一致的生长状态，这种生长状态即称为同步生长；用同步培养法所得到的培养物叫作同步培养物。采用同步培养技术就可以通过研究群体的方法来研究个体水平上的问题。目前获得同步培养的方法很多，最常用的有以下三种。

1. 机械法 又称选择法。由于处于不同生长阶段的细胞，其个体大小不同，因此通过离心就可以使大小不同的细胞群体在一定程度上分开，尤其是某些微生物的子细胞与成熟细胞之间大小差异较大，易于分开，然后选取大小一致的细胞进行培养就可获得同步培养物。机械法中常用的手段主要有以下几种。

（1）过滤分离法 选择各种孔径大小不同的微孔滤膜，使刚完成分裂的幼龄菌体通过滤孔，其余菌体都残留在滤膜上面，对滤液中的幼龄细胞进行培养，即可获得同步培养物。

（2）离心法　首先配置不同浓度梯度的不被目标细菌利用的糖或葡聚糖溶液，然后将不同步的目标细胞培养物悬浮于上述溶液中，通过密度梯度离心，即可将不同大小的细胞分布成不同的细胞带，其中每一细胞带的细胞都大致处于同一生长时期，最后分别将它们取出进行培养，就可获得同步培养（图6－2）。

（3）硝酸纤维素薄膜法　此方法是根据细菌与硝酸纤维素滤膜所带有的电荷不同，使得不同生长阶段的细菌都能附着于膜上的特点。其操作过程（图6－3）可分为以下四步：①将待分离菌液通过硝酸纤维素薄膜；②翻转薄膜，并用新鲜培养液过滤培养；③附着在膜上的细菌进行分裂，分裂获得的子细胞不与薄膜直接接触，在菌体本身重量，加上它所附着的培养液重量的共同作用下，使之下落到收集器内；④收集器在短时间内收集到的细菌大致处于同一分裂阶段，用这些细菌进行接种培养，便能得到同步培养物。

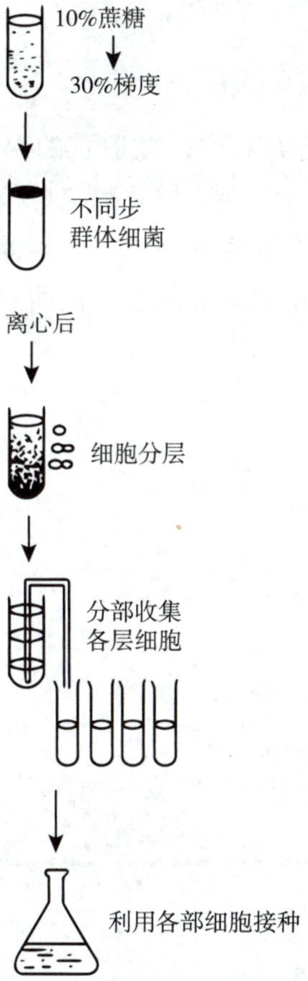

图6－2　离心法同步培养

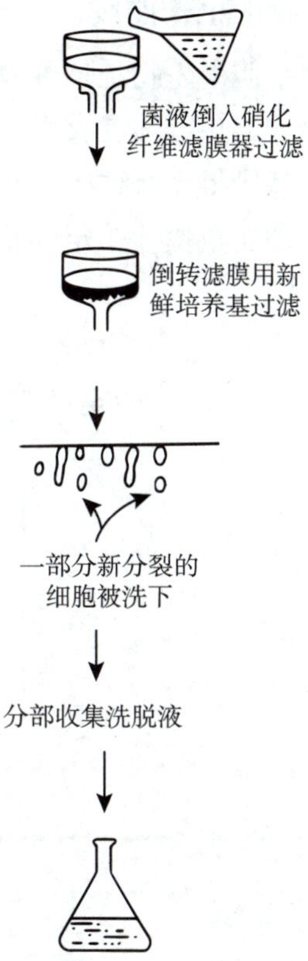

图6－3　硝酸纤维素薄膜法同步培养

2. 环境条件控制法　又称诱导法。此类方法主要是通过控制环境条件，如pH、温度、营养物质等来诱导同步生长的。

（1）温度调整法　将微生物的培养温度控制在接近其最适生长温度下培养一段时间，它们会缓慢地进行新陈代谢，但不进行分裂。在细胞生长到分裂前不久的阶段时，调整其培养温度，使其生长稍微受到抑制，然后将培养温度重新提高或降低到最适生长温度，其内大多数细胞就会进行同步分裂。人们利用这个原理已设计出多种细菌及原生动物的同步培养法。

（2）营养条件调整法　此方法是通过控制营养物质的浓度或培养基的组成成分以达到微生物同步生长的目的。例如限制碳源或其他营养物质，使细胞只能分裂一次而不能继续生长，以此来获得刚分裂的细胞群体，然后再将它们转入适宜的培养基中进行培养，它们便进入了同步生长。例如对于营养缺陷型菌株，就可以通过控制它所缺乏的某种营养物质而达到同步生长的目的。

（3）稳定期培养物接种法　从细菌生长曲线变化规律可知，由于环境条件等不利因素的增加，处于稳定期的细胞大多处于衰老状态，如果将其转接入新鲜培养基中，同样可达到同步生长的目的。

3. 抑制 DNA 合成法　一切生物细胞进行分裂的前提是 DNA 的合成。利用代谢抑制剂阻碍 DNA 的合成，一段时间后再解除抑制，也可达到细胞生长同步化的目的。试验证明：5－氟脱氧尿苷、甲氨蝶呤、脱氧鸟苷和羟基尿素等，对细胞 DNA 合成同步化均有作用。

总之，机械法对细胞的正常生理代谢影响很小，但对相同成熟细胞，个体大小却差异悬殊的细胞，不宜采用；而诱导法虽然方法较多，应用较广，但会对细胞正常代谢产生潜在影响。因此，必须根据微生物形态、生理性状等来选择适宜的方法。

二、微生物的生长曲线及对生产实践的指导意义 微课1

（一）微生物的生长曲线

当把少量单细胞微生物纯培养物接种到恒定容积的新鲜液体培养基中，在适宜的温度、pH、通气等条件下进行培养，该群体就会由小到大，发生有规律的增长现象，定期取样并测定单位体积培养基内的菌体细胞数，从中得到群体生长规律。以计数获得的细胞数目的对数为纵坐标，以培养时间为横坐标作图，可得到一条定量描述一定容积内液体培养基中微生物生长规律的实验曲线，该曲线就称为典型生长曲线（图6－4）。

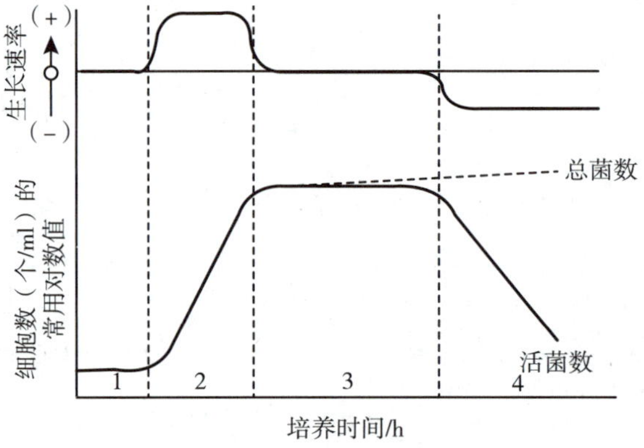

1. 延滞期；2. 指数生长期；3. 稳定期；4. 衰亡期

图6－4　细菌生长曲线

由图6－4可见，典型生长曲线可以划分为延滞期、指数生长期、稳定期和衰亡期四个时期。说其为“典型生长曲线”，是因为它只适用于描述单细胞微生物如细菌、酵母菌，而对于多细胞的真菌和放线菌而言，只能画出一条非“典型生长曲线”，例如真菌生长曲线大致分为3个阶段：生长延滞期、快速生长期及生长衰退期。与典型生长曲线相比，非典型生长曲线缺乏指数生长期，与此时期相当的是培养时间与菌丝体干重立方根成线性关系的一段快速生长期。

典型生长曲线表现了单细胞微生物及其群体在适宜的新的培养环境中，生长繁殖直至衰老死亡的动力学培养过程。生长曲线上各个时期的点，反映的是所培养细菌细胞与其所处环境之间进行物质、能量交流，以及细胞与环境间相互作用与制约的动态变化，深入研究各种单细胞微生物的生长曲线上各个时期的特点与其内在机制，在微生物学理论与应用实践中都有着十分重要的意义。

1. 延滞期　又称为迟缓期、调整期、适应期。当少量菌体被转接入新鲜液体培养基后，在最开始的一段培养时间内，细菌不立即进行繁殖，细胞数不增加甚至会稍有减少。延滞期菌种细胞特点如下：

生长速率常数几乎等于零；菌体的体积增长较快；细胞内的贮藏物质逐渐被消耗，DNA 及 RNA 的含量也相应提高；同时各类诱导酶的合成量增加；细胞内的原生质也比较均匀一致；对外界环境中的理化因素，如热、辐射、抗生素等较为敏感；分裂迟缓，代谢活跃。此外在这一时期，细胞也正在为下一阶段指数生长期的快速生长与繁殖做生理与物质上的准备。

延滞期的长短因微生物菌种、菌龄和培养条件等的不同而异，其持续时间可从几分钟到几小时、几天，甚至几个月不等。其主要影响因素如下。

（1）菌种　微生物在接种后就进入了延滞期，细菌和酵母菌繁殖较快，一般只需要几分钟到几小时，而霉菌繁殖较慢，需要十几小时，放线菌的延滞期则需更长些。

（2）接种龄　是指接种菌种的生长年龄，即它接种时的生长状况处于生长曲线的哪个阶段。当菌种处于指数生长期时，子代培养物的延滞期相对较短；处于延滞期或衰亡期时，子代培养物的延滞期长；而处于稳定生长期的菌种，其子代培养物的延滞期在以上两者之间。

（3）接种量　是指接种入发酵液内的菌种的百分含量。在发酵行业中，通常以菌种与发酵培养基的体积比表示接种量。接种量的大小会明显影响延滞期的长短，当接种量越大时，则延滞期越短。

（4）培养基成分　延滞期的长短还会受到发酵培养基中营养物质的丰富程度，以及种子培养基与发酵培养基的成分差异状况等的影响。

2. 指数生长期　生长期单细胞微生物的纯培养物被接种到新鲜发酵培养基后，经过一段时间的适应，就会进入生长速度相对恒定的快速生长与繁殖时期，处于这一时期的单细胞微生物，其细胞将按 1→2→4→8……的方式增长。由于这一时期的细胞增长以 $2^0 \to 2^1 \to 2^2 \to 2^3 \to 2^4 \cdots 2^n$ 的指数形式进行，所以被称为指数生长期，又称对数生长期。

指数生长期的菌群特点为：菌种生长速率常数达到最大，细胞每分裂一次所需要的代时或原生质增加一倍所需要的倍增时间较短；菌体的形态、大小、生理特征等比较一致；酶系活跃、代谢旺盛；活菌数和总菌数接近。

指数生长期中，细胞每分裂一次所需要的时间称为代时（G）。在一定时间内，菌体细胞的分裂次数愈多，其代时就愈短，则分裂速率愈快。不同菌种的代时不同，同一菌种处在不同的培养条件下，代时也不同。培养基营养丰富，培养条件如温度、pH、渗透压等合适，代时则短；反之，代时则长。但在各生长条件一定的情况下，各菌种的代时是相对稳定的，有的 20 ~ 30 分钟，有的几小时甚至几十小时。

指数生长期中的细胞特点为：微生物个体形态及生理特征典型，代谢活跃，生长速度恒定，繁殖能力也较强，可反映微生物菌株在特定条件下的遗传特性。在微生物发酵工业中，常用指数生长期的菌种作为种子，可缩短延滞期，从而缩短发酵周期。

3. 稳定期　随着细胞不断生长繁殖，培养基中的营养物质逐渐被消耗，代谢产物也逐渐形成并积累，这使得细胞的生长速率逐渐下降，此阶段细胞的繁殖速度与死亡速度基本相等，即菌种生长速率常数为零，细胞的总数达到最高点，此时期称为稳定期或恒定期。出现稳定生长期的主要原因有以下三方面。

（1）培养基中必要营养成分减少，尤其是生长限制因子的耗尽，或其浓度无法满足维持细胞指数生长的需要。

（2）细胞排出的代谢产物在培养基中的大量积累，导致菌体生长受到抑制。

（3）由上述两方面主要因素影响所造成的细胞内外理化环境的改变，引起了培养基中营养物质比例失调，如 C/N 失调。

稳定期菌群的特点为：活菌数目相对稳定，总菌数达到最高水平；以代谢产物的合成与积累为主，细胞代谢产物积累达到最高值；多数芽孢杆菌在这个时期开始形成芽孢；细胞内开始贮存糖原异染颗粒和脂肪等贮藏物；某些微生物开始合成抗生素等次级代谢产物；菌体对不良环境的抵抗力较强。

4. 衰亡期 达到稳定生长期的微生物群体，由于其生长环境的继续恶化和营养物质的进一步短缺，群体中的细胞死亡率逐渐上升，以致死亡菌数逐渐超过新生菌数，群体中的活菌数目下降，出现“负生长”现象，曲线下滑。

衰亡期的特点为：菌体的细胞形状、大小出现异常，甚至畸形；有的细胞内出现多液；有的细胞革兰染色结果发生改变；许多胞内代谢产物和胞内酶向外释放等现象。

（二）生长曲线对生产实践的指导意义

微生物的生长曲线反映了一种微生物在一定的生活环境中（试管、摇瓶、发酵罐）生长繁殖和衰老死亡的规律。它既可作为特点菌种生长繁殖受营养物质和环境因素影响的理论研究指标，也可作为微生物生长代谢调控的依据，以及根据生产发酵目的的不同，确定微生物发酵的收获时期。在微生物发酵工程中，生长曲线还经常用于指导其工艺条件优化，以获得最大经济效益。

1. 缩短延滞期 在微生物发酵工业中，若延滞期较长，会导致发酵设备利用率降低、能源消耗增加、产品生产成本上升，最终会造成劳动生产力的低下以及经济效益下降。而只有缩短延滞期，才有可能缩短发酵周期，以提高经济效益。因此，在微生物实践应用中，通常可采取以下措施来有效地缩短延滞期。

（1）以指数生长期接种龄的种子进行接种 通过分析微生物的生长曲线，微生物在指数生长期的生长速率最快。实验证明，用指数生长期接种龄的种子进行接种，其子代培养物的延滞期较短；而以延滞期、衰亡期的种子接种时，其子代培养物的延滞期较长；以稳定期的种子接种，其延滞期则居中。用生命力旺盛的指数生长期细胞来接种，可以有效缩短延迟期，加速进入指数生长期。

（2）适当增加种子接种量 接种量越大，延滞期就会越短。发酵行业常用的种子接种量约为10%（种子与发酵培养基的体积比为1∶10），也可根据具体情况加大至15%～20%。在实验室研究中，通过摇瓶培养，扩大种子量，使其生长状况达到指数生长期后再进行接种，也可缩短延滞期。

（3）采用营养丰富的培养基 通常情况下，微生物在营养丰富的培养基中要比在营养贫乏的培养基中的延滞期要短。培养液中营养物质的消耗、代谢产物的积累，以及由此引起的培养条件的改变是限制其内微生物继续快速增殖的重要原因，因此可通过采用营养丰富的培养基或适时更换培养基来缩短延滞期。但需要注意的是，种子培养基与培养下一步用的培养基营养成分及其他理化条件应尽可能保持一致，以便使微生物细胞更快适应新环境，如用糖蜜作为发酵原料时，可以在末级摇瓶培养基中加入半量或少量的糖蜜作为培养料。

2. 利用指数生长期 处于指数生长期的细胞，其个体形态、化学组成和生理特性等都较为一致，且代谢旺盛，生长迅速，代时也相对稳定，因此处于该时期的微生物是发酵工业生产中的良好种子，它可以有效缩短延迟期，从而缩短发酵周期，提高设备的利用率。由于旺盛生长的细胞对周围环境中的理化因子作用比较敏感，因此指数生长期的细胞也是研究微生物的生长代谢、遗传调控等生物学基本特性的良好材料。适时补充营养物质，调节由于培养过程而被改变的环境pH、氧化还原电位等，排除培养环境中的有害代谢产物，可适当延长指数生长期，以提高培养液的菌体浓度及有用代谢产物的产量。

3. 延长稳定期 处于稳定期的细胞，其胞内开始积累大量贮藏物，例如异染颗粒、脂肪粒等，多数芽孢细菌也在这个阶段形成芽孢。在稳定生长期，活菌数目达到最高水平，若为了获得大量的活菌体，就应在此阶段收获。同时在稳定期，代谢产物的积累也开始增多，并逐渐趋向高峰。如某些产抗生素微生物，在稳定期后期会大量形成抗生素。稳定期的长短与菌种类型和外界环境条件有关。在生产上，常通过调节pH、调整温度以及补料等措施来延长稳定期，以便积累更多的代谢产物。

4. 掌握衰亡期 衰亡期的微生物细胞活力明显下降，与此同时由于逐渐积累的代谢毒物可能会与代谢产物发生某种反应，使代谢产物发生降解或影响其提纯。因此，必须掌握时间，适时结束发酵。

第三节　微生物生长繁殖的控制

PPT

一、微生物生长控制的基本概念

微生物生活的环境条件是各种因素的综合，只有当环境中的各种因素及其综合效应处于合适程度时，微生物才能旺盛地生长、发育和繁殖。人们常通过控制和调节各类环境因素，促使某些微生物的生长，来发挥它们的有益作用。同时微生物中还有大量是人类和动植物的病原菌，因而必须对有害的微生物进行有效控制。这里首先介绍几个环境因素对微生物影响的相关概念。

1. 防腐　是指在某些理化因素的作用下，物体内外的微生物暂时处于不生长、不繁殖，但又未死亡状态，它是一种抑菌作用。

2. 消毒　是指采用较温和的理化因素，仅杀死或灭活物体中所有对人或动植物有害的病原微生物，而对消毒对象本身基本无害的措施。消毒可杀死病原微生物的营养体，但对芽孢则无杀灭作用。消毒可达到防止传染病传播的目的，例如使用75%乙醇等消毒药剂对水果、饮用水、皮肤等进行消毒；将物体加热至60～70℃处理30分钟，或煮沸10分钟，对牛奶、食品等进行消毒。

3. 灭菌　是指采用强烈的物理或化学因子，杀灭物体内外部所有活的微生物，包括耐热性芽孢的措施，灭菌后的物体中无可存活的微生物，如高温灭菌、辐射灭菌等。灭菌实质上还可以分为杀菌和溶菌两类：杀菌是指菌体虽死，但其形态尚存；溶菌则是指菌体被杀死后，其细胞也因发生裂解、自溶等现象而消失。

4. 化疗　即为化学治疗，是指利用具有高度选择毒力的化学物质，即对病原微生物具有高度毒力，而对其宿主则基本无毒，以此来抑制宿主体内病原微生物的生长繁殖，以达到治疗该宿主传染病的一种措施。用于化学治疗为目的的化学物质称为化学治疗剂，包括抗生素、生物药物素、磺胺类等化学合成药物和若干中草药中的有效成分等。

必须指出的是，不同微生物对各种理化因子的敏感性不同，即使为同一因素，其使用剂量不同，对微生物的效应也不一样，或起灭菌作用，或只起消毒或防腐作用。还有些化学因子，低浓度时还可能是微生物的营养物质，甚至具有刺激生长的作用。防腐、消毒、灭菌、化疗的特点和比较见表6－1。

表6－1　防腐、消毒、灭菌、化疗的比较

比较项目	防腐	消毒	灭菌	化疗
处理因素	理、化因素	理、化因素	强理、化因素	化学治疗剂
处理对象	有机质物体内外	生物体表，酒、乳等	任何物体内外	宿主体内
微生物类型	一切微生物	有关病原菌	一切微生物	有关病原菌
对微生物作用	抑制或杀死	杀死或抑制	彻底杀灭	抑制或杀死
实例	冷藏，干燥，糖渍，盐腌，缺氧，化学防腐剂	70%乙醇消毒，巴氏消毒法	加压蒸汽灭菌，辐射灭菌，化学杀菌剂	抗生素，磺胺药，生物药物素

二、控制微生物生长的物理方法

微课2

（一）温度

1. 生长温度　三基点在一定的温度范围内，机体的代谢活动与生长繁殖速率随着温度的上升而增强。在温度上升到一定程度后，高温开始对机体产生不利的影响，如温度继续升高，则细胞功能将会急剧下降直至死亡。总体而言，微生物生长温度范围很宽，在 -10~100℃范围内均可生长，但不同微生物都有其各自生长繁殖的最低生长温度、最适生长温度及最高生长温度，即生长温度三基点。在生长温度三基点内，微生物均可生长繁殖，但其生长速率不同。但当温度低于最低生长温度，或高于最高生长温度限度时，微生物将停止生长甚至死亡。

（1）最低生长温度　即指微生物能够进行生长繁殖的最低温度界限，若低于此温度，微生物生长可完全停止。

（2）最适生长温度　即使微生物分裂代时最短，或其生长速率最高时的培养温度。

（3）最高生长温度　即指微生物能够进行生长繁殖的最高温度界限。但在此温度下，微生物细胞较容易衰老甚至死亡。

2. 微生物的生长温度　类型根据不同微生物最适生长温度范围的差异，通常可以把微生物分为低温微生物（嗜冷型）、中温微生物（嗜温型）以及高温微生物（嗜热型）三大类，它们的生长温度三基点，即最低、最适、最高生长温度及其范围见表6-2。

表6-2　三大类微生物最低、最适、最高生长温度及其范围

微生物类型		生长温度范围（℃）			分布的主要处所
		最低	最适	最高	
低温微生物	专性嗜冷	-12	5~15	15~20	两极地区
	兼性嗜冷	-15~0	10~20	25~30	海水及冷藏食品
中温微生物	室温	10~20	20~35	40~45	腐生菌、寄生菌的生活处所
	体温		35~40		
高温微生物		25~45	50~60	70~95	温泉、堆肥堆、土壤表层、热水加热器等

（1）低温微生物　嗜冷型微生物其最适生长温度在5~20℃，包括水体中的发光细菌、铁细菌以及一些常见于寒带冻土、冷泉、冷水河流、海洋、湖泊以及冷藏仓库中的微生物。它们对以上水域中有机质的分解起着十分重要的作用，而冷藏食物的腐败往往也是这类微生物作用的结果。嗜冷型微生物能够在低温条件下生长，这可能是由于嗜冷型微生物细胞内的酶仍能在低温下缓慢而有效地发挥作用，且其细胞膜中的不饱和脂肪酸含量较高，可使它们在低温下仍能保持膜的通透性，从而促使其能在低温下进行活跃的物质代谢。

（2）中温微生物　在自然界中，绝大多数微生物都属于嗜温型微生物，其最适生长温度范围在20~40℃。嗜温型微生物又可分为室温型和体温型微生物两大类。室温型微生物，如植物病原菌、土壤微生物等，适于在20~35℃范围内生长。体温型微生物，如人及温血动物寄生菌，其最适生长温度往往与其宿主体温接近，如人体寄生菌的最适生长温度约为37℃。

（3）高温微生物　这类微生物的最适生长温度在50~60℃，堆肥、厩肥、秸秆堆、温泉和土壤都有嗜热型微生物的存在，它们参与厩肥、堆肥和秸秆堆高温阶段有机质的分解过程。其中芽孢杆菌和放线菌中多高温微生物种类，而霉菌则通常不能在高温下生长繁殖。嗜热型微生物之所以能在如此高的温度下生存并生长，这可能是由于其菌体内的蛋白质和酶较为抗热，且其细胞膜中的饱和脂肪酸含量较高，从而使得细胞膜在高温下仍能保持较好的稳定性。多数嗜热型微生物在较高的温度下，能够迅速合成生物大分子，以此来弥补高温造成的损伤。

在一定适宜温度范围内，随着温度逐渐提高，微生物的代谢活动也逐渐加强，生长、增殖加快；但当超过其最适温度后，生长速率则逐渐降低，生长周期也逐渐延长。如图6-5所示为在适宜温度范围内微生物生长速率随温度而变化的规律图。

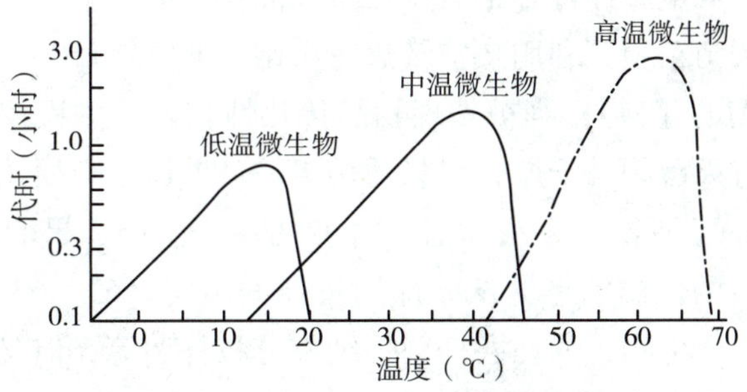

图 6-5　温度对微生物生长速率的影响

3. 高温灭菌　在适应温度界限外，过高或过低的温度对微生物的影响不同。当培养温度高于最高温度界限时，就会引起微生物原生质胶体的变性，以及蛋白质和酶的损伤、变性，从而失去生命机能的协调，使其停止生长或出现异常形态，最终导致其死亡。因此，高温对微生物具有致死的作用。不同微生物对高温的抵抗力不同，即使是同一种微生物，因其发育形态、群体数量及环境条件不同也会具有不同的抗热性。细菌芽孢、真菌的一些孢子和休眠体，都比它们营养细胞的抗热性要强得多。大部分不产生芽孢细菌、酵母菌营养细胞及真菌菌丝体，在液体中加热至60℃时经数分钟即可死亡，但各类芽孢细菌的芽孢即使在沸水中数分钟甚至数小时仍能存活。

当环境温度超过最高温度时，便可杀死微生物。这个在一定时间内和一定条件下杀死微生物的最低温度被称为致死温度，而在致死温度下杀死该种微生物所需要的时间则称为致死时间。当高于致死温度时，温度愈高，致死时间则愈短，表6-3列举了某些细菌芽孢的致死温度和致死时间。由此可见，运用高压蒸汽灭菌法，将温度达到121℃以上，来进行培养基灭菌，足以杀死其包括耐热性最强的芽孢的全部微生物。

表 6-3　各种细菌的芽孢在湿热中的致死温度和致死时间

菌种	温度（℃）				
	100	105	110	115	121
枯草芽孢杆菌	6~17	—	—	—	—
炭疽芽孢杆菌	5~10	—	—	—	—
肉毒梭状芽孢杆菌	330	100	32	10	4
嗜热脂肪芽孢杆菌	—	—	—	—	12
破伤风梭状芽孢杆菌	5~15	5~10	—	—	—

鉴于高温对微生物有致死作用，现已将其广泛用于消毒灭菌。根据是否有水蒸气参与，高温灭菌的方法可分为干热与湿热灭菌两大类。然而在同一温度下，湿热灭菌法比干热灭菌法的效果要好，这主要是因为蛋白质的含水量与其凝固温度成反比（表6-4）。

表 6-4　蛋白质含水量与其凝固温度的关系

蛋白质含水量（%）	蛋白质凝固温度（℃）	灭菌时间（min）
50	56	30
25	74~80	30
18	80~90	30
6	145	30
0	160~170	30

（1）干热灭菌法　①灼烧灭菌法：将待灭菌物品放置在火焰上灼烧，这是一种最彻底的干热灭菌

法，但其破坏力极强，常用于对金属性接种工具、污染物品及实验材料等废弃物的处理。②热空气灭菌法：将待灭菌物品置于干热灭菌箱中，利用热空气进行灭菌，通常在150～170℃温度下处理1～2小时，即可彻底灭菌（包括杀死细菌的芽孢）。当被处理物品传热性较差、体积较大或堆积过挤时，需要适当延长灭菌时间。此法可保持待灭菌物品干燥，但只适用于玻璃器皿、金属用具等耐热物品的灭菌。

（2）湿热消毒灭菌法 ①巴斯德消毒法：指一种专门用于牛奶、果酒、啤酒或酱油等不宜进行高温灭菌的液态风味食品或调料的低温消毒方法。即用较低的温度（62～63℃，30分钟）处理牛奶、酒类等饮料，以杀死其中的病原微生物，如伤寒杆菌、结核分枝杆菌等，但又不损害食品本身的营养与风味。将处理后的物品迅速冷却至10℃左右即可饮用。②煮沸消毒法：将物品在水中煮沸（100℃）15分钟以上，即可杀死细菌的所有营养细胞和部分芽孢。若延长煮沸时间，并在水中加入1%碳酸钠或2%～5%苯酚（苯酚），则效果更好。该方法适用于饮用水的消毒。③间歇灭菌法：又称分段灭菌法，是一种将待灭菌物品放置于盛有适量水的专用灭菌器内，利用流通蒸汽对其进行反复多次处理的灭菌方法。具体步骤如下：将待灭菌物品置于灭菌器或蒸锅中，常压下100℃处理15～30分钟，以杀死其中所有微生物的营养体。待冷却后，置于一定温度下（28～37℃）保温过夜，以诱使其中可能残存的芽孢萌发成营养体，然后再以同样的方法加热处理。如此反复三次，可杀灭物体中所有芽孢和营养体，达到灭菌目的。由于采用该方法灭菌比较费时，因此一般只用于不耐热的营养物、药品、特殊培养基等的灭菌。④高压蒸汽灭菌法：为实验室及生产中最常用的灭菌方法，又称加压蒸汽灭菌法。该灭菌方法通常在高压蒸汽灭菌锅内进行，它是一个具有夹层的密闭系统，夹层和锅中可以充满蒸汽。由于连续加热，锅内蒸汽不断增多，随着压力加大，温度也逐渐上升。当锅内蒸汽达到平衡时，其中产生的蒸汽为饱和蒸汽。饱和蒸汽含热量高，穿透力强，可迅速引起蛋白质的凝固变性，从而杀死细菌和芽孢，因此高压蒸汽灭菌法在湿热灭菌法中效果最佳，应用最广。它可适用于各种耐热物品的灭菌，例如各种缓冲液、生理盐水、一般培养基、金属用具、敷料、玻璃器皿、工作服等。

4. 低温抑菌 绝大多数微生物对低温的抵抗力要强于高温。虽然对部分微生物来说，低温能使其死亡，但对于大多数微生物来说，在低于其最低生长温度的环境中，其代谢速率降低，甚至进入休眠状态，但其原生质结构通常并不被破坏，不会很快死亡，并且能在一个较长时间内保存其生命力，当提高温度后，仍可恢复其正常的生命活动。

在微生物学的研究工作中，常采用低温来保藏菌种。然而有些微生物在冰点以下就会死亡，即使能在低温下生长的微生物，在用低温处理的最初阶段也会有一部分死亡。究其原因，可能是细胞内水分变成冰晶，使得细胞明显脱水，且冰晶往往还可造成细胞，尤其是细胞膜的物理性损伤。总之，低温具有抑制微生物生长或杀死微生物的作用，因此食品的低温保藏也是最常用的食品贮存方法之一。

情境导入

情境 某食品生产企业在其生产烘焙、油炸、膨化等食品时，会往其包装中充入氮气以延长保质期和保持食品品质。充入氮气的主要作用在于：①消除食品与氧气的接触，从而延缓氧化反应；②阻碍微生物的繁殖和代谢，从而延长食品的保质期并提高食品的安全性；③提供额外的内部压力，以增加包装的稳定性，防止包装破裂或变形。

思考 为什么食品包装内充入氮气能够阻碍微生物的繁殖和代谢？

（二）微生物与氧的关系

不同类群的微生物对氧的需求不同，根据不同微生物对氧的不同需求与影响，可把微生物分成五种类型。

1. 专性好氧菌 这类微生物具有完整的呼吸链，它们以分子氧作为最终的电子受体，因此只能在较高浓度的分子氧条件下才能正常生长。大多数细菌、放线菌及真菌都属于专性好氧菌，例如固氮菌属、铜绿假单胞菌、醋酸菌属等都是专性好氧菌。

2. 兼性厌氧菌 又称兼性好氧菌，这类微生物的适应范围较广，在有氧或无氧的环境中都能生长，进行不同的代谢途径，通常以有氧生长为主，该类微生物在有氧条件下主要靠呼吸产能，兼具厌氧生长能力；而在无氧环境下则通过发酵或无氧呼吸产能。例如产气肠杆菌、大肠埃希菌等肠杆菌科的各种常见细菌，以及酿酒酵母、地衣芽孢杆菌等都属于兼性厌氧菌。

3. 微好氧菌 这类微生物细胞内含有在强氧化条件下易失活的酶，因此只能在非常低的氧分压，即0.01~0.03 Pa下才能生长（正常大气氧分压为0.2 Pa），它们通过呼吸链，且以氧为最终电子受体产能，如氢单胞菌属、发酵单胞菌属、弯曲菌属等。

4. 耐氧菌 这类微生物的生长不需要氧，但可在分子氧存在的环境下进行发酵性厌氧生长，分子氧对它们虽无用，但也无害，故又称耐氧性厌氧菌。它们不具有呼吸链，只能通过发酵经底物水平磷酸化来获得能量，因而氧对其无用。发酵工业中常用的乳酸菌大多是耐氧菌，例如肠膜明串珠菌、乳链球菌、乳酸杆菌和粪肠球菌等。

5. 厌氧菌 分子氧对这类微生物有毒害作用，可抑制大多厌氧菌生长，甚至会导致严格厌氧菌的死亡。它们在固体培养基表面不能生长，只能在深层无氧或者氧化还原电位很低的环境中生长，通过无氧呼吸、发酵、循环光合磷酸化或甲烷发酵来获得能量。常见的厌氧菌有梭菌属的丙酮丁醇梭菌、着色菌属、硫螺旋菌属等属的光合细菌以及双歧杆菌属和拟杆菌属的成员，而产甲烷菌属于严格厌氧菌。

（三）微生物与氧化还原电势的关系

不同微生物对生长环境中氧化还原电势有着不同的要求，环境的氧化还原电势不仅与氧分压有关，还受pH的影响。当pH低时，微生物所需氧化还原电势就高；反之，当pH高时，微生物所需氧化还原电势则低。一般以pH中性时，微生物所需氧化还原电势的值来表示其最适氧化还原电势。微生物生活的培养环境（培养基及其接触的气态环境）或自然环境的氧化还原电势，是整个环境中各种氧化还原因素的综合表现，一般来说，氧化还原电势在+0.1 V以上时，适宜好氧性微生物生长，且在+0.3~+0.4 V范围时最佳；而在+0.1 V以下时，适宜厌氧性微生物生长。不同种类的微生物临界氧化还原电势不等，产甲烷细菌生长所需的氧化还原电势一般在-330 mV以下，是目前所知对氧化还原电势要求最低的一类微生物。

培养基的氧化还原电势受到诸多因素的影响，除了分子态氧的影响外，还有培养基中氧化还原物质的影响。例如在接触空气的条件下进行平板培养时，厌氧性微生物不能生长，但当培养基中加入足量的强还原性物质（硫代乙醇、半胱氨酸等）时，同样是接触空气培养，但有些厌氧性微生物就能生长，这是由于在所加的强还原性物质影响下，即使环境中含有少量氧气，培养基中的氧化还原电势也能下降到这些厌氧性微生物生长的临界电势以下。此外，微生物本身的代谢作用也会影响氧化还原电势。在培养环境中，微生物代谢时消耗氧气并积累一些还原性物质，如硫化氢、抗坏血酸或有机硫、氢化合物，致使环境中氧化还原电势下降。

（四）干燥对微生物生长的影响

水分是微生物进行生长繁殖的必要条件，芽孢出芽、孢子萌发等都需要大量的水分，微生物是不能离开水分而生存的。通常在人工培养微生物时，要求培养基的含水量达到60%~65%，且空气相对湿度达到80%~90%。在干燥状态下，微生物会因细胞脱水、蛋白质变性而使代谢活动停止，最终导致死亡。

（五）渗透压对微生物生长的影响

渗透是指水或其他溶剂经过半透性膜进行扩散。一般情况下，大多数生物适宜在等渗环境中生长，当细胞内溶质浓度与胞外溶液溶质浓度相等时，微生物能保持原形，生命活动最佳。若突然改变渗透压，则会使微生物失去活性。在高渗溶液中，水分将经由细胞膜从胞内渗出到细胞周围溶液中，造成细胞脱水，并引起质壁分离，致使细胞不能生长甚至死亡。一般大多数微生物不能耐受高渗透压，所以食品工业中常利用高浓度的糖或盐来保存食品，如利用5%～10%浓度的盐或50%～70%浓度的糖来腌制肉类、果脯、蜜饯及蔬菜等。在低渗溶液中，外界环境中的水分会从溶液进入到细胞内，而引起细胞吸水膨胀，甚至破裂致死。低渗法可用于破碎细胞，例如将洗净并经离心的菌体置于80倍预冷的$MgCl_2$溶液中，剧烈搅拌即可使细胞内含物释放出来。

（六）pH对微生物生长的影响

微生物生命活动有关的绝大多数生化反应都需要酶来催化才能进行，而酶促反应只有在一定pH范围内才能达到最大反应速率，因此每种微生物都有其最适pH和一定的pH适应范围（表6－5）。此外，某些细菌也可在强碱性或酸性环境中生活，如大豆根瘤菌就能在pH为11.0的环境中生活，而氧化硫硫杆菌在pH为1.0～2.0的强酸环境中也能生活，表6－6列举了一些常见微生物生长的pH范围。

表6－5 一般微生物的最低、最适与最高pH范围

微生物	最低pH	最适pH	最高pH
细菌	2.0～5.0	6.8～7.4	8.0～10.0
放线菌	5.0	7.0～8.0	10.0
酵母菌	2.5	4.0～5.8	7.0～8.0
霉菌	1.5	3.8～6.0	7.0～11.0

表6－6 几种细菌的最低、最适与最高pH范围

微生物	最低pH	最适pH	最高pH
亚硝酸细菌	7.0	7.8～8.6	9.4
褐球固氮菌	4.5	7.4～7.6	9.0
金黄色葡萄球菌	4.2	7.0～7.5	9.3
大豆根瘤菌	4.2	6.8～7.0	11.0
枯草芽孢杆菌	4.5	6.0～7.5	8.5
大肠埃希菌	4.3	6.0～8.0	9.5
氧化硫硫杆菌	0.5	2.0～3.5	6.0

当微生物处于最适pH范围生长时，其酶活性最高，若其他条件适宜，微生物的生长速率也达到最高；而当处于低于最低pH或超过最高pH环境下时，微生物生长将被抑制，甚至导致其死亡。pH主要通过影响微生物对营养物质的吸收、酶活性及代谢物形成来影响微生物的生长。

（七）辐射与紫外杀菌

与微生物生长有关的辐射主要有可见光辐射（波长420～780 nm）、紫外辐射（波长100～400 nm）和电离辐射（波长小于100 nm）。大多数微生物不能利用辐射能源，辐射往往对微生物是有害的，只有光能营养型微生物需要光照，如部分可见光能被藻类和蓝细菌用作光合作用的主要能源，红外辐射也可作为光合细菌的能源。

1. 可见光辐射 有些微生物虽然本身不是光合生物，但会表现出一定的趋光性。某些真菌在形成孢子囊、分生孢子、子实体和担子果时，也需要有一定散射光的刺激，如灵芝菌在散射光照下才能生长

出具有长柄的盾状或耳状的子实体。

但在强烈可见光线照射下，微生物也会受到损害。因为微生物体内有一类被称为光敏化剂的化学物质，在光能作用下它能被活化而上升至能量较高状态，当其又因失能而恢复正常状态时，它所释放出的能量能被微生物体内的有机分子或氧气所吸收。该能量若被有机分子所吸收，菌体受到损害的程度则较小；但若被氧气所吸收，损害程度就较大。这是由于空气中的氧气活性较低，但当其吸收能量后，会变成含有高能的强氧化剂。

2. 紫外辐射 太阳光中除可见光，还有长光波的红外线和短光波的紫外线。微生物直接曝晒于阳光下，由于红外线会产生热量，会通过提高环境中的温度和引起水分蒸发而导致其干燥，间接影响微生物的生长。而短光波的紫外线则具有直接杀菌作用。

紫外线是一种非电离辐射，其波长短，能使被照射物质分子或原子中的内层电子提高能级，但不引起电离。不同波长的紫外线具有不同程度的杀菌能力，一般认为200～3000 nm波长的紫外线具有杀菌作用，其中265 nm波长的紫外线杀菌力最强，可用作强烈杀菌剂，如在无菌操作和医疗卫生中广泛应用的紫外灭菌灯。

紫外线对细胞杀伤作用的原理主要是由于细胞中的DNA能吸收紫外线，使DNA一条链或两条链上相邻的胸腺嘧啶间形成嘧啶二聚体，改变DNA的分子构型，导致其DNA复制异常而产生致死作用。此外，在有氧情况下，微生物细胞经紫外照射后，能产生光化学氧化反应，生成的过氧化氢能发生氧化作用，从而影响细胞的正常代谢。紫外线杀菌效果因菌种和生理状态的不同，以及照射时间长短和剂量的大小而有差异。干细胞比湿细胞对紫外辐射抗性强，孢子比营养细胞更具抗辐射性，带色的细胞能更好地抵抗紫外辐射。

经紫外辐射处理后，受损伤的微生物细胞若再次暴露于可见光下，其中一部分可恢复正常生长，该现象称为光复活作用。光复活现象说明微生物细胞对紫外线引起的DNA损伤有一定的自我修复能力，因为微生物细胞内含有一种光复活酶，在黑暗条件下该酶能专一性地与胸腺嘧啶二聚体结合，而在可见光下该酶会因获得光能而被激活，使嘧啶二聚体重新分解成单体，从而使DNA恢复原状。

人工紫外灯是将汞置于石英玻璃灯管中，通电后汞即化为气体，释放出杀菌波长紫外线。紫外线杀菌力强，但穿透力差，不能透过水蒸气、尘埃、纸张、普通玻璃等，故只能用于物品表面和空气消毒。一般无菌室内装一支30 W紫外线灯管，照射30分钟就可杀死空气中的微生物。此外，空气中湿度超过55%～60%时，紫外线杀菌效果明显下降。若紫外线不足致死剂量，可引起细胞内核酸结构部分改变，使微生物发生变异，因此紫外线也是一种诱变剂。紫外线对皮肤、眼结膜都有损伤作用，人工紫外灯使空气中产生的臭氧对人体健康也有一定影响，因此在使用紫外线消毒时，要注意防护。

3. 电离辐射 高能电磁波如X射线、α射线、β射线、γ射线和快中子等，这类辐射光波短、能量强，有足够的能量将受照射物体原子或分子放出电子而变成离子，故称为电离辐射。如水被电离成H^+和OH^-，这些游离基是强烈的还原剂和氧化剂，可直接杀伤细胞。此外，在微生物细胞周围环境中经常有氧气的存在，分子氧和电子结合生成O_2^-、O_2^{2-}，而O_2^-、O_2^{2-}和H^+结合成为HO_2、H_2O_2。这些都是强氧化基团，它们可氧化菌体中酶类的—SH，使酶失活，还会引起DNA的解链、不饱和键氧化，某些组分发生聚合作用等，最终导致菌体损伤或死亡。因此，加入含有—SH的还原剂可适当减轻电离辐射的损害作用，而输入氧气则可增强电离辐射的损害作用。

由于电离辐射能量极大，对人体同样具有强损害效应，故在常规的消毒工作中较少应用电离辐射，但在工业生产上常用来消毒不耐热的塑料注射器、塑料管等。在食品工业中，电离辐射也可用于粮食、食品的消毒，而不破坏其营养，但经辐射后的物品中仍有部分射线残留，因此该方法的安全性尚待解决。

（八）微波杀菌和超声波破碎菌

1. 微波杀菌 微波是指频率在300～300 000 MHz的电磁波，消毒用的微波主要有2450 MHz和915 MHz两种。微波的杀菌作用主要是通过微波的热效应使被照射物品温度升高，来实现杀菌效果。微生物在微波电磁场作用下，吸收微波的能量产生热效应，同时微波造成分子加速运动，而使细胞内部受到损害，从而导致微生物死亡。微波的穿透力要强于紫外线，可穿透玻璃、塑料薄膜及陶瓷等介质，但不能穿透金属，常用于对非金属器械的消毒，如实验室用品、食用器具等。

2. 超声波破碎菌 人类听觉能感受的声波频率在9000 Hz以下，而高于20 000 Hz的声波即为超声波。超声波由超声波发生器放出，适度的超声波处理微生物细胞，可促进其细胞代谢。而强烈的超声波处理可引起细胞破碎，内含物溢出而死。这种破碎细胞的作用机理主要是借助空穴效应，即在超声波处理微生物细胞悬液时，通过产生的高频振动能使溶液内产生空穴，即造成细胞周围环境的局部真空状态，引起细胞周围压力的极大变化，这种压力变化足以使细胞破裂，而导致机体死亡。另外，超声波处理也会导致热的产生，热作用也是造成机体死亡的原因之一。

几乎所有的微生物细胞都能被超声波所破坏，只是敏感程度有所不同而已，故其是破碎细胞、提取活性蛋白质类物质的一种常用手段。超声波的杀菌效果及对细胞的其他影响与其频率、处理时间、微生物的种类、细胞大小、形状及数量等均有关系，如杆菌比球菌、丝状菌比非丝状菌、体积大的菌比体积小的菌更易受超声波破坏，而病毒和噬菌体则较难被破坏，细菌芽孢具有更强的抗性，大多数情况下不受超声波影响。一般来说，高频率比低频率杀菌效果好。

（九）过滤除菌

过滤除菌是利用滤器机械地滤除液体或空气中的微生物的方法。过滤除菌适用于不耐热也不能以化学方法处理的液体或气体，如含抗生素、病毒、毒素、维生素、酶的溶液，以及血清和细胞培养液等。采用过滤除菌法，可截留溶液中的微生物，从而获得无菌的滤液。过滤除菌也有一定的局限性，滤器不能除去支原体、病毒等体积十分微小的微生物，且过滤效果与滤器的滤孔大小、滤器与微生物细胞间的电荷吸引、滤速等因素有关，但都必须在严格的无菌操作下进行。

三、控制微生物生长的化学方法

化学方法是指用化学药品来杀死微生物或抑制微生物生长与繁殖的方法，包括用于消毒和防腐的化学消毒剂和防腐剂，以及用于治疗的化学治疗剂等。

用于杀灭病原微生物的化学药品称为化学消毒剂，而用于防止或抑制微生物生长繁殖的化学药品称为化学防腐剂。实际上消毒剂和防腐剂之间无严格界限，一种化学物质在高浓度下是消毒剂，而在低浓度下就是防腐剂，故一般统称为消毒防腐剂。消毒防腐剂不仅作用于病原菌，还对人体组织细胞有损害作用，因此只能外用。其主要用于体表（皮肤、浅表伤口、黏膜等）、排泄物、器械和周围环境的消毒。理想的消毒剂应是杀菌力强、能长期保存、使用方便、无腐蚀性、对人畜无毒性或毒性较小且价格低廉的化学药品。

化学治疗剂是指杀灭或抑制机体组织内的病原微生物或病变细胞，用于临床治疗的化学药物，包括磺胺、抗生素等。其最大特点是具有选择毒性，即对病原微生物有杀灭作用，而对人体则没有或不产生明显毒性。

（一）常用消毒剂的种类和应用

1. 重金属盐类 所有的重金属（银、汞、砷）盐类对微生物都有毒性。重金属离子易和带负电荷的菌体蛋白结合，使之变性、凝固。例如银、汞等与酶的巯基（—SH）结合，使一些以巯基为必要基团的酶类，如丙酮酸氧化酶、转氨酶等失去活性。常用的这类消毒剂主要有硝酸银、红汞和硫柳汞等。

（1）硝酸银 1% 用于新生儿滴眼液，预防淋球菌感染。

（2）红汞 2% 可用于皮肤、黏膜和小创伤的消毒。

2. 氧化剂 可以使微生物菌体酶中的—SH 氧化为—S—S—，从而使酶失去活性。

（1）高锰酸钾 一种强氧化剂，其性质稳定。常将 0.1% 的高锰酸钾用于皮肤、口腔、蔬菜及水果等的消毒。

（2）过氧化氢 主要通过分解成新生态氧和自由羟基而发挥杀菌作用，稳定性差。常使用 3% 的过氧化氢对伤口和口腔黏膜进行消毒。

（3）过氧乙酸 为无色透明液体，易溶于水，其氧化作用很强，对金属有腐蚀性。市售品为 20% 水溶液，用前需稀释为 0.2% ~0.5%。过氧乙酸能迅速杀灭细菌及其芽孢、真菌及病毒。可用于皮肤、塑料、玻璃、纤维制品的消毒。

3. 酚类 主要作用于细菌的细胞壁和细胞膜，使菌体内含物逸出，同时也可使菌体蛋白变性。其对细菌营养体作用强烈，但对芽孢作用不大。一般常用苯酚作为标准，来比较其他消毒剂的杀菌力。

（1）苯酚 浓度为 2% ~5% 的苯酚，常用于器械、排泄物消毒。

（2）来苏儿（煤酚皂） 浓度为 3% ~5% 时，可用于器械、排泄物、家具、地面等的消毒；而当浓度为 1% ~2% 时，则可用于手、皮肤等的消毒。

4. 醇类

（1）乙醇 高浓度及无水乙醇会使菌体表面蛋白质很快凝固，妨碍其向深部渗入，影响杀菌能力。70% ~75% 的乙醇与细胞的极性接近，使其能迅速通过细胞膜，并溶解膜中脂类，同时使细胞内蛋白质变性、凝固，从而杀死菌体，但对芽孢作用不大。主要用于皮肤、手、体表等的消毒。

（2）苯氧乙醇 为无色黏稠状液体，易溶于水。其 2% 溶液可用于治疗铜绿假单胞菌感染的表面创伤、灼伤和脓肿。

丙醇、丁醇、戊醇等醇类也具有强杀菌作用，但不易溶于水，且价格昂贵。甲醇对组织有毒性。因而这些醇类就很少用于消毒。

5. 醛类 杀菌作用大于醇类，其中以甲醛和戊二醛的作用最强。醛基能与微生物细胞中蛋白质的氨基结合，使蛋白质变性，因而有强大的杀菌作用。

（1）甲醛 是气体，可溶于水，制备成甲醛溶液。市售的甲醛溶液浓度为 37% ~40%，也称福尔马林，可用作防腐剂，以保存解剖组织标本。3% ~8% 的甲醛溶液即可杀死细菌及其芽孢、病毒和真菌。但甲醛液有强腐蚀性，刺激性强，不适用于体表。1% 甲醛溶液可用于熏蒸厂房和无菌室、手术室等的空气消毒，但不适用于药品、食品存放场所的空气消毒。当室内温度为 22℃ 左右、湿度保持在 60% ~80% 时，消毒效果较好。

（2）戊二醛 比甲醛刺激性小，而杀菌力大。碱性（pH 7.8 ~8.5）的 2% 戊二醛水溶液可杀死细菌及其芽孢、病毒和真菌。对金属无腐蚀性，且对橡胶、塑料也无损伤，故可用于消毒不耐热的物品和精密仪器。

6. 烷化剂 是指能够作用于菌体蛋白或核酸中的$—NH_2$、—COOH、—OH 和—SH 等，使之发生烷基化反应，使其结构改变、生物学活性丧失的化学物质。由于烷化剂具有诱变效应，因此是一类常用的化学诱变剂。

作为消毒剂使用的烷化剂主要是环氧乙烷，它是一种小分子气体消毒剂，其沸点为 10.9℃，在常温下呈气态。环氧乙烷对细菌及其芽孢、病毒和真菌都有较强的杀菌作用，且其穿透力强，目前已广泛应用于纸张、皮革、金属、塑料、木材、化纤制品等的灭菌。然而环氧乙烷具易燃易爆的特性，当空气混入达3.0%（体积分数）时即爆炸，因此在实际应用时，必须要有耐压的密闭容器，并将容器内的空气置换成环氧乙烷与CO混合的惰性气体，如此连续作用4小时，即可将其中物品彻底灭菌。此外，环氧乙烷对人体有一定的毒性，严禁直接接触，且严禁接触明火。

7. 卤素类 氟、氯、溴、碘制剂都具有显著的杀菌效果，其中以氯和碘最为常用。

（1）氯 杀菌效应是通过氯与水结合产生次氯酸，次氯酸分解产生具有杀菌能力的新生态氧。氯对许多微生物有杀灭作用，包括细菌、真菌、病毒、立克次氏体和原虫等，但不能杀死芽孢。常用于自来水或游泳池消毒的氯气浓度为0.2～0.5 mg/L。

（2）漂白粉 主要成分为次氯酸钙。次氯酸钙在水中可分解为次氯酸，由此产生强烈的杀菌作用。10%～20%的漂白粉溶液常用于消毒厕所、地面、排泄物等，既能杀菌又能达到除臭效果。

（3）氯胺类 为含氯的有机化合物，常用的有氯胺B和氯胺T两种。氯胺类可溶于水，无臭，且放氯迅速，虽比漂白粉杀菌力弱，但刺激性及腐蚀性小，0.2%～0.5%溶液可用于消毒家具、空气和排泄物。

（4）碘 杀菌作用强，能杀死各种微生物及一些芽孢。其作用机制是使蛋白质及酶的—SH氧化，从而使蛋白质变性，酶失活。碘在碘化钾的存在下易溶于水，2.5%的碘酊常用于小范围的皮肤、伤口的消毒。

8. 酸碱类 微生物的正常生长需要适宜的pH，过酸或过碱都可导致微生物代谢障碍，甚至死亡，因此酸碱类化学药剂也是常用的消毒剂，但由于强酸强碱具有腐蚀性，使它们的应用受到限制。

酸性消毒剂有硼酸，可用作洗眼剂；苯甲酸和水杨酸，可抑制真菌；乳酸和醋酸（乙酸），加热蒸发，可用于手术室、无菌室的空气消毒。

碱类消毒剂常用的是生石灰。生石灰加水使其成为具有杀菌作用的氢氧化钙，用于消毒地面、厕所、排泄物等。

9. 表面活性剂 又称去污剂，是能够浓缩在界面的化合物，能降低液体的表面张力，它们同时含有亲水基和疏水基。按其亲水基的电离作用分为阴离子、阳离子和非离子型三种表面活性剂。因细菌常带负电荷，故阳离子型杀菌力较强。

（1）阳离子型表面活性剂 多是季铵盐类化合物。其阳离子亲水基可与细菌细胞膜磷脂中的磷酸结合，而疏水基则可伸到膜内的疏水区，引起细胞膜损伤，从而使细胞内容物漏出，实现杀菌作用。阳离子型表面活性剂杀菌范围较广，能杀死多种革兰阳性菌和阴性菌，但对铜绿假单胞菌和芽孢作用弱。属于这类的药物有苯扎溴铵、度米芬和氯己定等。以其0.05%～0.1%消毒手、皮肤和手术器械。由于表面活性剂能降低液体的表面张力，使物体表面的油脂乳化，因而同时兼有除垢去污的作用。

（2）阴离子型表面活性剂 杀菌作用较弱，主要对革兰阳性菌起作用，如十二烷基硫酸钠；肥皂，是长链脂肪酸钠盐，杀菌作用不强，常作去垢剂。

（3）非离子型表面活性剂 一般无杀菌作用，有些甚至还能通过分散菌体细胞，促进细菌生长，如吐温80。

10. 染料 分为碱性染料和酸性染料。碱性染料的杀菌作用比酸性染料强，因为一般情况下细菌带负电荷，因此碱性染料的阳离子易与细菌蛋白质羧基结合，实现杀菌或抑菌作用，且对革兰阳性菌的效果优于革兰阴性菌。常用的碱性染料包括孔雀石绿、煌绿、结晶紫等。

（二）常用治疗剂的种类和应用

1. 抗生素 是一类在低浓度时，能选择性地抑制或杀灭其他微生物的低分子量微生物次级代谢产物。以天然来源的抗生素为基础，再对其化学结构进行修饰或改造的新抗生素称为半合成抗生素。

每种抗生素都有抑制特定种类微生物的特性，这一抑制微生物的范围称为该抗生素的抗菌谱。抗微生物抗生素可以分为抗真菌抗生素与抗细菌抗生素，而抗细菌抗生素又可分为抗 G^+ 菌（如青霉素、红霉素等）、抗 G^- 菌（如链霉素、新霉素等）以及抗分枝杆菌等抗生素。有些抗生素仅抗某一类微生物，例如早先的青霉素主要对 G^+ 菌起作用，这些抗生素被称为窄谱抗生素；而有些抗生素（如氯霉素、四环素、土霉素等）对 G^+ 菌、G^- 菌、立克次氏体及衣原体等均有效果，则被称为广谱抗生素。

抗生素抑制微生物生长的机制因抗生素的种类与其所作用微生物种类的不同而异，总的来说，抗生素的抗菌作用主要表现在以下几方面：①抑制或阻断细胞生长中重要大分子的生物合成或功能，例如青霉素能影响肽聚糖的合成，从而造成细胞壁缺损的细菌细胞，在不利的渗透压环境中极易破裂而死亡；②影响细胞膜功能，例如制霉菌素能与真菌细胞膜上的醇作用，引起细胞膜的损伤；③破坏蛋白质的合成，例如链霉素通过结合到核糖体中的一种蛋白质上，干扰其蛋白质合成，从而抑制微生物的生长；④干扰核酸的合成。

目前，在抗生素基础上发展起来的，具有多种生理活性的微生物次级代谢产物，如酶抑制剂、抗氧化剂、免疫调节剂等也具有控菌和抑菌的作用，被称为生物药物素。

2. 抗代谢药物 又称代谢类似物或代谢拮抗物，它们往往在化学结构上与细胞内必要代谢产物的结构很相似，从而干扰正常的代谢活动，影响其生长。例如磺胺类药物的磺胺，其结构与细菌的一种生长因子——对氨基苯甲酸（PABA）高度相似。

许多致病菌具有二氢蝶酸合成酶，该酶就以对氨基苯甲酸（PABA）为底物之一，经一系列的反应后，会自行合成四氢叶酸（THFA），因而当环境中存在磺胺时，某些致病菌的二氢蝶酸合成酶在以二氢蝶啶和 PABA 为底物缩合生成二氢蝶酸的反应过程中，可错把碘酸当作 PABA 为底物之一，合成不具功能的“假”二氢蝶酸，即二氢蝶酸类似物。二氢蝶酸是合成四氢叶酸的中间代谢产物，而“假”二氢蝶酸最终导致四氢叶酸不能合成，从而抑制细菌生长。即磺胺药物作为竞争性代谢拮抗物，或代谢类似物使得微生物生长受到抑制，从而对因这类致病菌引起的病患具有良好的治疗功效。

抗代谢物一般具有良好的选择毒力，因此是一类重要的化学治疗剂，其种类也有很多，大多都是有机合成药物，如碘胺类、氨蝶呤钠等。

知识链接

食品防腐剂

食品防腐剂又称抗微生物剂，是能防止由微生物引起的腐败变质、延长食品保质期的添加剂。其主要作用是抑制或防止食品中微生物的生长繁殖。

近年来，随着人们对养生和健康饮食意识的增加，加之某些厂家违规使用、某些媒体的催化，防腐剂成为老百姓眼中的“毒药”，甚至到了“谈防腐剂色变”的程度。其实，国家法律规定允许使用的食品添加剂都是经过严格的安全性评价的。人们在正确的使用范围内、正确的使用量内合理食用，其安全性是完全可以保障的。曾经发生过的那些引起公众关注的大型食品安全问题，是因为没有按规定使用食品添加剂，或者食品生产过程的卫生标准没有得到有效执行，而不是防腐剂本身的罪过。作为食品相关专业的学生，我们应该利用专业知识学会辨别某些传言的真假，并积极宣传正确知识。

第四节　工业生产上常用的微生物培养技术

PPT

一、分批培养

在一个相对独立的密闭系统中，将微生物菌体接入一定量的培养基中进行培养，最后一次性收获菌体或其代谢产物的培养方式，称作分批培养，例如在微生物研究中，用烧瓶作为培养容器来进行的微生物培养就是分批培养。采用分批培养方式时，由于系统的相对密闭性，随着培养时间的延长，被微生物消耗的营养物质得不到及时补充，代谢产物又未能及时排出培养系统，以及其他对微生物生长有抑制作用的环境条件得不到及时改善，使得微生物细胞生长繁殖所需的营养条件与外部环境逐渐恶化，从而使该微生物群体的生长曲线表现出从细胞对新环境的适应到逐步进入快速生长，而后又较快转入稳定期，最后走向衰亡期的阶段分明的群体生长过程。由于分批培养的相对简单与操作方便，在微生物学研究及发酵工业生产实践中仍被较为广泛的采用。

在分批培养过程中，为使培养基中营养物质的浓度能保持在适宜菌体生长和利于菌体积累代谢产物的环境中，可采用中间补料法，即补料分批培养，具体操作为将种子接入发酵反应器中进行培养，经过一段时间后，间歇或连续地补加新鲜的培养基，使菌体进一步生长的培养方法。补料的方式多样，可以是一次性的，也可以是间歇多次的，还可以流加补料。

二、连续培养

微生物的连续培养是相对于分批培养而言的。连续培养是指在深入研究分批培养时生长曲线形成内在机制的基础上，开放培养系统，不断补充营养液，使被消耗的营养物质得到及时补充，以解除抑制因子，并优化生长代谢环境的培养方式。培养容器内的营养物质浓度基本保持恒定，从而使菌体保持恒速生长。由于培养系统的相对开放性，连续培养也被称为开放培养。连续培养的显著特点与优势是能够根据研究者的目的，人为地控制典型生长曲线中某个时期，加速或降低这个时期细胞的代谢速率，以缩短或者延长该时期，从而大大提高培养过程的人为可控性和效率。

在连续培养的过程中，可以根据研究者的目的与研究对象的不同，分别采用不同的连续培养方法。常用的连续培养方法有恒浊法和恒化法两类（图6－6）。

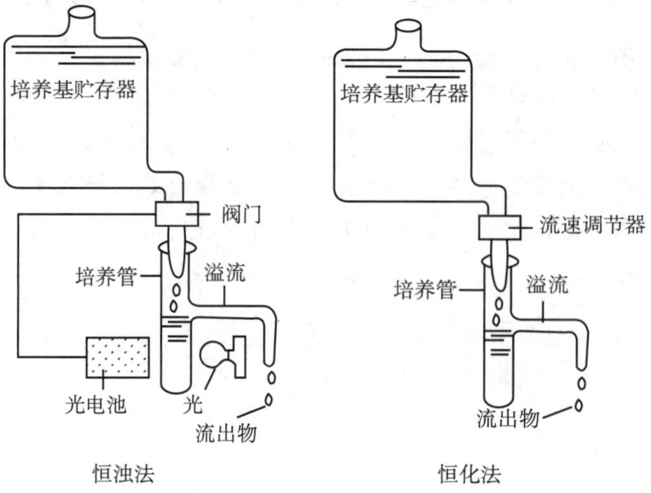

图6－6　恒浊法和恒化法的比较

（一）恒化法

恒化法是指恒定地流入培养物的一种连续培养方式，它主要通过控制培养基中生长限制因子为主的营养物质浓度，来调控微生物生长繁殖与代谢的速度，而用于恒化培养的装置称为恒化器。恒化连续培养往往控制微生物在低于其最高生长速率的条件下生长繁殖。恒化连续培养法在研究微生物利用某种底物进行代谢规律方面被广泛采用，因此它是微生物营养、生长、繁殖、代谢和基因表达与调控等基础与应用基础研究的重要技术手段。

（二）恒浊法

恒浊法是指以培养器中微生物细胞的密度为监控对象，用光电控制系统来控制流入培养器的新鲜培养液的流速，同时使培养器中含有细胞与代谢产物的培养液也以基本恒定的流速流出，从而使培养器中微生物在保持其细胞密度基本恒定的条件下进行培养的一种连续培养方式，用于恒浊培养的培养装置称为恒浊器。用恒浊法来连续培养微生物，可控制微生物在最高生长速率与最高细胞密度的水平上生长繁殖，以达到高效率培养的目的。目前在发酵工业中用多种微生物菌体的生产就是根据这一原理，用大型恒浊发酵器进行恒浊法连续发酵生产的。此外，与菌体相平衡的微生物代谢产物的生产也可以采用恒浊法连续发酵生产。

生产实践中，分批培养与连续培养的分类是相对的。无论是基础研究还是在发酵工业生产中，为达到某种特殊目的或提高培养效率，往往采取两种方法加以综合的培养方式。

练习题

答案解析

1. 简述测定微生物生长量的常用方法。
2. 简述微生物同步生长的概念及其获得方法。
3. 简述生长曲线对生产实践的指导意义。
4. 简述发酵工业上常用微生物连续培养方法。

（冉春霞）

书网融合……

本章小结　微课 1　微课 2　题库

第七章

微生物的遗传变异与菌种选育

学习目标

知识目标

1. **掌握** 微生物遗传变异的物质基础及其结构、特点和在细胞中的存在方式。
2. **熟悉** 基因突变的实质、类型、特点和突变机制。
3. **了解** 不同类型微生物的基因重组。

能力目标

1. 学会依据微生物的遗传特性设计工业微生物菌种的筛选程序。
2. 能合理保藏所得菌种。

素质目标

通过本章的学习，树立正确的人生观、价值观及伦理道德规范，用辩证思维学习、利用新技术，强化专业素养，增强责任意识。

PPT

第一节　微生物遗传变异的物质基础

遗传性和变异性是生物界最基本的属性。微生物通过繁殖延续后代，使子代与亲代之间在形态构造和生态生理生化特性等方面具有一定的相似性，这就是微生物的遗传。虽然遗传具有相对的稳定性，但生物的子代与亲代之间，子代的不同个体之间总是存在不同程度的差异，这种差异现象称为变异。

一、证明核酸是遗传和变异的物质基础的经典实验

20 世纪 50 年代以前，许多学者认为蛋白质对于遗传变异起着决定性的作用，而通过对等动物和植物染色体的化学分析发现，染色体是由核酸（主要为脱氧核糖核酸）和蛋白质共同组成的。对于证明是蛋白质还是核酸对于遗传变异起着决定性的作用，人们通过研究发现，以微生物为研究材料具有特殊的优越性，于是通过以下 3 个经典的实验，充分证明了遗传变异的物质基础是核酸。

（一）肺炎双球菌的转化实验

转化是指受体细胞直接摄取供体细胞的遗传物质（DNA 片段），将其同源部分进行碱基配对，组合到自己的基因中，从而获得供体细胞的某些遗传性状，这种变异现象称为转化。

肺炎双球菌有致病和非致病两种类型。致病型有荚膜，菌落表面光滑，称为光滑型（smooth，S 型），有毒，在人体内导致肺炎，在小鼠中导致败血症，并使小鼠患病死亡；非致病型无荚膜，菌落表面粗糙，称为粗糙型（rough，R 型），无毒，在人或动物体内不会导致病害。肺炎双球菌的转化现象最

早是由英国的细菌学家格里菲斯（Griffith）于1928年发现的，其实验过程如图7－1所示。

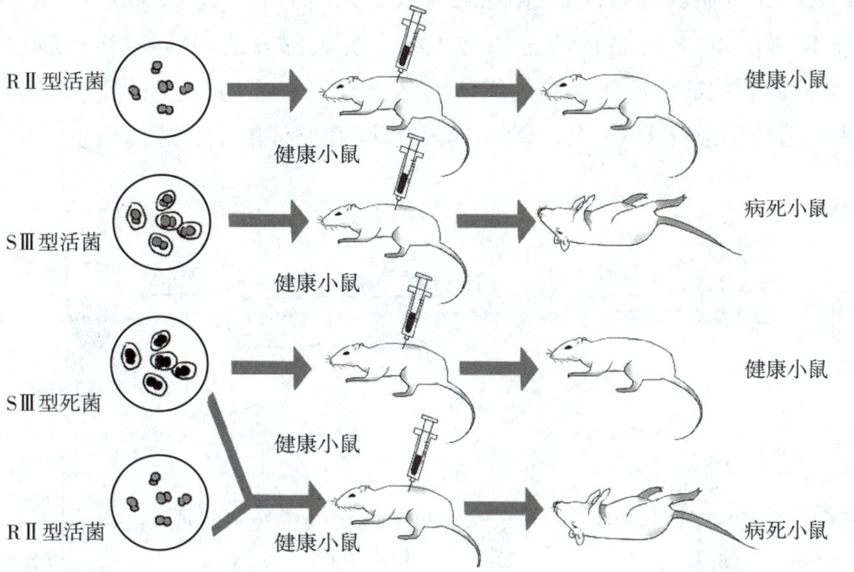

图7－1　转化现象

格里菲斯以R型和S型菌株作为实验材料进行遗传物质的实验，将活的、无毒的RⅡ型（无荚膜，菌落粗糙型）肺炎双球菌或加热杀死的有毒SⅢ型肺炎双球菌注入小鼠体内，结果小鼠安然无恙；将活的、有毒的SⅢ型（有荚膜，菌落光滑型）肺炎双球菌或大量经加热杀死的有毒的SⅢ型肺炎双球菌和少量无毒、活的球菌混合后分别注射到小鼠体内，结果小鼠患病死亡，并从死鼠体内分离出活的SⅢ型菌（图7－1）。格里菲斯称这一现象为转化作用。实验表明SⅢ型死菌体内有一种物质能引起RⅡ活菌转化产生SⅢ型菌，但这种转化的物质（转化因子）是什么，格里菲斯对此并未作出回答。

1944年美国的埃弗雷（O. Avery）、麦克利奥特（C. Macleod）及麦克卡蒂（M. Mccarty）等在格里菲斯工作的基础上，对转化的本质进行了深入的研究。他们从SⅢ型活菌体内提取DNA、RNA、蛋白质和荚膜多糖，将它们分别和RⅡ型活菌混合均匀后注射入小鼠体内，结果只有注射SⅢ型菌DNA和RⅡ型活菌的混合液的小鼠才死亡，这是一部分RⅡ型菌转化产生有毒的、有荚膜的SⅢ型菌所致，并且它们的后代都是有毒、有荚膜的（图7－2）。研究表明RNA、蛋白质和荚膜多糖均不引起转化，只有DNA能引起转化。如果用DNA酶处理DNA后，则转化现象丧失。

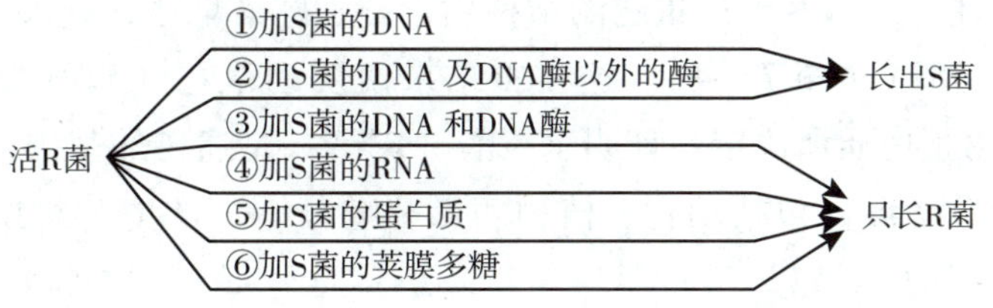

图7－2　证明转化因子是DNA的实验

（二）噬菌体的感染实验

1952年赫西（A. Hershey）和蔡斯（M. Chase）通过T_2噬菌体（DNA病毒）感染大肠埃希菌的实验证实DNA是噬菌体的遗传物质。他们将T_2噬菌体的头部DNA标上^{32}P，蛋白质衣壳标上^{35}S；然后将这两种不同标记的病毒分别与其宿主大肠埃希菌混合。经短时间的培养后，将被T_2噬菌体感染的大肠埃希菌用组织捣碎器强烈搅拌并进一步离心，使大肠埃希菌细胞与T_2噬菌体蛋白外壳分离，然后分别测定沉淀物和上清液中标记的同位素。结果发现用含有^{35}S蛋白质衣壳的T_2噬菌体感染大肠埃希菌时，大多数放射性物质留在宿主细胞的外边（^{35}S存在上清液中），而用含^{32}P头部DNA的T_2噬菌体感染大肠埃希菌时，则发现T_2噬菌体^{32}P头部DNA注入宿主细胞（大部分的^{32}P存在沉淀物中），并产生噬菌体的后代，这些T_2噬菌体后代的蛋白质外壳的组成形状大小等特征均与在细胞外的蛋白质外壳一样，说明决定蛋白质外壳的遗传信息在DNA上，DNA携带有T_2噬菌体的全部遗传信息（图7－3）。

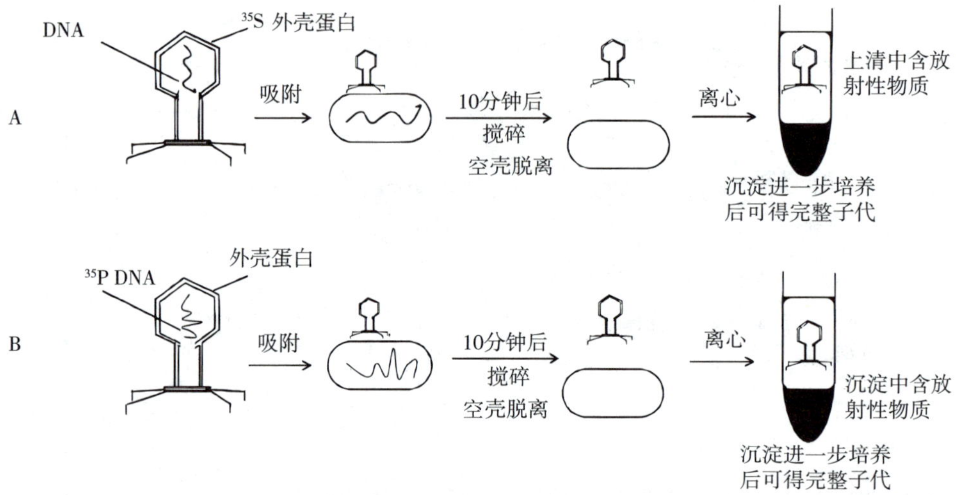

图7－3　T_2噬菌体感染实验

A. 用含有^{35}S标记蛋白质外壳的T_2噬菌体感染大肠埃希菌；

B. 用含有^{32}P标记DNA的T_2噬菌体感染大肠埃希菌

（三）烟草花叶病毒的拆开与重建实验

烟草花叶病毒（TMV）由蛋白质外壳和核糖核酸（RNA）核心两部分构成。可以通过抽提分离纯化，分别得到TMV病毒的外壳蛋白质部分和RNA部分。一旦将这两个部分放在一起，蛋白质和RNA可以重新自我组装为具有感染能力的烟草花叶病毒颗粒。1965年，美国的法朗克康勒特（Fraenkel Conrat）将烟草花叶病毒拆成蛋白质和RNA两部分，分别对烟草进行感染实验。结果发现只有RNA能感染烟草，并在感染后的寄主中分离到完整的具有蛋白质外壳和RNA核心的烟草花叶病毒。烟草花叶病毒有不同的变种，各个变种的蛋白质氨基酸组成有细微而明显的区别，后来法朗克康勒特又将甲、乙两种变种的烟草花叶病毒拆开，在体外分别将甲病毒的蛋白质和乙病毒的RNA结合，将甲病毒的RNA和乙病毒的蛋白质结合进行重建并用这些经过重建的杂种病毒分别感染烟草，结果从寄主分离所得的病毒蛋白质均取决于相应病毒的RNA（图7－4）。这实验结果说明烟草花叶病毒蛋白质的特性由它的核酸（RNA）所决定，而不是由蛋白质所决定。证明了核酸（RNA）是遗传的基础。

到目前为止，只有少数病毒（包括动物、植物病毒和噬菌体）的遗传物质是RNA，而细菌、真菌以及高等生物的遗传物质都是DNA。

二、遗传物质在细胞中的存在方式

核酸作为一切生物遗传的物质基础，主要有DNA和RNA两种类型。一切有细胞结构的生物（真核生物和原核生物），DNA是其遗传的物质基础；而病毒则是DNA或RNA；微生物的遗传物质是以染色体和染色体外的遗传物质形式存在的。染色体是所有具细胞结构生物的遗传物质——DNA的主要存在形式。另外，微生物还有质粒、细胞器（DNA真核微生物中）等所谓的核外遗传物质，而核内DNA为主要的遗传物质。

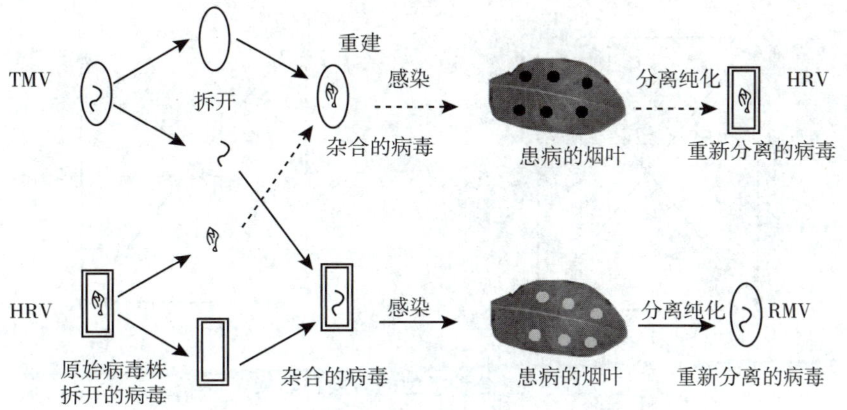

图 7-4　TMV 重建实验示意图

第二节　微生物的基因突变

突变是指稳定的核苷酸序列发生了稳定的可遗传的变化，可以导致微生物的某些性状发生可遗传的变异。在微生物纯种群体或混合群体中，都可能偶尔出现个别微生物在形态、生理生化或其他方面的性状发生改变。改变的性状可以遗传，这时的微生物发生变异，成了变种或变株。

情境导入

情境　新型冠状病毒是一种 RNA 病毒，具有繁殖快、容易突变等特点。从 2019 年 12 月首次发现，至 2023 年 5 月世界卫生组织宣布新冠疫情不再构成“国际关注的突发公共卫生事件”为止，在全球范围内检测出数十种变异菌株。根据菌株是否增强传播性、毒性等，将变异菌株分为三大类：①令人担忧的变异株（传染性增加或者其他的流行病学方面的有害突变，毒性增加或者临床表现出现变化，导致公共卫生措施或者疫苗、诊断治疗的有效性降低）；②值得关注的变异株（具有遗传突变从而被预测或者已经证实影响到传染性、疾病严重程度、免疫逃逸等）；③需要进一步监测的变异株。RNA 病毒因其更容易发生突变且变异速度快而更难开发疫苗以及治疗药物。

思考　为什么 RNA 病毒容易发生突变？

一、基因突变的类型

（一）从突变涉及的突变范围划分

从突变涉及的范围，可以把突变分为基因突变和染色体畸变。

1. 基因突变　是指 DNA 链上的一对或少数几对碱基发生置换、缺失或插入而引起的突变，其涉及的范围很小，所以又叫点突变。狭义的突变指的就是基因突变。点突变可以是碱基对的替代，也可以是碱基对的增减。前者可分为转换和颠换（图 7-5）。转换是指一种嘌呤替代另一种嘌呤（如 A 替代 G 或 G 替代 A），或一种嘧啶替代另一种嘧啶（如 C 替代 T 或 T 替代 C）；颠换是指一种嘌呤替代嘧啶，或嘧啶替代嘌呤。这两种碱基的替代并不会增加或减少碱基对的数目，所以只会造成突变点处的遗传密码发生改变，对下游氨基酸编码序列影响较小。而碱基对的增减则有可能造成增减变异点以后全部密码及其编码的氨基酸发生改变，所以称为移码突变，移码突变将造成遗传信息的巨大改变。

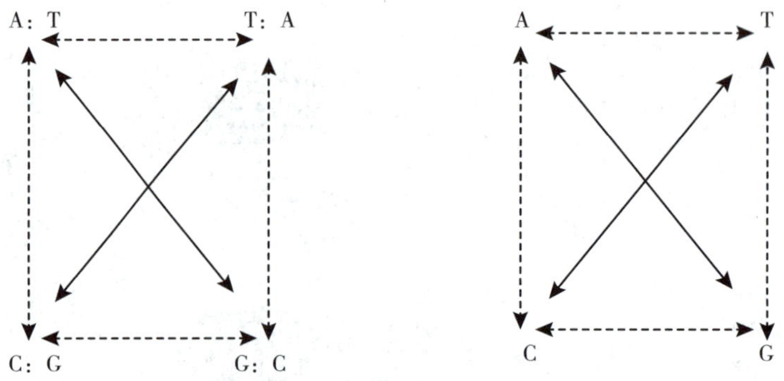

图7-5 各种类型的转换和颠换

（实线代表转换，虚线代表颠换）

2. 染色体畸变 是一些不发生染色体数目变化而在染色体上有较大范围结构改变的变异，是因DNA（RNA）的片段缺失、重复、易位或倒位等而造成染色体异常的突变。其中包括以下变化：一是易位，指两条非同源染色体之间部分相连的现象，它包括一个染色体的一部分连接到另一非同源染色体上的单向易位以及两个非同源染色体部分相互交换连接的相互易位；二是倒位，指一个染色体的某部分旋转180°后以倾倒的顺序出现在原来位置的现象；三是缺失，指在一条染色体上失去一个或多个基因的片段；四是重复，指在一条染色体上增加了一段染色体片段，使同一染色体上某些基因重复出现的突变。发生染色体畸变的微生物往往易致死，所以生物中突变类型的研究主要是在基因突变方面。

（二）从突变所带来的表现型改变划分

从突变所带来的表现型的改变来讲，突变的类型可以分为以下几类。

1. 形态突变型 指细胞形态结构发生变化或引起菌落形态改变的那些突变类型。包括影响细胞形态的突变型，影响细菌、霉菌、放线菌等菌落形态的突变型。

2. 致死突变型 指由于基因突变而造成个体死亡的突变类型，造成个体生活力下降的突变现象称为半致死实变型，一个隐性的致死突变基因可以在二倍体生物中以杂合状态保存下来，可是不能在单倍体生物中保存下来，所以致死突变在微生物中研究的不多。

3. 条件致死突变型 其个体只是在特定条件，即限定条件下表达突变性状或致死效应，而在许可条件下的表现型是正常的。广泛应用的一类是温度敏感突变型，这些突变型在一个温度中并不致死，所以可以在这种温度中保存下来；它们在另一温度中是致死的，通过它们的致死作用，可以用来研究基因的作用等问题。

4. 营养缺陷突变型 是一类重要的生化突变型，是指某种微生物经基因突变而引起微生物代谢过程中某些酶合成能力丧失的突变型，它们必须在原有培养基中添加相应的营养成分才能正常生长繁殖。这种突变型在微生物遗传学研究中应用非常广泛，它们在科研和生产中也有着重要的应用价值。

5. 抗性突变型 是指能抵抗有害理化因素的突变型。细胞或个体能在某种抑制生长的因素（如抗生素或代谢活性物质的结构类似物）存在时，继续生长与繁殖。根据其抵抗的对象分为抗药性、抗紫外线、抗噬菌体等突变类型。这些突变类型在遗传学基本理论的研究中非常有用，常以抗性突变为选择标记，特别是在融合实验、协同转染实验中用得最多。

6. 抗原突变型 是指细胞成分特别是细胞表面成分如细胞壁、荚膜、鞭毛的细致变异而引起抗原性变化的突变型。

7. 其他突变型 是指如毒力、糖发酵能力、代谢产物的种类和数量以及对某种药物的依赖性等的突变型。

（三）按突变的条件和原因划分

按突变的条件和原因划分，突变可以分为自发突变和诱发突变。

1. 自发突变 是指某种微生物在自然条件下没有人工参与而发生的基因突变，绝大多数的自发突变起源于细胞内部的一些生命活动过程，如遗传重组的差错和DNA复制的差错。

2. 诱发突变 是利用物理的或化学的因素处理微生物群体，促使少数个体细胞的DNA分子结构发生改变，基因内部碱基配对发生错误，引起微生物的遗传性状发生突变。凡能显著提高突变率的因素都称诱发因素或诱变剂。

（1）物理诱变 利用物理因素引起基因突变的称为物理诱变。物理诱变因素有紫外线、X射线、Y射线、快中子、β射线、激光和等离子等。

（2）化学诱变 利用化学物质对微生物进行诱变，引起基因突变或真核生物染色体的畸变称为化学诱变。化学诱变的物质很多，但只有少数几种效果明显，如烷化剂、吖啶类化合物等。

（3）复合处理及其协同效应 诱变剂的复合处理常有一定的协同效应，增强诱变效果，其突变率普遍比单独处理的高，这对育种很有意义。复合处理有几类：同一种诱变剂的重复使用；两种或多种诱变剂先后使用；两种或多种诱变剂同时使用。

（4）定向培育和驯化 定向培育是人为用某一特定环境条件长期处理某一微生物群体，同时不断将它们进行移种传代，以达到累积和选择合适的自发突变体的一种古老的育种方法。由于自发突变的变异频率较低，变异程度较轻，故变异过程均比诱变育种和杂交育种慢得多。

二、基因突变的特点

在生物界中由于遗传变异的物质基础是相同的，因此显示在遗传变异的本质上也具有同的规律，这在基因突变的水平上尤其显得突出。

（1）自发性 受自然界环境因素和微生物内在的生理生化特点因素的影响，各种遗传性状的改变可以自发地产生。

（2）稀有性 自发突变虽然不可避免，并可能随时发生，但是突变的频率极低，一般在10^{-9} ~ 10^{-6}。

（3）诱变性 通过各种物理化学诱发因素的作用，可以提高突变率，一般可提高10 ~ 10^6倍。

（4）突变的结果与原因之间的不对应性 突变后表现的性状与引起突变的原因之间无直接对应关系。例如抗紫外线突变体不是由紫外线而引起的，抗青霉素突变体也不是由于接触青霉素而引起的。

（5）独立性 在一个群体中，各种形状都可能发生突变，但彼此之间独立进行。

（6）稳定性 突变基因和野生型基因一样，是一个相对稳定的结构，由此而产生的新的遗传性状也是相对稳定的。

（7）可逆性 原始的野生型基因可以通过变异成为突变型基因，此过程称为正向突变；相反，突变型基因也可以恢复到原来的野生型基因，称为回复突变。实验证明任何突变既有可能正向突变，也可发生回复突变，二者发生的频率基本相同。

知识链接

抗生素“喂”出的超级细菌

超级细菌是泛指对多种抗生素有超强耐药性的细菌，也称多重耐药性细菌。超级细菌产生的根本原因是基因突变，超级细菌的危害非常大，治疗非常困难，患者感染后所能选择的抗菌药物是非常有限的。由于人类长期、过量使用抗生素，耐药力差的细菌被杀死，而耐药力强的“抗抗生素”细菌成为优势种得以大量繁衍。每年在全世界大约有50%的抗生素被滥用，而中国这一比例甚至接近80%。由于超级细菌引起的感染，抗生素无法控制，最终导致患者死亡。在20世纪60年代，全世界每年死于感染性疾病的人数约为700万，到了21世纪初上升到2000万。死于败血症的人数上升了89%，大部分人死于超级细菌带来的用药困难。所以，我们必须注意对抗生素等物质的使用。

第三节　微生物的基因重组

PPT

基因重组又称遗传传递，是指来自不同亲代细胞的DNA分子通过重新组合成为带有双亲遗传信息的新形成新遗传型个体的过程。属于遗传物质在分子水平上的杂交，产生的新分子称为重组体。产生有性孢子的微生物的基因重组通过典型的有性生殖，重组涉及整个染色体组。不进行典型有性生殖，并且不产生有性孢子的一些真菌中也涉及整个染色体组的基因重组，但不进行减数分裂，称为准性生殖，原核生物的基因重组只涉及染色体的一部分，形成的是部分二倍体。

一、原核微生物的基因重组

原核生物遗传物质的传递方式有转化、接合、转导和溶原性转变4种。

（一）转化

转化是指受体菌直接从周围环境中吸收供体菌游离的DNA片段，并整合入受体菌基因组中从而获得供体菌部分遗传性状的过程。起转化作用的DNA片段称为转化因子，经转化后稳定地表达供体菌部分遗传性状的重组因子叫作转化子。如果提取病毒或噬菌体的DNA来转化感受态的受体菌（或原生质体、原球体），并产生正常的子代病毒或噬菌体，这种特殊的“转化”称为转染。转化现象的发现，在理论上证明了遗传的物质基础是DNA，成为现代遗传学和分子生物学的里程碑。在实践中也为菌种选育、基因工程提供了重要的实验方法。

（二）接合

接合是通过供体菌和受体菌的直接接触传递遗传物质。接合有时也称杂交，它不仅存在于大肠埃希菌中，还存在于其他细菌中，如鼠伤寒沙门菌，供体细胞被定义为雄性、受体细胞被定义为雌性。接合过程中转移DNA的能力是由接合质粒提供的，又称为致育因子、性因子或F因子。

（三）转导

转导是以噬菌体为媒介，把供体菌的某些遗传物质导入受体菌，并使这个受体菌获得供体菌相应的遗传性状。转导又分为普遍性转导和特异性转导。

普遍性转导是指宿主基因组任意位置的DNA成为成熟噬菌体颗粒DNA的一部分被带入受体菌。如大肠埃希菌 P1 噬菌体、枯草杆菌 PBS1 噬菌体、伤寒沙门菌 P22 噬菌体等都能进行普遍性转导。

特异性转导是指噬菌体只能转导供体染色体上某些特定的基因，也称为局限性转导。它的转导频率为 10^{-6}，只有温和噬菌体才能实现。

（四）溶原性转变

由于温和噬菌体感染，前噬菌体整合入宿主菌染色体而使其溶原化的同时，使得宿主菌的表现型也发生改变，这种现象称为噬菌体转变，又称为溶原性转变。当宿主丧失这一噬菌体时，通过噬菌体转变而获得的新性状也就同时消失。

噬菌体转变与转导有着本质的不同：①这种温和噬菌体不携带任何来自供体菌的外源基因，使宿主表现型改变的完全是噬菌体基因整合入宿主染色体的结果；②这种温和噬菌体是完整的，而不是有缺陷的；③获得新性状的是溶原化的宿主细胞，而不是转导子；④获得的性状可随噬菌体消失而同时消失。例如，白喉棒状杆菌之所以产生毒素是因为它被带有毒素基因的 β 噬菌体感染并溶原化，当产毒菌株一旦失去 β 噬菌体时，就不再产生毒素，表明白喉毒素是由 β 噬菌体基因组所编码的（图 7－6）。其他如沙门菌、红曲霉、链霉菌等也具有溶原性转变的能力。

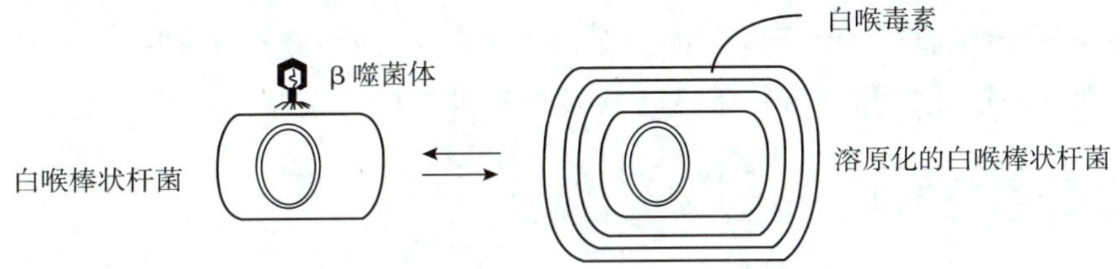

图 7－6　噬菌体转变示意图

二、真核微生物的基因重组

真核微生物的基因重组方式有有性杂交、准性生殖和无性生殖等。

有性杂交是指在微生物的有性繁殖过程中，两个性细胞相互接合，通过质配、核配后形成双倍体的合子，随之合子进行减数分裂，部分染色体可能发生交换而进行随机分配，由此而产生重组染色体及新的遗传型，并把遗传性状按一定的规律性遗传给后代的过程，凡是能产生有性孢子的酵母菌和霉菌，都能进行有性杂交。有性杂交在生产实践中被广泛用于优良品种的培育。例如用于乙醇发酵的酵母菌和用于面包发酵的酵母菌是同属一种啤酒酵母的两个不同菌株，由于各自的特点，它们不能互用。而通过杂交得到的酵母菌生长快，发酵能力强，产酒率高。

准性生殖是一种类似于有性生殖但更加原始的一种生殖方式，可使同种生物的两个不同来源的体细胞经融合后，不经过减数分裂而导致低频率基因重组，多见于不具典型有性生殖的酵母和霉菌。

第四节　微生物的菌种选育

微课 1

PPT

菌种选育是应用微生物遗传与变异的基本理论，通过自发突变、诱发突变或遗传重组改良成改变菌种的特性，筛选出人们所需要的优良菌种，使其符合工业生产或科研的要求。

菌种选育过程由三个环节组成：①使菌种产生变异；②筛选出变异的菌株；③使变异菌株的特性得到表达。根据使菌种产生变异的方式不同，菌种选育可分为自然选育、诱变育种、杂交育种、基因工程育种 4 种方法。自然选育和诱变育种是利用基因突变来获得优良菌种，具有改良菌种特性的性质；杂交育种和基因工程育种是通过 DNA 重组来获得优良菌种，具有改变菌种特性的性质。

一、从自然界中分离筛选菌种的方法步骤

自然选育又称自然分离，即不经过人工诱变处理，利用菌种的自发突变而选育出正向变异的个体。所谓正向变异，即微生物变异的表现型有利于生产的需要，反之则称为负向变异。常用的自然选育方法是单菌落分离法。把菌种制备成单孢子悬浮液或单细胞悬浮液，经过适当的稀释后，在琼脂平板上进行分离。然后挑选单个菌落进行生产能力测定，从中选出优良的菌株。

二、微生物的诱变育种

诱变育种具有方法简便、工作速度快和效果显著等优点，不仅能提高菌种生产性能，还能改进产品质量、丰富产品品种和简化生产工艺等。目前在育种策略上，虽然杂交、转化、转导以及基因工程、原生质体融合等方面的研究都在快速发展，但诱变育种仍为目前主要的、广泛使用的育种手段。

诱变育种全过程大致分为三个阶段：出发菌株的准备、诱变处理、突变株的筛选。诱变育种的步骤为：出发菌株（沙土管或冷冻管上保存）斜面孢子→单孢子悬液→诱变处理→涂布平板→挑选单菌落→摇瓶初筛→菌株保存→摇瓶复筛→培养条件考察及稳定性试验→试验罐考察→投产试验。

三、微生物的杂交育种

杂交育种是指将两个基因型不同的菌株经细胞互相连接、细胞核融合、细胞核减数分裂，遗传性状会出现分离和重新组合的现象，产生具有各种新性状的重组体，然后经分离和筛选，细菌通过接合完成杂交行为。细菌杂交还可以通过 F 因子转移、转化和转导等发生基因重组。常用的放线菌杂交方法主要有 3 种，即混合培养法、平板杂交法和玻璃纸转移法。在金霉素、土霉素、新生霉素等抗生素产生菌的杂交育种方面都有过成功报道。酵母的杂交方法有孢子杂交法、群体交配法、单倍体细胞杂交法和罕见交配法。就啤酒酵母而言，运用罕见交配法更易获得结果。霉菌杂交育种主要通过体细胞的核融合和基因重组，即通过准性生殖过程而不是通过性细胞融合。

四、原生质体融合育种

原生质体育种技术主要有原生质体融合、原生质体转化、原生质体诱变等。原生质体融合育种是基因重组的一种重要方法。

原生质体融合育种的步骤为：标记菌株的筛选和稳定性验证→原生质体制备→等量原生质体加聚乙二醇促进融合→涂布于再生培养基上再生出菌落→选择性培养基上划线生长→分离验证→挑取融合子进步试验保藏→生产性能筛选。

在真菌中已成功进行原生质体转化的菌株有酿酒酵母、构巢曲霉、黑曲霉、米曲霉等。

五、基因工程育种

基因工程育种是将含有目的基因的 DNA 片段经体外操作与载体连接，转入一个受体细胞并使之扩增、表达的过程，受体细胞将因此而获得新的属性，是一种具有高度目的性和方向性的育种技术。

（一）目的基因的获得

从生物细胞中提取、纯化染色体 DNA 并经适当的限制性内切核酸酶部分酶切：由 mRNA 在体外逆

转录合成 cDNA；化学合成主要用于结构简单、核苷酸顺序清楚的基因；从基因库中筛选、扩增获得。

（二）重组载体构建与工程菌获取

基因工程中所用的载体系统主要有细菌质粒、黏性质粒、酵母菌质粒、侵入噬菌体动物病毒等。载体能在体外经限制性内切核酸酶及 DNA 连接酶的作用与目的基因连接成重组载体（其中包含目的基因表达框），经转化进入受体细胞大量复制和表达。包含了重组载体并有效表达目的基因的受体菌即为工程菌。

PPT

第五节 微生物的菌种保藏及复壮

一、菌种的衰退

随着菌种保藏时间延长或菌种多次转接传代，菌种本身所具有的优良遗传性状可能得到延续，也可能发生负变即菌株生产性状劣化或某些遗传标记丢失，又称为菌种退化。用于工业生产的一些微生物菌种，其主要性状都属于数量性状，易发生退化。但是在生产实践中，必须将因培养条件改变导致的菌种形态和生理上的变化与菌种退化区别开来。因为优良菌株的生产性能和发酵工艺条件紧密相关，如果培养条件发生变化，如培养基中缺乏某些元素会导致产孢子数量减少，也会引起孢子颜色改变，温度、pH 变化也会使发酵产量发生波动等。只要条件恢复正常，菌种原有性能就能恢复正常，这种菌种变化不能称为菌种退化。常见的菌种退化现象中，最易觉察到的是菌落形态、细胞形态和生理等多方面的改变，如菌落颜色改变、畸形细胞出现、菌株生长变得缓慢、产孢子越来越少甚至产孢子能力丧失，例如放线菌、霉菌在斜面上多次传代后产生“光秃”现象等，从而造成生产上用孢子接种的困难。还有菌种代谢活动、代谢产物生产能力或其对寄主寄生能力明显下降，例如黑曲霉糖化能力下降，抗生素发酵单位减少，枯草杆菌产淀粉酶能力衰退等。为了使菌种优良性状持久延续下去，必须做好菌种复壮工作，即在各菌种优良性状没有退化之前，定期进行纯种分离和性能测定。

菌种退化的主要原因是有关基因的负突变。当控制产量的基因发生负突变，就会引起产量下降，当控制孢子生成的基因发生负突变，则使菌种产孢子性能下降。

二、菌种的复壮

退化菌种的复壮可通过纯种分离和性能测定等方法实现，例如从退化菌种群体中找出少数尚未退化的个体重新纯化，或在菌种生产性能尚未退化前就经常有意识地进行纯种分离和生产性能测定工作，实际上这是一种监视自发突变而不断从生产中进行选种的工作。纯种分离采用平板划线分离法、稀释平板法或涂布法均可，也可用显微镜操纵器将生长良好的单细胞或单孢子分离出来。对于寄生型微生物的退化菌株，可接种到相应寄主内以恢复菌株活力。

三、菌种的保藏 微课2

获得优良微生物的种后，采用合适保藏技术，使菌种经长期保藏后不但存活健在，而且不改变表现型和基因型，对于菌种在生产上的应用极为重要。

菌种保藏原理基本一致。即挑选优良纯种，最好是它们的休眠体，采用低温、干燥、缺氧、缺乏营养、添加保护剂或酸度中和剂等方法，使菌种生长在代谢不活泼、生长受抑制的环境中。

（一）斜面传代保藏

斜面传代保藏是将菌种定期在新鲜琼脂斜面培养基上、液体培养基中或穿刺培养，然后在低温条件下保存。它可用于实验室中各类微生物保藏，简单易行，且不要求任何特殊设备。但此法易发生培养基干枯、菌体自溶、基因突变、菌种退化、菌株污染等不良现象。因此要求最好在基本培养基上传代，目的是能淘汰突变株。斜面培养物应在密闭容器中于5℃保藏以防止培养基脱水并降低代谢活性。此方法一般保存时间为3~6个月，不适宜用作工业菌种的长期保藏。放线菌于4~6℃保存，每3个月移接1次；酵母菌于4~6℃保存，每4~6个月移接1次；霉菌于4~6℃保存，每6个月移接1次。

（二）矿物油中浸没保藏

此方法简便有效，是将琼脂斜面、液体培养物或穿刺培养物浸入矿物油中，于室温下或冰箱中保藏，可用于丝状真菌、酵母、细菌和放线菌保藏，特别对难以冷冻干燥的丝状真菌和难以在固体培养基上形成孢子的担子菌等的保藏更为有效。操作要点是首先让待保藏菌种在适宜培养基上生长，然后注入经160℃干热灭菌1~2小时或湿热灭菌后120℃烘去水分的矿物油，矿物油用量以高出培养物1 cm为宜，并以橡皮塞代替棉塞封口，这样可使菌种保藏时间延长至1~2年。以液体石蜡保藏时，应对需保藏的菌株预先做试验，因为某些菌株如酵母、霍菌、纸菌等能利用石蜡为碳源，还有些菌株对液体石蜡保藏敏感。保藏菌株一定时间内应做存活试验。

（三）干燥保藏

干燥保藏适用于产孢子或芽孢微生物的保藏。将菌种接种于适当载体上，如河沙、土壤、硅胶滤纸及麸皮等以保藏菌种。以沙土保藏用得较多，将河沙经24目过筛后用10%~20%盐酸浸泡3~4小时，除去其中所含有机物，用水漂洗至中性，烘干，然后装入高度约1 cm的河沙于小试管中，121℃间歇灭菌3次，用无菌吸管将孢子悬液滴入沙粒小管中，真空干燥8小时，于常温或低温下保藏均可，保存期为1~10年。土壤法以土壤代替沙粒，不需酸洗，经风干、粉碎，然后同法过筛灭菌即可。一般细菌芽孢常用沙管保藏，霉菌孢子多用麸皮管保藏。

（四）冷冻保藏

冷冻保藏是指将菌种于-20℃以下温度保藏。冷冻使微生物代谢活动停止，冷冻温度越低，效果越好。为使保藏结果更加令人满意，通常在培养物中加入冷冻保护剂，还要掌握好冷冻速度和解冻速度。冷冻保藏的缺点是培养物运输较困难。

练习题

答案解析

1. 简述真核微生物的基因重组方式。
2. 微生物诱变育种包括哪些步骤？
3. 简述营养缺陷型菌株的用途。
4. 简述菌种保藏原理及常用方法。

（张阳迪）

书网融合……

本章小结　　微课1　　微课2　　题库

第八章

微生物与食品生产

学习目标

知识目标

1. **掌握** 微生物发酵食品的环境条件；微生物发酵食品的生产工艺及其控制措施。
2. **熟悉** 发酵微生物的形态特征、理化特性、常见种类；微生物酶在食品工业中的应用。
3. **了解** 食品工业中微生物酶制剂的常见种类、性质、生产菌。

能力目标

初步学会制备食品生产常用的发酵剂。

素质目标

通过本章的学习，树立理论联系实际、刻苦钻研的大国工匠精神，感受中国饮食文化的博大精深，注重我国民族发酵食品的传承、保护和发展，增强民族自信，激发投身食品行业的热情。

PPT

第一节　食品工业中常用的细菌及其应用

一、乳酸菌

（一）乳酸菌的概念及其分布

乳酸菌一词并非生物分类学名词，而是指能够利用发酵性糖类产生大量乳酸的一类微生物的统称。虽然有些霉菌也能产生大量乳酸，但以乳酸细菌为主要类群。因而通常将乳酸细菌称为乳酸菌。

乳酸菌在自然界中广泛分布。它们不仅栖息在人和各种动物的肠道及其他器官中，在植物表面和根际、人类食品、动物饲料、有机肥料、土壤、江、河、湖、海中也都发现了大量乳酸菌的存在。这类细菌在工业、农业、医药等领域具有很高的应用价值。乳酸菌主要分布在乳杆菌属（*Lactobacillus*）、链球菌属（*Streptococcus*）、明串珠菌属（*Leuconostoc*）、片球菌属（*Pediococcus*）和双歧杆菌属（*Bifidobacterium*）。

（二）乳杆菌属

1. 形态特征 细胞呈多样形杆状，长或细长杆状、弯曲形短杆状及棒形球杆状，一般成链排列。革兰染色阳性，有些菌株革兰染色或甲烯蓝染色显示两极体，内部有颗粒物或呈现条纹。通常不运动，有的能够运动具有周生鞭毛，无芽孢，无细胞色素，大多不产色素。

2. 生理生化特点 化能异氧型，营养要求严格，生长繁殖需要多种氨基酸、生物素、肽、核酸衍生物。根据碳水化合物发酵类型，可将乳杆菌属划分为三个类群：①同型发酵群，发酵葡萄糖产生

85%以上的乳酸，不能发酵戊糖和葡萄糖酸盐；②兼异性发酵群，发酵葡萄糖产生85%以上的乳酸，能发酵某些戊糖和葡萄糖酸盐；③异型发酵群，发酵葡萄糖产生等物质量的乳酸、乙酸和（或）乙醇、CO_2，pH 6.0以上可还原硝酸盐，不液化明胶，不分解酪素，联苯胺反应阴性，不产生吲哚和H_2S，多数菌株可产生少量的可溶性氮。微好氧性，接触酶反应阴性，厌氧培养生长良好，生长温度范围为2～53℃，最适生长温度为30～40℃。耐酸性强，最适生长pH为5.5～6.2，在pH≤5的环境中可生长，而中性或初始碱性条件下生长速率降低。自然界分布广泛，极少有致病性菌株。

3. 代表种

（1）保加利亚乳杆菌　细胞形态长杆状，两端钝圆。固体培养基生长的菌落呈棉花状，易与其他乳酸菌区别。能利用葡萄糖、果糖、乳糖进行同型乳酸发酵产生D型乳酸（有酸涩味，适口性差），不能利用蔗糖。该菌是乳酸菌中产酸能力最强的菌种，其产酸能力与菌体形态有关，菌形越大，产酸越多，最高产酸量为2%。如果菌形为颗状或细长链状，产酸较弱，最高产酸量为1.3%～2.0%。蛋白质分解力较弱，发酵乳中可产生香味物质乙醛。最适生长温度为37～45℃，温度高于50℃或低于20℃不生长。常作为发酵酸奶的生产菌。

（2）嗜酸乳杆菌　细胞形态比保加利亚乳杆菌小，呈细长杆状，能利用葡萄糖、果糖、乳糖、蔗糖进行同型乳酸发酵产生DL型乳酸，生长繁殖需要一定的维生素等生长因子，37℃培养生长缓慢，2～3天可使牛乳凝固。因而，在发酵剂制造及嗜酸菌乳生产中，常在原料乳培养基中添加5%的番茄汁或胡萝卜汁。蛋白质分解力较弱，最适生长温度为37℃，20℃以下不生长，耐热性差。最适生长pH为5.5～6.0，耐酸性强，能在其他乳酸菌不能生长的酸性环境中生长繁殖。

嗜酸乳杆菌是能够在人体肠道定殖的少数有益微生物菌群之一。其代谢产物有机酸和抗菌物质——乳杆菌素、嗜酸乳素、酸菌素可抑制病原菌和腐败菌的生长。另外，该菌在改善乳糖不耐症，治疗便秘、痢疾、结肠炎，激活免疫系统，抗肿瘤，降低胆固醇水平等方面都具有一定的功效。

（三）链球菌属

1. 形态特征　细胞呈球形或卵圆形，成对或成链排列。革兰染色阳性，无芽孢，一般不运动，不产生色素。但肠球菌群中某些种能运动或产色素。

2. 生理生化特点　化能异养型，同型乳酸发酵产生右旋乳酸，兼性厌氧型，接触酶反应阴性，厌氧培养生长良好。根据生理生化特性可将链球菌属分为四个种群（表8－1）。

表8－1　链球菌属不同种群生理生化特征

	乳酸链菌	乳酸链菌	乳酸链菌	乳酸链菌
抗原群	A、B、C、F、G	未分群	D	N
鲜血琼脂平板培养	溶血	变绿	变绿或溶血	无
最适生长温度（℃）	37	37	35～37	25
60℃，30分钟存活	－	－	＋	＋
肉汤中生长				
6.5% NaCl	－	－	＋	－
pH 9.6	－	－	＋	－
0.1% 次甲基蓝	－	－	＋	＋
40%胆汁	－	－	＋	＋

＊乳品工业中应用最多的是链球菌属中的乳酸链球菌群。

3. 代表种

（1）嗜热链球菌　细胞形态呈链球状。某些菌株若不经过中间牛乳培养则在固体培养基上得不到菌落。能利用葡萄糖、果糖、乳糖和蔗糖进行同型乳酸发酵产生 L 型乳酸（适口性好）。在石蕊牛乳中不还原石蕊，可使牛乳凝固。蛋白质分解力较弱，在发酵乳中可产生香味物质双乙酰。该菌主要特征是能在高温条件下产酸，最适生长温度为 40～45℃，温度低于 20℃不产酸。耐热性强，能耐 65～68℃的高温。常作为发酵酸乳、瑞士干酪的生产菌。

（2）乳酸链球菌　细胞形态呈双球、短链或长链状，同型乳酸发酵，在石蕊牛乳中可使牛乳凝固。牛乳随便放置时，牛乳的凝固 90% 是由该菌所致。产酸能力弱，最大乳酸生物量为 0.9% ～1.0%。可在 4% NaCl 肉汤培养基和 0.3% 亚甲基蓝牛乳中生长。能水解精氨酸产生 NH_3，对温度适应范围广泛，10～40℃均产酸，最适生长温度为 30℃。而对热抵抗力弱，60℃ 30 分钟全部死亡。常作为干酪、配制奶油、乳酒发酵剂菌种。

（3）乳脂链球菌　细胞比乳酸链球菌大，长链状，同型乳酸发酵，产酸和耐酸能力均较弱。产酸温度较低，18～20℃，37℃以上不产酸、不生长。由于该菌耐酸能力差，菌种保藏非常困难，需每周转接菌种一次或在培养基中添加 $CaCO_3$ 1% ～3% 保藏。不能在 4% NaCl 肉汤培养基和 0.3% 亚甲基蓝牛乳中生长，不水解精氨酸。此菌常作为干酪、酸制奶油发酵剂菌种。

（四）明串珠菌属

1. 形态特征　细胞球形或豆状，成对或成链排列。革兰染色阳性，不运动，无芽孢。

2. 生理生化特点　化能异养型，生长繁殖需要的复合生长因子有烟酸、硫胺素、生物素和氨基酸，不需要泛酸及其衍生物。利用葡萄糖进行异型乳酸发酵产生 D 型乳酸、乙酸或醋酸、CO_2，可使苹果酸转化为 L 型乳酸。通常不酸化和凝固牛乳，不水解精氨酸，不水解蛋白，不还原硝酸盐，不溶血，不产吲哚。兼性厌氧型，接触酶反应阴性。生长温度范围 5～30℃，最适生长温度为 25℃。

3. 培养特征　固体培养，菌落一般小于 1.0 mm，光滑、圆形、灰白色；液体培养，通常浑浊均匀，但长链状菌株可形成沉淀。

4. 代表种：肠膜状明串珠菌　细胞球形或豆状，成对或短链排列。固体培养，菌落直径小于 1.0 mm；液体培养，浑浊均匀。利用葡萄糖进行异型乳酸发酵，在高浓度的蔗糖溶液中生长合成大量的荚膜物质——葡聚糖，形成特征性黏液，最适生长温度为 25℃，生长的 pH 范围 3.0～6.5，具有一定嗜渗压性，可在含 4% ～6% 的 NaCl 培养基中生长。该菌不仅是酸泡菜发酵重要的乳酸菌，还被用于生产右旋糖酐的发酵菌株，右旋糖酐是代血浆的主要成分。

（五）片球菌属

1. 形态特征　细胞呈球形，成对或四联状排列。革兰染色阳性，无芽孢，不运动，固体培养，菌落大小可变，直径为 1.0～2.5 mm，无细胞色素。

2. 生理生化特点　化能异养型，生长繁殖需要复合生长因子如烟酸、泛酸、生物素和氨基酸，不需要硫胺素、对氨基苯甲酸和钴胺素。利用葡萄糖进行同型乳酸发酵产生 DL 型或 L 型乳酸。通常不酸化和凝固牛乳，不分解蛋白质，不还原硝酸盐，不产吲哚。兼性厌氧，接触酶反应阴性。生长温度范围 25～40℃，最适生长温度为 30℃。该属中嗜盐片球菌（*Pc. halophilus*）耐 NaCl 浓度 18% ～20%，是参与酱油酿造的重要乳酸菌；乳酸片球菌（*Pc. acidilactici*）可在含 6% ～8% 的 NaCl 环境中生长，耐 NaCl 浓度 13% ～20%，是酸泡菜发酵中重要的乳酸菌。

（六）双歧杆菌属

1. 形态特征　细胞呈多样形态：Y 字形、V 字形、弯曲状、勺型，典型形态为分叉杆菌，因而取名 bifidus（拉丁语源是分开、裂开之意）。革兰染色阳性，亚甲基兰染色菌体着色不规则。无芽孢和鞭毛，不运动。

2. 生理生化特点及其功能性 化能异养型，对营养要求苛刻，生长繁殖需要多种双歧因子（能促进双歧杆菌生长，不被人体吸收利用的天然或人工合成的物质），能利用葡萄糖、果糖、乳糖和半乳糖，通过果糖－6－磷酸支路生成摩尔比2∶3的乳酸和乙酸及少量的甲酸和琥珀酸。蛋白质分解力微弱，能利用铵盐作为氮源，不还原硝酸盐，不水解精氨酸，不液化明胶，不产生吲哚，联苯胺反应阴性。专性厌氧，接触酶反应阴性，对氧的敏感性存在不同菌种或菌株的差异，多次传代培养后，菌株的耐氧性增强。生长温度范围25～45℃，最适生长温度为37℃。生长 pH 范围 4.5～8.5，最适生长起始 pH 为 6.5～7.0，不耐酸，酸性环境（pH≤5.5）对菌体存活不利。

双歧杆菌是人体肠道有益菌群，它可定殖在宿主的肠黏膜上形成生物学屏障，具有拮抗致病菌、改善微生态平衡、合成多种维生素、提供营养、抗肿瘤、降低内毒素、提高免疫力、保护造血器官、降低胆固醇水平等重要生理功能，其促进人体健康的有益作用，远远超过其他乳酸菌。

情境导入

情境 某大型超市乳制品区的酸奶产品琳琅满目、种类繁多。这些酸奶产品根据脂肪按量有低脂、全脂、无脂等不同选择；根据口味有原味、草莓、蓝莓、香草、巧克力、桃子等供顾客挑选。酸奶不仅酸甜可口，具有丰富的营养价值，有部分还具有为人体提供益生菌的功效。在这个超市中不同品牌、风味各异的各种酸奶，不管是在普通货架上，还是在冷柜中，都占据了超市中非常显眼的位置，是非常受关注的商品之一。

思考 为什么同样是酸奶产品，有的可以常温保存，而有的则需要低温保存？

（七）乳酸菌在食品工业中的应用

在发酵食品行业中应用最广泛的是乳酸菌。经过乳酸菌发酵作用制成的食品称为乳酸发酵食品。随着科学研究的不断深入，逐步揭示了乳酸菌对人体健康有益作用的机理，因而，乳酸发酵食品更加受到人们的重视，在食品工业中占有越来越重要的地位。

1. 发酵乳制品 系指良好的原乳经过微生物（主要是乳酸菌）发酵作用后制成的具有特殊风味、较高营养价值和一定保健功能的乳制品。其种类包括发酵乳饮料（酸牛乳、酸豆乳、乳酒等）、干酪和酸制奶油。下面简介几种主要产品。

（1）酸牛乳 是新鲜牛乳经过乳酸菌发酵后制成的发酵乳饮料；根据生产方式可分为凝固型、搅拌型和饮料型三种。

1）菌种的选择和发酵剂的制备 发酵剂系指生产发酵乳制品过程中用于烤种使用的特定的微生物培养物。通常用于酸牛乳生产的发酵剂菌种是保加利亚乳杆菌和嗜热链球菌混合发酵剂生产酸牛乳。两菌株的混合比例对酸乳风味和质地起重要作用，常见的杆菌和球菌的比例是1∶1或1∶2。

工艺流程：菌种活化→母发酵剂→中间发酵剂→工作发酵剂。

2）凝固型酸乳的生产 凝固型酸牛乳的生产是以新鲜牛乳为主要原料，经过净化、标准化、均质、杀菌、烤种发酵剂、分装后，通过乳酸菌的发酵作用，使乳糖分解为乳酸，导致乳的 pH 下降，酪蛋白凝固，同时产生醇、醛、酮等风味物质，再经冷藏和后熟制成乳凝状的酸牛乳。

工艺流程：原料鲜乳→净化→标准比→均质→杀菌→冷却→接种→分装→发酵→冷却→冷藏后熟→成品。

3）搅拌型酸乳（纯酸奶）的生产 搅拌型酸奶即纯酸奶，与凝固型酸奶的生产工艺基本相似，所不同的是：前者为先发酵，再搅拌，后分装；后者为先分装，后发酵，不搅拌。

工艺流程：原料鲜乳→净化→标准化调制→均质→杀菌→冷却→接种发酵剂→发酵→搅拌破乳→冷

却→分装→冷藏后熟→成品。

4）饮料型酸乳（活性乳）的生产　酸凝乳与适量无菌水、稳定剂和香精混合，再经均质处理、分装、冷却后制成凝乳粒子直径在0.01 mm以下、液体状的酸牛乳。

工艺流程：原料鲜乳→净化→标准化调制→均质→杀菌→冷却→接种发酵剂→发酵→混合（无菌水、稳定剂、香精）→均质→分装→冷却→成品→入库冷藏。

（2）干酪　种类目前已达800余种，根据原料，可分为牛乳干酪和羊乳干酪；根据乳脂肪含量，分为脱脂干酪、全脂干酪和稀奶油干酪；根据含水量和硬度，分为特硬质干酪、硬质干酪、半硬质干酪和软质干酪；根据成熟度，分为新鲜干酪（生干酪）和成熟干酪。用于发酵剂的菌种大多是乳酸菌，但有的干酪使用丙酸菌和霉菌。

一般工艺流程：原料乳检验→净化→标准化调制→杀菌→冷却→添加发酵剂→色素、$CaCl_2$和凝乳酶→静置凝乳→凝块切割→搅拌→加热升温、排出乳清→压榨成型→盐渍→生干酪→发酵成熟→上色挂蜡→成熟干酪。

（3）酸制奶油

1）发酵剂菌种　目前都采用混合乳酸菌发酵剂生产酸制奶油。菌种要求产香能力强，而产酸能力相对较弱，因此，可将发酵剂菌种分为两大类：一类是产酸菌种，主要是乳酸链球菌和乳脂链球菌，可将乳糖转化为乳酸，但乳酸生成量较低；另一类是产香菌种，包括嗜柠檬酸链球菌、副嗜柠檬酸链球菌和丁二酮链球菌，可将柠檬酸转化为羟丁酮，再进一步氧化为丁二酮，赋予酸制奶油特有的香味。

2）酸制奶油的生产工艺流程　原料乳→离心分离→脱脂乳→稀奶油→标准化调制→加碱中和→杀菌→冷却→接种发酵剂→发酵→物理成熟→添加色素→搅拌→排出酪乳→洗涤→加盐压练→包装→成品。

2. 乳酸菌发酵果蔬汁　是一种新型饮料，它综合了乳酸菌和果蔬汁两方面的营养保健功能，而且产品的原料风味和发酵风味浑然一体，所以深受消费者喜爱。下面以番茄汁乳酸菌发酵饮料的生产为例进行讨论。

工艺流程：番茄→清洗→热烫→榨汁→均质→调节pH→杀菌→冷却→接种发酵剂→发酵→加糖调配→包装→成品。

二、醋酸菌

（一）醋酸菌的主要种类

醋酸菌不是细菌分类学名词。在细菌分类学主要分布于醋酸杆菌属（*Acetobacter*）和葡萄糖氧化杆菌属（*Glucomobacter*）。前者最适生长温度在30℃以上，氧化乙醇生成醋酸的能力强，有些能继续氧化醋酸生成CO_2和H_2O，而氧化葡萄糖生成葡萄糖酸的能力弱，不要求维生素能同化主要有机酸，后者最适生长温度在30℃以下，氧化葡萄糖生成葡萄糖酸的能力强，而氧化乙醇生成醋酸的能力弱，不能继续氢化醋酸生成CO_2和H_2O，需要维生素，不能同化主要有机酸。用于酿醋的醋酸菌种大多属于醋酸杆菌属。

（二）醋酸杆菌属的生物学特性

1. 形态特征　细胞呈椭圆形杆状，革兰染色阳性，无芽孢，有鞭毛或无鞭毛，运动或不运动。其中极生鞭毛菌不能将醋酸氧化为CO_2和H_2O，而周生鞭毛菌可将醋酸氧化成CO_2和H_2O，不产色素，菌体培养形成菌膜。

2. 生理生化特点　化能异养型，能利用葡萄糖、果糖、蔗糖、麦芽糖、乙醇作为碳源，可利用蛋白质水解物、尿素、硫酸铵作为氮源，生长繁殖需要的无机元素有 P、K、Mg。严格好氧，接触酶反应阳性，具有醇脱氢酶、醛脱氢酶等氧化酶类。因此除能氧化乙醇生成醋酸外，还可氧化其他醇类和糖类生成相应的酸和酮，具有一定产酯能力。最适生长温度为 30～35℃，不耐热，最适生长 pH 为 3.5～6.5。某些菌株耐乙醇和耐醋酸能力强，不耐食盐，因此醋酸发酵结束后，添加食盐除调节食醋风味外，还可阻止醋酸菌继续将醋酸氧化为 CO_2 和 H_2O。

（三）主要醋酸菌种

1. 纹膜醋酸杆菌 培养时液面形成乳白色、皱衬状的黏性菌膜；摇动时，液体变浑浊。能产生葡萄糖酸，最高产醋酸量 8.75%，生长温度范围 4～42℃，最适生长温度为 30℃，能耐 14%～15% 的乙醇。

2. 奥尔兰醋酸杆菌 是纹膜醋酸杆菌的亚种，也是法国奥尔兰地区用葡萄酒生产食醋的菌种。能产生葡萄糖酸，产酸能力较弱，最高产醋酸量 2.9%，耐酸能力强，能产生少量的酯。生长温度范围7～39℃，最适生长温度为 30℃。

3. 许氏醋杆菌 是法国著名的速酿食醋菌种，也是目前酿醋工业重要的菌种之一，产酸能力强，最高产醋酸量达 11.5%。对醋酸没有进一步的氧化作用，耐酸能力较弱。最适生长温度 25～27.5℃，最高生长温度 37℃。

4. AS 1.41 醋酸杆菌 属于恶臭醋酸杆菌的浑浊变种，是我国酿醋工业常用菌种之一。细胞呈杆状，常成链排列，固体培养，菌落隆起，表面光滑，灰白色。液体培养，液面形成菌膜并沿容器上升，液体不浑浊。产醋酸量 6%～8%，产葡萄糖酸能力弱，可将醋酸进一步氧化为 CO_2 和 H_2O。最适生长温度为 28～30℃，最适生长 pH 为 3.5～6.5，耐乙醇浓度 8%。

5. 沪酿 1.01 醋酸杆菌 属于巴氏醋酸杆菌的巴氏亚种，是从丹东速酿醋中分离得到的，也是目前我国酿醋工业常用菌种之一。细胞呈杆状，常成链排列。液体培养时液面形成淡青色薄层菌膜。氧化乙醇生成醋酸的转化率达 93%～95%。

（四）醋酸杆菌在食品工业中的应用

1. 熟料固态酿醋（传统酿造法） 食醋的传统酿造是粮食等原料经过粉碎、浸渍、蒸煮、冷却后，首先，通过霉菌糖化利用或糖化酶制剂作用，使淀粉糖化分解为可发酵性糖类。其次，通过酵母菌的发酵作用，使可发酵糖类转化为乙醇。然后，通过醋酸菌的发酵作用，使乙醇氧化为醋酸。最后，经过加盐、淋醋、陈酿、过滤、煎醋（杀菌）等工艺制成成品食醋。

（1）糖化剂菌种的选择 糖化剂系指接种使用的能够把淀粉转化为可发酵性糖类的微生物培养物或酶制剂。由于曲霉菌具有丰富的淀粉酶、糖化酶和蛋白酶等酶系统，因此，常用曲霉菌制成糖化曲作为酿造的糖化剂。适于酿醋的糖化剂曲霉菌种主要有 AS 3.4309 黑曲霉、AS 3.758 宇佐美曲霉、AS 3.324 甘薯曲霉、东酒一号、沪酿 3.040 米曲霉、沪酿 3.042 米曲霉、AS 3.683 米曲霉、AS 3.800 黄曲霉等。酿醋所用糖化剂的类型包括大曲、小曲、麸曲、红曲、液体曲、淀粉酶制剂。

（2）酒母菌种的选择 酒母是指接种使用的并能够利用可发酵性糖进行乙醇发酵的酵母菌培养物。不同菌种的发酵能力和产生的风味物质不尽相同。上海香醋使用 501 黄酒酵母，高粱酿醋及速酿醋选择南阳混合酵母（1308 酵母）；淀粉质原料酿醋的菌种有 AS 2.109、AS2.399 酵母；糖蜜酿醋的菌种有 AS 2.1189、AS 2.1190 酵母。为了增加食醋香味，使用的产醋酵母菌种有 AS 2.300、AS 2.388、中国食品发酵研究所 1295 和 1312。

（3）醋母菌种的选择 醋母是指生产中接种使用的并能够氧化乙醇生成醋酸的醋酸菌培养物。目前我国食醋酿造使用最多的醋酸菌种是：AS 1.41 醋酸杆菌和沪酿 1.011 醋酸杆菌。

（4）传统酿醋工艺流程 甘薯干或碎米、高粱→粉碎→添加麸皮、谷糠→润水浸渍→蒸煮→冷却过筛→接种麸曲、酒母→加水拌匀→入缸→淀物糖化、乙醇发酵、倒醅→接种醋母→添加粗谷糠拌匀→醋酸发酵、倒醇→加盐→后熟→淋醋→陈酿→澄清→配兑→煎醋（杀菌）→成品。

2. 酿醋的新生工艺技术

（1）生料固态酿造法　是原料不进行蒸煮，而是经过粉碎、浸泡后直接进行糖化和发酵，可以降低能耗，简化生产工艺。

生料酿醋的技术关键就是要采取措施解决好生淀粉糖化困难和防止分菌污染。其工艺技术特点如下。①原料粉碎要细：一般高粱及玉米的粉碎度要求达到100%通过20目筛、70%通过30目筛、50%通过40目筛，增加生淀粉与酶的接触面积，提高糖化酶解速率。②加大辅料麸皮使用量：一般麸皮与主料比例为1.4∶1，充分利用麸皮中淀粉酶对生淀粉进行糖化。③选育对淀粉糖化活力高的曲霉菌种。④提高麸曲和酒母的接种量：一般麸曲接种量提高至20%～50%，而酒母的接种量提高至10%，以加快淀粉糖化和乙醇发酵进程，防止杂菌污染。⑤前期采用稀醪静置发酵，有利于淀物糖化和乙醇发酵，后期加入辅料后进行固态发酵，并加强翻拌补充氧气，有利于醋酸发酵。

工艺流程：原料→粉碎→添加麦麸、水、麸曲、酵母→混合拌匀→稀醪糖化、乙醇发酵→添加麦麸、稻壳、酵母→混合拌匀→固态醋酸发酵→加盐→陈酿→淋醋→配制→成品。

（2）酶法液化通风回流喷淋制醋　是采用淀粉酶制剂将淀粉液化，利用自然通风和醋汁回流喷淋代替传统人工倒醋的新工艺。它可以提高原料利用率，降低能耗，实现管道化和机械化生产。

工艺流程：碎米→浸泡→磨浆→添加淀粉酶、$CaCl_2$和Na_2CO_3→调浆→升温液化→100℃灭酶→冷却→接入麸曲→糖化→冷却→加水稀释、调节pH、接入酒母→液体乙醇发酵→添加麸皮和谷糠、接入醋母→拌匀入池→固态醋酸发酵→加盐→淋醋→配制→灭菌→成品。

（3）空气自吸式罐液体深层发酵制醋　是将淀粉质原料经液化、糖化、乙醇发酵后，在空气自吸式发酵罐中完成液体深层醋酸发酵的新工艺。具有原料利用率高、机械化程度高、生产周期短（7天）、产品质量稳定等优点，但缺点是醋的风味较差。

工艺流程：大米→浸泡→磨浆→添加α-淀粉酶、$CaCl_2$、Na_2CO_3→调浆→升温液化→100℃灭酶→冷却→接入麸曲→糖化→冷却→加水稀释、接入酒母、增香酵母和乳酸菌液→乙醇发酵→空气自吸式罐液体深层醋酸发酵→杀菌→浸泡熏醅淋醋→陈酿→压滤→配制→成品。

（4）速酿醋　是将白酒、种醋、酵母液、水等按比例配制成醋酸发酵原料液，通过离心泵循环喷洒在含有醋酸菌填充料（木炭、榉木、刨花、芦苇等）的耐酸陶瓷速酿塔上，原料液自上而下流动，空气自下而上流动，使乙醇氧化为醋酸，再经陈酿后制成。所以速酿醋也称塔醋，呈无色或略带微黄色，澄清透明，醋香味纯。

三、谷氨酸菌

（一）谷氨酸菌的主要种类

谷氨酸菌在细菌分类学中属于棒杆菌属（*Corynebacterium*）、短杆菌属（*Brevibacterium*）、小杆菌属（*Microbacterium*）和节杆菌属（*Arthrobacter*）中的细菌。目前我国谷氨酸发酵最常见的生产菌种是北京棒杆菌AS 1.299和钝齿棒杆菌AS 1.542。

1. 北京棒杆菌AS 1.299　细胞呈短杆或棒状，有时略呈弯曲状，两端钝圆，排列为单个、成对或V字形，革兰染色阳性。无芽孢，无鞭毛，不运动。

普通肉汁固体平皿培养，菌落圆形，中间隆起，表面光滑湿润，边缘整齐，菌落颜色开始呈白色，直径1 mm，随培养时间延长变为淡黄色，直径增大至6 mm，不产水溶性色素。普通肉汁液体培养，稍浑浊，有时表面呈微环状，管底有粒状沉淀。

化能异养型，能利用葡萄糖、果糖、甘露糖、麦芽糖、蔗糖以及乙酸、柠檬酸作为碳源迅速进行谷氨酸发酵，不分解淀粉，纤维素、铵盐和尿素均可作为氮源，能还原硝酸盐，不同化酪蛋白。要求多种无机离子，需要生物素作为生长因子，同时加入硫胺素具有明显的促生长作用。好氧或兼性厌氧，过氧化氢酶反应阳性。最适生长温度为 30 ~ 32℃，最适生长 pH 为 6.0 ~ 7.5。在含 7.5% NaCl 或 2.6% 尿素肉汁培养基中生长良好，10% 的 NaCl 或 3% 尿素生长受到抑制。不受钝齿棒杆菌 AS 1.542 噬菌体侵染。

2. 钝齿棒杆菌 AS 1.542　细胞呈短杆或棒状，两端钝圆，排列为单个、成对或 V 字形，革兰染色阳性。无芽孢，无鞭毛，不运动。细胞内次极端有异染颗粒并存在数个横隔。普通肉汁固体平皿培养，菌落扁平，呈草黄色，表面湿润无光泽，边缘较薄呈钝齿状，不产水溶性色素，直径 3 ~ 5 mm。普通肉汁液体培养浑浊，表面有薄菌膜，管底有较多沉淀。

化能异养型，能利用葡萄糖、果糖、甘露糖、麦芽糖、蔗糖、水杨苷、七叶灵以及乙酸、柠檬酸、乳酸、葡萄糖酸、延明羧酸等多种有机酸作为碳源迅速进行谷氨酸发酵，不分解淀粉、纤维素、油脂和明胶。铵盐和尿素均可作为氮源，能还原硝酸盐，不同化酪蛋白。要求多种无机离子，需要生物素作为生长因素。好氧或兼性厌氧，过氧化氢酶反应阳性。20 ~ 37℃生长良好，39℃生长微弱，最适生长温度为 30℃。pH 6 ~ 9 生长良好，pH 10 生长减弱，pH 4 ~ 5 不生长。在含 7.5% NaCl 或 2.5% 尿素肉汁培养基中生长良好，10% NaCl 和 3% 尿素生长受到抑制。不受北京棒杆菌 AS 1.299 的噬菌体侵染。

利用谷氨酸棒状杆菌生产味精的工艺已经成为味精工业生产的主要技术。

（二）谷氨酸发酵及味精生产

L－谷氨酸单钠俗称味精，分子量为 187.13。它具有强烈的肉类鲜味，用水稀释 3000 倍，仍能感觉到鲜味，所以它被广泛用于食品菜肴的调味。我国于 1963 年开始采用谷氨酸发酵法生产味精。

1. 谷氨酸菌的扩大培养　谷氨酸发酵生产通常采用谷氨酸菌二级扩大的种子液获得发酵所需的菌量。

扩大培养的工艺流程：斜面原种→斜面活化（32℃ 18 ~ 24 小时）→200 ml 液体振荡培养（32℃ 12 小时）→1000 ml 三角瓶（一级种子）→50 ~ 500 L 种子罐（二级种子）。

2. 谷氨酸发酵及味精生产工艺流程　淀粉质原料→粉碎→调浆→水解糖化→冷却→中和→脱色→过滤→添加氮源、无机盐和生长因子→接种二级种子→谷氨酸发酵→谷氨酸提取→加碱中和→除铁脱色→浓缩→干燥→过筛→包装→成品味精。

（三）5′－肌苷酸发酵

目前国内外生产的呈味核苷酸主要是 5′－肌苷酸。5′－肌苷酸的主要用途是作为助鲜剂，它单独存在时，鲜味不显著，当与味精混合时，鲜味随着 5′－肌苷酸含量增加而成倍提高。生产 5′－肌苷酸的方法有：①选育肌苷酸高产变异菌株直接发酵生产（直接发酵法或一步法）；②利用微生物发酵法生产肌苷，然后用化学法或酶法进行磷酸化（二步法）；③在发酵过程中添加前体物质黄嘌呤，经微生物产生的胞外酶催化转化为肌苷酸（半合成法）；④先发酵生产腺苷或 5′－腺苷酸，然后用化学法或酶法生产 5′－肌苷酸，目前前两种方法已在生产中应用。

目前，国内外直接发酵法生产肌苷酸的菌株主要有产氨短杆菌（*Brevibacterlum ammoniagenes*）、谷氨酸棒杆菌（*Corynebacterium*）、谷氨酸小球菌（*Micrococcus glutamzcus*）、嗜醋酸棒杆菌（*Corynebacterlum acedophilum*）、枯草芽孢杆菌（*Bacillussubtilis*）等。

第二节　食品工业中酵母菌及其应用

PPT

一、啤酒酵母

啤酒酵母（*Saccharomyces cerevisiae*）属于典型的上面酵母，又称爱丁堡酵母。广泛应用于啤酒、白酒酿造和面包的制作。

（一）啤酒酵母的形态特征

细胞呈圆形或短卵圆形，大小为（3～7）μm×（5～10）μm，通常聚集在一起，不运动。单倍体细胞或双倍体细胞都能以多边出芽方式进行无性繁殖，能形成有规则的假菌丝（芽簇），但无真菌丝。有性繁殖为2个单倍体细胞同宗或异宗接合或双倍体细胞直接进行减数分裂形成1～4个子囊孢子。细胞形态往往受培养条件的影响，但恢复原有的培养条件，细胞形态即可恢复原状。

（二）啤酒酵母的培养特征

麦芽汁固体培养，菌落呈乳白色，不透明，有光泽，表面光滑湿润，边缘略呈锯齿状；随培养时间延长，菌落颜色变暗，失去光泽。麦芽汁液体培养，表面产生泡沫，液体变浑浊，培养后期菌体悬浮在液面上形成酵母泡盖，因此称为上面酵母。

（三）啤酒酵母的生理生化特点

化能异养型，能发酵葡萄糖、果糖、半乳糖、蔗糖、麦芽糖和麦芽三糖以及1/3的棉子糖，不发酵蜜二糖、乳糖和甘油醛，也不发酵淀粉、纤维素等多糖。不分解蛋白质，可同化氨基酸和氨态氮，不同化硝酸盐。需要B族维生素和P、S、Ca、Mg、K、Fe等无机元素。兼性厌氧，有氧条件下，将可发酵性糖类通过有氧呼吸作用彻底氧化为CO_2和H_2O，释放大量能量供细胞生长；无氧条件下，使可发性糖类通过发酵作用（EMP途径）生成乙醇和CO_2，释放较少能量供细胞生长。最适生长温度为25℃，发酵最适温度为10～25℃，最适发酵pH为4.5～6.5，真正发酵度达60%～65%。

二、葡萄酒酵母

葡萄酒酵母（*Saccharomyces ellipsoideus*）属于啤酒酵母的椭圆变种，简称椭圆酵母。常用于葡萄酒和果酒的酿造。

（一）葡萄酒酵母的形态特征

细胞呈椭圆形或长椭圆形，大小为（3～10）μm×（5～15）μm，不运动。单倍体细胞或双倍体细胞都能以多边出芽方式进行无性繁殖，形成有规则的假菌丝。在环境不利条件下进行有性繁殖：2个单倍体细胞同宗或异宗接合或双倍体细胞直接进行减数分裂形成1～4个子囊孢子。细胞形态往往受培养条件的影响，但恢复原有的培养条件，细胞形态即可恢复原状。

（二）葡萄酒酵母的培养特征

葡萄汁固体培养，菌落呈乳黄色，不透明，有光泽，表面光滑湿润，边缘整齐；随培养时间延长，菌落颜色变暗。液体培养变浊，表面形成泡沫，聚凝性较强，培养后期菌体沉降于容器底部。

（三）葡萄酒酵母的生理生化特点

化能异养型，可发酵葡萄糖、果糖、半乳糖、蔗糖、麦芽糖、麦芽三糖以及1/3的棉子糖，不发酵蜜二糖、乳糖和甘油醛，也不发酵淀粉、纤维素等多糖。不分解蛋白质，不还原硝酸盐，可同化氨基酸和氨态氮。需要 B 族维生素和 P、S、Ca、Mg、K、Fe 等无机元素。兼性厌氧，有氧条件下，将可发性糖类通过有氧呼吸作用彻底氧化为 CO_2 和 H_2O，释放大量能量供菌体繁殖。无氧条件下，使可发酵性糖类通过发酵作用（EMP 途径）生成乙醇和 CO_2，释放较少能量供细胞繁殖。最适生长温度为 25℃，葡萄酒发酵最适温度为 15～25℃，最适发酵 pH 为 3.3～3.5。耐酸、耐乙醇、耐高渗、耐二氧化硫能力强于啤酒酵母。葡萄酒发酵后乙醇含量达 16% 以上。

三、卡尔酵母

卡尔酵母（*Saccharomgces Carlsbergensis*）属于典型的下面酵母，又称卡尔斯伯酵母或嘉士伯酵母。常用于啤酒酿造、药物提取以及维生素测定的菌种。

（一）卡尔酵母的形态特征

细胞呈椭圆形，大小为（3～5）μm×（7～10）μm，通常分散独立存在，不运动。单倍体细胞或双倍体细胞大都以单端出芽方式进行无性繁殖，能形成不规则的假菌丝，但无真菌丝。采用特殊方法培养才能进行有性生殖形成子囊孢子。

（二）卡尔酵母的培养特征

麦芽汁固体培养，菌落呈乳白色，不透明，有光泽，表面光滑湿润，边缘整齐；随培养时间延长，菌落颜色变暗，失去光泽。麦芽汁液体培养，表面产生泡沫，液体变浑浊，培养后期菌体沉降于容器底部，因此又称下面酵母。

（三）卡尔酵母的生理生化特点

化能异养型，能发酵葡萄糖、果糖、半乳糖、蔗糖、麦芽糖、蜜二糖、麦芽三糖和甘油醛以及全部的棉子糖，不发酵乳糖以及淀粉、纤维素等多糖。不分解蛋白质，不还原硝酸盐，可同化氨基酸和氨态氮。需要 B 族维生素以及 P、S、Ca、Mg、K、Fe 等无机离子。兼性厌氧，有氧条件下，将可发性糖类通过有氧呼吸作用彻底氧化为 CO_2 和 H_2O，释放大量能量供菌体繁殖；无氧条件下，使可发酵性糖类通过发酵作用（EMP 途径）生成乙醇和 CO_2，释放较少能量供细胞繁殖。最适生长温度为 25℃，啤酒发酵最适温度为 5～10℃，最适发酵 pH 为 4.5～6.5，真正发酵度为 55%～60%。

四、产蛋白假丝酵母

产蛋白假丝酵母（*Candida utilis*）又称产朊假丝酵母或食用圆酵母，富含蛋白质和维生素 B，常作为生产食用或饲用单细胞蛋白（SCP）以及维生素 B 的菌株。

（一）产蛋白假丝酵母的形态特征

细胞呈圆形，椭圆形或腊肠形，大小为（3.5～4.5）μm×（7.0～13.0）μm，以多边出芽方式进行无性繁殖，形成假菌丝。没有发现有性生殖和有性孢子，属于半知菌类酵母菌。

（二）产蛋白假丝酵母的培养特征

麦芽汁固体培养，菌落呈乳白色，表面光滑湿润，有光泽或无光泽，边缘整齐或菌丝状；玉米固体培养产生原始状假菌丝。葡萄糖酵母汁蛋白胨液体培养，表面无菌膜，液体浑浊，管底有菌体沉淀。

（三）产蛋白假丝酵母的生理生化特点

化能异养型，能发酵葡萄糖、蔗糖和 1/3 的棉子糖，不发酵半乳糖、麦芽糖、乳糖、蜜二糖。能同化尿素、铵盐和硝酸盐，不分解蛋白质和脂肪。兼性厌氧，有氧条件下，进行有氧呼吸；无氧条件下，进行乙醇发酵。最适生长温度为25℃，最适生长pH为4.5～6.5。在发酵工业中，常采用富含半纤维的纸浆废液、稻草、稻壳、玉米芯、木屑、啤酒废渣等水解液和糖蜜为主要原料，培养产蛋白假丝酵母，生产食用或饲用单细胞蛋白和维生素B。

五、酵母菌在食品工业中的应用

（一）啤酒酿造

啤酒酿造是以大麦、水为主要原料，以大米或其他未发芽的谷物、酒花为辅助原料；大麦经过发芽产生多种水解酶类制成麦芽；借助麦芽本身多种水解酶类将淀粉和蛋白质等大分子物质分解为可溶性糖类、糊精以及氨基酸、肽、胨等低分子物质制成麦芽汁；麦芽汁通过酵母菌的发酵作用生成乙醇和CO_2以及多种营养和风味物质；最后经过过滤、包装、杀菌等工艺制成CO_2含量丰富、乙醇含量仅3%～4%、富含多种营养成分、酒花芳香、苦味爽口的饮料酒即成品啤酒。

啤酒是世界产量最高、发展速度最快的酒种。当今世界啤酒工业发展的特点是设备大型化、操作自动化、产业规模集团化。啤酒的种类，根据酵母品种可分为上面发酵啤酒和下面发酵啤酒；根据颜色可分为淡色啤酒和浓色啤酒；根据生产方式可分为鲜啤酒、纯鲜啤酒和熟啤酒；根据消费对象又可分为低醇啤酒和低糖啤酒等。

1. 啤酒发酵优良酵母的评估及选育

（1）啤酒酵母优良性状的评估　啤酒酵母应具有以下优良性状：①生长繁殖力强，发酵活力高；②代谢产物能够赋予啤酒良好的风味；③聚凝性强，沉降速度快，发酵结束易与发酵液分离，便于菌体回收。啤酒酵母的发酵性能，不仅受环境条件如麦汁成分、发酵温度及pH、溶氧量、发酵设备等因素的影响，更重要的是受其遗传特性的控制。

（2）优良菌种的选育　①菌种筛选：是从已有的菌株中筛选一株比较理想的菌种。具体方法是将已有的30～50株菌种分别接种至150 ml麦汁中进行发酵试验，根据测定酵母收获量、发酵度和凝聚性，从中选出12株，将2株筛选菌株进行500 ml麦汁发酵试验，根据测定酵母生长速率、收获量、凝聚性、发酵度及风味物质，从中选出4株，再将4株筛选菌种进行1 L规模的发酵试验，根据生产方式和产品质量要求，筛选出1株比较理想的菌种。②诱变育种：是指利用物理或化学诱变剂处理酵母菌，使其发生基因突变，除掉某些不良性状，获得某些优良性状的育种方法。例如，通过诱变处理可以选育出还原双乙酰能力强的变异菌株、H_2S合成能力弱的变异菌株、凝聚性强的变异菌株。③杂交育种：是指在酵母菌的生活史中，采用2个具有不同遗传性状和相反交配型的单倍体细胞交配后，通过基因重组，获得某些新的优良性状的双倍体杂合细胞的育种方法。例如，通过杂交育种有可能获得凝聚性强的新菌种、风味良好的新菌种和发酵度比较高的新菌种。④细胞融合育种：是指2个遗传性状不同的酵母细胞的原生质体发生融合，产生新的优良性状重组细胞的育种方法。例如，凝聚性强但发酵度低的菌株和发酵度高但凝聚性弱的菌株通过细胞融合有可能产生凝聚性强和发酵度高的新型细胞。

2. 啤酒酵母的扩大培养

（1）工艺流程　斜面原种→活化（25℃ 1～2天）→2个100 ml富士瓶（25℃ 1～2天）→2个1000 ml巴士瓶（25℃ 1～2天）→2个10 L卡氏罐（25℃ 1～2天）→200 L汉森式种母罐（15℃ 1～2天）→2吨扩大罐（10℃ 1～2天）→10吨繁殖槽→（8℃ 1～2天）→主发酵。

（2）技术要点　①温度控制：培养初期，采用酵母菌最适生长温度25℃培养，之后每扩大培养1次，温度均有所降低，使酵母菌逐步适应低温发酵的要求。②接种时间：每次扩大培养均采用对数生长期后期的种子液接种，一般泡沫达到最高将要回落时为对数生长期。③注意及时通风供氧：从斜面原种至卡氏罐为实验室扩大培养阶段，应注意每天定时摇动容器，达到供氧目的；从汉森罐至酵母繁殖槽为生产现场扩大培养阶段，应定时通入无菌压缩空气供氧。

3. 啤酒酿造工艺流程 原料大麦→清洗挑选→分级→浸渍→发芽→干燥→麦芽及辅料粉碎→糖化→过滤→麦汁煮沸→麦汁沉淀→麦汁冷却→接种→酵母繁殖→主发酵→后发酵→过滤→包装→杀菌→贴标→成品。

（二）果酒酿造

果酒酿造是以多种水果如葡萄、苹果、梨、橘子、山楂、杨梅、猕猴桃等为原料，经过破碎、压榨，制取果汁；果汁通过酵母菌的发酵作用形成原酒；原酒再经陈酿、过滤、调配、包装等工艺制成的乙醇含量在8.5%以上、含多种营养成分的饮料酒。在各种果酒中，葡萄酒是主要品种，其产量居世界饮料酒种第二位。

1. 果酒的主要种类 果酒一般以所用的原料来命名，如葡萄酒、苹果酒、梨酒等，根据分类标准不同，可分为以下几种。

（1）根据酿制方法 ①发酵酒：用果汁或果浆经乙醇发酵酿制而成。②蒸馏酒：发酵果酒经蒸馏后制成，如白兰地、水果白酒。③露酒：用果实、果汁或果皮经乙醇浸泡、兑制而成。④汽酒：含 CO_2 的果酒。

（2）根据果酒含糖量 ①干酒：每100 ml酒中含糖量少于0.4 g。②半干酒：每100 ml酒中含糖量为0.4～1.2 g。③半甜酒：每100 ml酒中含糖量为1.2～5.0 g。④甜酒：每100 ml酒中含糖量为5 g以上。

（3）根据果酒乙醇含量 ①低度果酒：乙醇含量在17%（体积分数）以下的果酒。②高度果酒：乙醇含量在18%（体积分数）以上的果酒。

2. 酒母的扩大培养（以葡萄酒母为例）

（1）工艺流程 斜面原种→活化（接10 ml葡萄汁，25℃ 1～2天）→2个500 ml三角瓶（扩培比1/12.5，25℃ 1～2天）→10 L卡氏罐（扩培比1/12，25℃ 1～2天）→200 L酒母罐（扩培比1/23，20～25℃ 1～2天）→主发酵。

（2）技术要点 ①温度控制：由于果酒发酵温度在15～30℃之间，因而酒母扩大培养温度，一般控制在25℃或略低即可。②接种时间和通风供氧控制：与啤酒酵母的扩大培养控制相同。③培养基的制备：a. 试管液体培养基和三角瓶液体培养基：新鲜澄清葡萄汁分装后，0.1 MPa灭菌20分钟备用。b. 卡氏罐培养基：新鲜澄清葡萄汁进罐后，常压湿热灭菌1小时，冷却后加入亚硫酸80 mg/L，4～8小时后接种。c. 酒母罐培养基：酒母罐经硫黄熏蒸4小时后，注入已灭菌的葡萄汁，加入100～150 mg/L亚硫酸，摇匀过夜后接种。

3. 果酒酿造工艺流程 水果→分选→洗涤→破碎→压榨→果汁→成分调整→添加 SO_2、接种酒母→主发酵→后发酵→陈酿→冷、热处理→过滤→调配→灌酒→杀菌→贴标→成品。

（三）白酒酿造

白酒是以高粱、大米等谷物、薯类为原料，用曲作为糖化剂和发酵剂，经淀粉糖化、乙醇发酵、蒸馏、陈酿、勾兑等工艺制成的。其乙醇含量较高，具有独特的芳香和风味。

1. 白酒的主要种类 ①按生产工艺分为固态法白酒、液态法白酒和半固态法白酒；②按酿酒原料分为粮食酒、薯类酒和代用原料酒；③按使用的糖化发酵剂分为大曲酒、小曲酒和麸曲酒；④按酒度分为高度酒、降度酒和低度酒；⑤按酒的香型分为酱香型、浓香型、清香型和米香型等。

2. 酒曲的主要种类及制作工艺

（1）大曲 是固态发酵法酿造大曲白酒的糖化发酵剂。它以小麦或大麦、豌豆为曲料，经过粉碎、加水拌料、踩曲制坯、堆积培养，依靠自然界带入的各种酿酒微生物（包括细菌、霉菌和酵母菌）在其中生长繁殖制成成曲，再经贮存后制成陈曲。大曲有高温曲（制曲温度60℃以上）和中温曲（制曲温度不超过50℃）两种类型。目前国内绝大多数著名的大曲白酒均采用高温曲生产，如茅台、泸州、西凤、五粮液等。

高温型大曲制作的工艺流程：小麦→调料→磨碎→添加曲母和水→拌料→踩曲→曲坯→堆积培养→成品曲→出房贮存→陈曲。

（2）麸曲　是固态发酵法酿造麸曲白酒的糖化剂。它以麸皮为主要曲料，以新鲜酒糟为配料，经过润水、蒸煮、冷却后，接入糖化种曲，再经通风培养制成成曲。

工艺流程：麸皮、新鲜酒糟混合→润水→蒸煮→冷却→接入糖化种曲→通风制曲→成品。

（3）小曲（米曲）　是半固态发酵法酿造小曲白酒（米酒）的糖化发酵剂。它以米粉或米糠为原料，添加或不添加中草药，经过浸泡、粉碎，接入纯种根霉和酵母菌或二者混合种曲，再经制坯、入室培养、干燥等工艺制成小曲。小曲根据是否添加中草药，分为药小曲（俗称酒药）和无药白曲，其制作方法大同小异，下面以药小曲为例介绍其制作方法。

药小曲制作的工艺流程：大米→浸泡→粉碎→添加中草药、接种曲母→制坯→入室培曲→干燥→成品药小曲。

（4）液体曲　可作为液态发酵法酿酒制醋的糖化剂。它是将曲霉菌的种子液接入发酵培养基中，在发酵罐中进行深层液体通气培养，得到含有丰富酶系的培养液称为液体曲。

工艺流程：发酵培养基→灭菌→冷却→发酵罐→接种→通气培养→液体曲。

知识链接

酿酒功臣——魏嵒寿

魏嵒寿，微生物学家、应用化学家，我国近代工业微生物的先驱和奠基人之一。

1931年，魏嵒寿应邀到黄海化学工业研究社，负责发酵与菌学研究室，开展对酒精原料和酵母的研究。1937—1945年，魏嵒寿主持在四川省和云南省创建了内江、泸州、昆明酒精厂，在极为艰难的条件下连续出产酒精，不仅解决了战时的燃料需求，还解决了战时疗伤和化学实验所需的酒精问题，对抗日战争做出了重要贡献。

1957年，他在一次国际会议上发表了《霉菌和细菌的淀粉酶之联合作用》，从酶学角度总结和提高了传统酿造工艺中的复式发酵过程，后来被成功地应用于印染工业的退浆工艺中。他临终出版了《高粱酒》，表明他对我国传统发酵技术的深刻理解，也体现着他重视总结提高中华民族的优秀科学遗产，并从中吸取精华，加以发扬光大的责任感。

（四）面包加工

面包是一种营养丰富、组织膨松、易于消化的方便食品。它以面粉、糖、水为主要原料，利用面粉中淀粉酶水解淀粉生成的糖类物质，经过酵母菌的发酵作用产生醇、醛、酸类物质和CO_2；在高温焙烤过程中，CO_2受热膨胀使面包成为多孔的海绵结构和松软的质地。

面包的种类很多，主要分为主食面包和点心面包。点心面包又根据配料不同，分为果子面包、鸡蛋面包、牛奶面包、蛋黄面包和维生素面包等。

1. 菌种及发酵剂类型　早期面包制造主要是利用自然发酵法生产，而现代面包制造大多采用纯种发酵剂发酵生产。面包发酵剂菌种是啤酒酵母，应选择发酵力强、风味良好、耐热、耐乙醇的酵母菌株。面包发酵剂有压榨酵母和活性干酵母两种类型。压榨酵母又称鲜酵母，是酵母菌经液体深层通气培养后再经压榨而制成，发酵活力高，使用方便，但不耐贮藏；活性干酵母是压榨酵母经低温干燥或喷雾干燥或真空干燥而制成，便于贮藏和运输，但活性有所减弱，需经活化后使用。

2. 活性干酵母面包发酵剂的制备

（1）工艺流程　糖蜜→澄清处理→添加氮源、磷源→灭菌→发酵培养基→接入种子液→液体深层通气培养→冷却→酵母分离→洗涤→压榨成形→干燥→成品。

（2）技术要点　发酵培养基的制备：糖蜜经过热酸或热碱处理，除去杂质，使之澄清。补充3%～5%硫酸铵（氮源）和0.6%磷酸铵（磷源），pH调至4.5，灭菌后制成发酵培养基。

接种与培养：将发酵培养基打入发酵罐，接入扩大培养的酵母种子液20%～25%，进行液体深层通气培养。培养温度25～30℃，pH控制在4.2～4.8，通风量120～160 m^3/（1 h·m^3）培养基，采用每小时流加糖液的方法培养12小时左右，使残糖降至0.1～0.2 g/100 ml，终止培养。

酵母分离、压榨和干燥：培养后的发酵液经冷却降温，送入酵母分离机进行离心分离。得到的湿菌体用冷水洗涤后压榨成形，使压榨酵母的含水量达65%～70%。最后，采用30℃低温将压榨酵母烘干至含水量6%～8%制成活性干酵母。

3. 面包生产工艺　分为一次发酵法和两次发酵法，目前我国面包生产多采用两次发酵法。

两次发酵法面包生产工艺流程：配料→第一次发酵→面团→配料和面→第二次发酵→切块→揉搓→成形→放盘→饧皮→烘烤→冷却→包装→成品。

（五）单细胞蛋白（SCP）的开发

1. 应用微生物生产SCP的优点　细胞的蛋白质含量高达50%左右，并含有多种氨基酸、维生素、矿物元素和粗脂肪等营养成分，易被人畜消化吸收；微生物繁殖快，短时间可获得大量产品；微生物对营养要求适应性强，可利用多种廉价原料进行生产；微生物的生长条件完全受人工控制，可在工厂中大量生产。

2. 开发单细胞蛋白常用菌种及其使用的主要原料　开发SCP的微生物主要是酵母菌，其次为藻类。用于生产SCP的原料有以下几类：①工农业生产的废弃物和下脚料，如纸浆废液、啤酒废渣、味精废液、淀粉废液、豆制品废液；②碳水化合物类，如淀粉质和纤维质的水解糖液；③碳氢化合物类，如甲烷、乙烷、丙烷及短链烷烃；④石油产品类，如甲醇、己醇等醇类物质；⑤无机气体类，如CO_2、H_2等。

生产SCP常用菌种及其主要原料见表8－2。

表8－2　生产SCP常用菌种及其主要原料

菌种	学名	主要原料
产朊假丝酵母	*Candida utilis*	纸浆废液、木屑等
产朊假丝酵母大细胞变种	*Candida utilis var. major*	糖蜜
日本假丝酵母	*Mycotorula japonica*	纸浆废液
乳酒假丝酵母	*Candidakefyr*	乳清
细红酵母	*Rhodotorula gracilis*	水解糖液
野生食蕈	*Agaricus campestris*	水解糖液
热带假丝酵母	*Candida tropicalis*	短链烷烃
甲烷假单孢菌	*Pseudomonasmethanica*	甲烷
毕赤酵母	*Pichia*	甲醇或乙醇
汉逊酵母	*Hansenula*	甲醇或乙醇
粉粒小球藻	*Chlorellapyrenoidosa*	CO_2和光能
普通小球藻	*Chlorellapyrenoidosa*	CO_2和光能

第三节 食品工业中的霉菌及其应用

PPT

一、毛霉属

按安斯沃思的分类系统，毛霉属（*Mucor*）属于接合菌亚门、接合菌纲、毛霉目、毛霉科。毛霉属在自然界分布很广，空气、土壤和各种物体上都有，该菌为中温性，生长的适温为25～30℃，种类不同，对温度适应的差异较大，如总状毛霉（*M. racemosus*）的生长温度最低为－4℃左右，最高为32～33℃，毛霉喜高湿，孢子萌发的最低水活度为0.88～0.94，故在水活度较高的食品和原料上易分离到。该菌分解蛋白质和糖化淀粉的能力很强，因此，常被用于酿造、发酵食品等工业。

（一）毛霉的生物学特性

菌落絮状，初为白色或灰白色，后变为灰褐色。菌丛高度可由几毫米至十几厘米，有的具有光泽，菌丝无隔，分气生、埋生，后者在基质中较均匀分布，吸收营养。气生菌丝发育到一定阶段，即产生垂直向上的孢囊梗；梗顶端膨大形成孢子囊，囊成熟后，囊壁破裂释放出孢囊孢子；囊轴呈椭圆形或圆柱形；孢囊孢子为球形、椭圆形或其他形状，单细胞、无色，壁薄而光滑，无色或黄色；有性孢子（接合孢子）为球形，黄褐色，有的有突起。

（二）常见的毛霉菌种

1. 高大毛霉 在培养基上的菌落，初期为白色，随培养时间的延长，逐渐变为淡黄色，有光泽，菌丝高达3～12 cm或更高。孢子囊柄直立不分枝。孢子囊壁有草酸钙结晶，此菌能产生3－羟基丁酮、脂肪酶，还能产生大量的琥珀酸，对甾族化合物有转化作用。

2. 总状毛霉 毛霉中分布最广的一种，几乎在各地土壤中、生霉的材料上、空气中和各种粪便上都能找到。菌丝灰白色，菌丝直立而稍短，孢子囊柄总状分枝。孢子囊球形，黄褐色，接合孢子球形，有粗糙的突起，形成大量的厚垣孢子，菌丝体、孢子囊柄甚至囊轴上都有，形状、大小不一，光滑，无色或黄色。我国四川的豆豉即用此菌制成。另外总状毛霉能产生3－羟基丁酮，并对甾族化合物有转化作用。

3. 鲁氏毛霉 此菌种最初是从我国小曲中分离出来的，也是毛霉中最早被用于淀粉菌法制造乙醇的一个种，定名为“*Amylomyces a*”。菌落在马铃薯培养基上呈黄色，在米饭上略带红色，孢子囊柄呈假轴状分枝，厚垣孢子数量很多，大小不一，黄色至褐色，接合孢子未见。鲁氏毛霉能产生蛋白酶，有分解大豆的能力，我国多用它来做豆腐乳。此菌还能产生乳酸、琥珀酸及甘油等，但产量较低。

二、根霉属

根霉属（*Rhizopus*）广泛分布在自然界，常引起谷物、瓜果、蔬菜及食品腐败。根霉与毛霉类似，能产生大量的淀粉酶，故用作酿酒、制醋业的糖化菌。有些种根霉还用于甾体激素、延胡索酸和酶剂制生产。

（一）根霉的生物学特性

根霉与毛霉相似，菌丝为无隔单细胞，生长迅速，有发达的菌丝体，气生菌丝白色、蓬松，如棉絮状。根霉气生性强，故大部分菌丝匍匐生长在营养基质的表面，这种气生菌丝称为匍匐菌丝。基内菌丝根状称为假根，由假根着生处，向上长出直立的2～4根孢囊梗，孢囊梗不分枝，梗的顶端膨大形成孢囊，同时产生横隔，囊内形成大量孢囊孢子。

根霉的有性生殖产生接合孢子。除有性根霉为同宗结合外，其他根霉都是异宗结合。

（二）常见的根霉菌种

1. 米根霉 在我国酒药和酒曲中常看到，在土壤、空气，以及其他各种物质中亦常见。菌落疏松，初期白色，后变为灰褐色到黑褐色，匍匐枝爬行，无色。假根发达，指状或根状分枝，褐色，孢囊梗直立或稍弯曲，2～4 根，群生。尚未发现其形成接合孢子，发育温度 30～35℃，最适温度为 37℃，41℃亦能生长。此菌有淀粉酶、转化酶，能产生乳酸、反丁烯二酸及微量的乙醇。产 L（+）乳酸量最强，达 70% 左右。是腐乳发酵的主要菌种。

2. 黑根霉 异名匍枝根霉（*Rhizopus stolonifer*）。匍枝根霉到处都存在，一切生霉的材料上常有它出现，尤其是在生霉的食品上，更容易找到它。瓜果蔬菜等在运输和贮藏中的腐烂、甘薯的软腐，都与匍枝根霉有关。

菌落初期白色，老熟后灰褐色至黑褐色，匍匐枝爬行，无色，假根非常发达，根状，棕褐色。孢囊梗着生于假根处，直立，通常 2～3 根群生。囊托大而明显，楔形。菌丝上一般不形成厚垣孢子，接合孢子球形，有粗糙的突起，直径 150～220 μm。此菌的生长适温为 30℃，37℃不能生长，有乙醇发酵力，但极微弱，能产生反丁烯二酸。能产生果胶酶，常引起果实的腐烂和甘薯的软腐。

3. 华根霉 多出现在我国酒药和药曲中，这个种耐高温，于 45℃能生长，菌落疏松或稠密，初期白色，后变为褐色或黑色，假根不发达，短小，手指状。孢子囊柄通常直立，光滑，浅褐色至黄褐色。不生接合孢子，但生多数的厚垣孢子，发育温度为 15～45℃，最适温度为 30℃。此菌淀粉液化力强，有溶胶性，能产生乙醇、芳香脂类、左旋乳酸及反丁烯二酸，能转化甾族化合物。

三、红曲霉属

红曲霉属（*Monascus*）在分类上属于子囊菌亚门、不整囊菌纲、散囊菌目、红曲科。红曲霉能产生淀粉酶、蛋白酶、柠檬酸、乙醇、麦角甾醇等。有的能产生红色色素和黄色色素、降血脂成分等。因此，红曲霉用途很广，我国常用来制成红曲作为食品着色剂或调味剂。此外还可用来酿酒、制醋、腐乳等发酵食品。近年来人们发现红曲具有非常好的保健功能，一些研究单位将其开发成功能性食品和药品。

（一）红曲霉的生物学特性

红曲霉在麦芽汁琼脂上生长良好，菌落初为白色，老熟后变为粉红色、紫红色或灰黑色等，因种而异，通常都能产生红色色素。菌丝具有横隔膜、多核，分枝多且不规律。菌丝不分化分生孢子梗。分生孢子着生在菌丝及其分枝的顶端，单生或成链。红曲霉生长温度范围为 26～42℃，最适温度 32～35℃，最适 pH 为 3.5～5.0，能利用多种糖类和酸类作为碳源，能同化硝酸钠、硝酸铵、硫铵，而以有机氮为最好氮源。

（二）常见的红曲霉菌种

紫红曲霉（*Monsacuspurpureus*）是在固体培养基上菌落成膜扎的蔓延生长物，菌丝体最初呈白色，以后呈红色、红紫色，色素可分泌到培养基中闭囊壳为橙红色，球形，子囊球形，含 8 个子囊孢子。子囊孢子呈卵圆形，光滑、无色或淡红色，分生孢子着生在菌丝及其分枝的顶端。

四、曲霉属

曲霉广泛分布于土壤、空气、谷物和各类有机物品中，在湿热相宜条件下，引起皮革、布匹和工业品发霉及食品霉变。同时，曲霉亦是发酵工业和食品加工方面应用的重要菌种，如黑曲霉是化工生产中应用最广的菌种之一，用于柠檬酸、葡萄糖酸、淀粉酶和酒类的生产。米曲霉具有较强的淀粉酶和蛋白酶活力，是酱油、面酱发酵的主发酵菌。

（一）曲霉属的生物学特性

曲霉属菌丝有隔，多细胞，菌落呈圆形，以分生孢子方式进行无性繁殖。本属分生孢子呈绿、黄、橙、褐、黑等各种颜色，故菌落颜色多种多样，而且比较稳定，是分类的主要特征之一。曲霉菌的有性世代产生闭囊壳，其中着生圆球状子囊，囊内含有 8 个子囊孢子。子囊孢子大都无色，有的菌种呈红、褐、紫等颜色。

（二）常见的曲霉菌

1. 米曲霉 菌落生长快，10 天直径达 5 ~ 6 cm，质地疏松，初白色、黄色，后变为褐色至淡绿褐色，背面无色。分生孢子头放射状，直径 150 ~ 300 μm，也有少数为疏松柱状。分生孢子梗 2 mm 左右，近顶囊处直径可达 12 ~ 25 μm，壁薄，粗糙。顶囊近球形或烧瓶形，通常 40 ~ 50 μm。小梗一般为单层，12 ~ 15 μm，偶尔有双层，也有单、双层小梗同时存在于一个顶囊上。分生孢子幼时呈洋梨形或卵圆形，老后大多变为球形或近球形，一般 4. 5 μm，粗糙或近于光滑。

2. 黄曲霉 为中温性、中生性霉菌。生长温度为 6 ~ 47℃，最适温度为 30 ~ 38℃；生长的最低水活度为 0. 8 ~ 0. 86。分布广泛，在各类食品和粮食上均能出现。有些种产生黄曲霉毒素，使食品和粮食污染带毒，黄曲霉毒素毒性很强，有致癌致畸作用。该菌产毒的最适温度为 27℃；最适水活度为 0. 86 以上。有些菌株具有很强的糖化淀粉及分解蛋白质的能力，因而被广泛用于白酒、酱油和酱的生产。

菌落生长快，柔毛状，平坦或有放射状沟纹；初为黄色，后变为黄绿或褐绿色；反面无色或略带褐色。有的菌株产生灰褐色的菌核。

菌体分生孢子梗壁粗糙或有刺，无色；分生孢子头为半球形、柱形或扁球形；小梗一层或两层，在同一顶囊上有时单、双层并存；顶囊近球形或烧瓶状；分生孢子球形，表面光滑或粗糙。

3. 黑曲霉 是接近高温性的霉菌，生长适温为 35 ~ 37℃，最高可达 50℃；孢子萌发的水活度为 0. 80 ~ 0. 88，是自然界中常见的霉腐菌。

菌丝密集，初为白色，扩散生长，培养时间延长，菌丝变为褐色，分生孢子形成后由中央变黑，逐步向四周扩散。有的有放射状沟纹；背面无色或黄褐色。

分生孢子梗壁厚，光滑，长达 1 ~ 3 mm；分生孢子头球形，放射状或裂成几个放射的柱状，黑色或褐色，顶囊球形，直径 45 ~ 75 μm，小梗一层或两层，褐色，覆盖整个顶囊表面，梗基大，有时有横隔，分生孢子球形，直径为 4 ~ 5 μm，表面粗糙，褐至黑色，菌核球形，白色，直径约 1 mm。

该菌具有多种活性强大的酶系，可用于工业生产。如淀粉酶用于淀粉的液化、糖化以生产乙醇、白酒或制造葡萄糖和糖化剂。酸性蛋白酶用于蛋白质的分解或食品消化剂的制造及皮毛软化。果胶酶用于水解聚半乳糖醛酸、果汁澄清和植物纤维精炼。柚酶和陈皮苷酶用于柑橘类罐头去苦味或防止白浊。葡萄糖氧化酶用于食品脱糖和除氧防锈。黑曲霉还可以生产多种有机酸，如抗坏血酸、柠檬酸、葡萄糖酸和没食子酸等。某些菌系可转化甾族化合物。还可用来测定锰、铜、钼、锌等微量元素和作为霉腐试验菌。

五、青霉属

青霉属（*Penicillium*）在自然界中广泛分布。一般在较潮湿冷凉的基质上易分离出此菌。许多是常见的有害菌，破坏皮革、布匹以及引起谷物、水果、食品等变质。不仅导致食品和原材料的霉腐变质，而且有些种可产生毒素，引起人、畜中毒；也有些青霉菌是重要的工业菌株。在医药、发酵、食品工业上被广泛应用来生产抗生素和多种有机酸，如生产柠檬酸、葡萄糖酸、纤维素酶和常用的抗生素——青霉素。

（一）生物学特性

菌落圆形，局限、扩展、极度扩展因种而异，表面平坦或有放射状沟纹或有环状轮纹，有的有较深的皱褶，使菌落呈纽扣状，有的表面有各种颜色的渗出液，具有霉味或其他气味，四周常有明显的淡色边缘，菌落质地有以下4种典型状态：绒状、絮状、绳状、束状。菌落正面有青绿色、蓝绿色、黄绿色、灰绿色、米棕色或灰白色等多种颜色。这些颜色都差不多是青绿色，这是该属属名的由来。正面的颜色不仅相似，而且很不稳定，将随着培养时间及其他培养条件的改变而改变。因此，青霉菌菌落反面的颜色，在分类鉴定上有一定意义。有的青霉菌产生菌核。

菌丝有隔，分气生、基生。大部分青霉菌只有无性世代，产生分生孢子，个别有性世代，产生子囊孢子。进行无性繁殖时，在菌丝上向上长出芽突，单生直立或密集成束，即为分生孢子梗。分生孢子梗向上长到一定程度，顶端分枝，每个分枝的顶端又继续生出一轮次生分枝称为梗基；在每个梗基的顶端，产生一轮瓶状小梗；每个小梗的顶端产生成串的分生孢子链。分枝、梗基、小梗构成帚状分枝；帚状分枝与分生孢子链构成帚状穗（青霉穗）；分生孢子呈球形、卵形或椭圆形，光滑或粗糙。

（二）常见的青霉菌

1. 桔青霉 属于不对称组、绒状亚组、桔青霉系。一般大米产区都可发现此菌。危害大米使其黄变（泰国黄变米），有毒，其霉素是桔青霉素。该菌生长适温为25～30℃，最高发育温度为37℃；生长的最低水活度为0.80～0.85。

菌落生长局限，10～14天直径2～2.5 cm；有放射状沟纹；绒状，有的稍带絮状；艾绿色到黄绿色，有窄白边，渗出液淡黄色，反面黄色至褐色。

菌体帚状枝典型的双轮生，不对称；分生孢子梗多数由基质长出，壁光滑，带黄色，长50～200 μm；梗基2～6个，轮生于分生孢子梗上，明显散开，端部膨大；小梗6～10个，密集而平行，基部圆瓶形；分生孢子链为分散的柱状，分生孢子呈球形或近球形，2.2～3.2 μm，光滑或接近光滑。

2. 娄地青霉 属于不对称组、绒状亚组、娄地青霉系，是中温、中生性菌类。它具有分解油脂和蛋白质的能力，可用于制造干酪，其菌丝含有多种氨基酸，主要是天冬氨酸、谷氨酸、丝氨酸等，该菌能将甘油三酸酯氧化成甲基酮。

菌落通常扩展蔓延，绒状，无轮纹，一般薄，大量的短分生孢子梗从匍匐的菌丝或恰在琼脂表面下的埋伏型菌丝上发生，菌落边缘呈蛛网状，分生孢子区典型地呈暗黄绿色，菌落反面常呈现绿色至几乎黑色。

菌体分生孢子梗气生部分显著的粗糙或呈小瘤状，帚状枝的各细胞部分，通常同样呈现粗糙，帚状枝不对称，不规则的分枝，产生的分生孢子呈长而纠缠的链或黏着成疏松的柱状，分生孢子壁较厚且光滑，在视野呈现暗黄——绿色。

3. 展开青霉 作为苹果的腐败菌被分离到的。菌落生长迅速，黄绿色至青绿色，束状，背面无色至黄褐色。分生孢子梗长200～300 μm，平滑，梗径10～15 μm，分生孢子小梗单轮生，分生孢子呈椭圆形或球形，2.3×1 μm。

六、霉菌在食品工业中的应用

（一）酱油酿造 微课1

酱油是人们常用的一种食品调味料，营养丰富，味道鲜美，在我国已有两千多年的历史。它是用蛋白质原料（如豆饼、豆粕等）和淀粉质原料（如麸皮、面粉、小麦等），利用曲霉及其他微生物的共同发酵作用酿制而成的。

1. 生产菌 酱油生产中常用的霉菌有米曲霉、黄曲霉和黑曲霉等，目前我国较好的酱油酿造菌种有米曲霉 AS 3.863、米曲霉 AS 3.591（沪酿 3.042，由 AS 3.863 经过紫外诱变获得的蛋白酶高产菌株，用于酱油发酵，发酵速度快，酱油风味好）、961 米曲霉、广州米曲霉、WS2 米曲霉、10B1 米曲霉等。

2. 生产工艺流程 酱油生产分种曲、制曲、发酵、浸出提油、成品配制几个阶段。

（1）种曲制造工艺流程 麸皮、面粉→加水混合→蒸料→冷却→接种→装匾→曲室培养→种曲。

（2）成曲制造工艺流程 原料→粉碎→润水→蒸料→冷却→接种→通风培养→成曲。

（3）发酵 在酱油发酵过程中，根据醪醅的状态，分为稀醪发酵、固态发酵及固稀发酵；根据加盐量的多少，分为盐发酵、低盐发酵和无盐发酵三种；根据加温状况不同，又可分为日晒夜露与保温速酿两类。目前酿造厂中用得最多的固态低盐发酵工艺流程如下。

成曲→打碎→加盐水拌和（12～13°Be′，55℃左右的盐水，含水量 50%～55%）→保温发酵（50～55℃，4～6 天）→成熟酱醅。

（4）浸出提油工艺流程

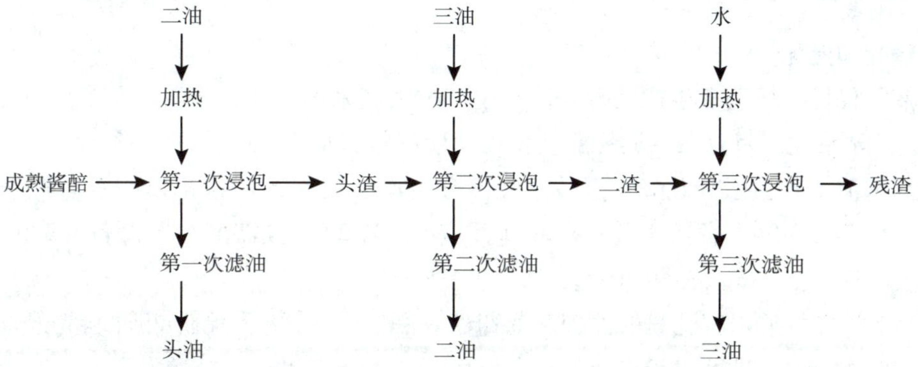

（5）成品配制 以上提取的头油和二油并不是成品，而必须按统一的质量标准进行配兑，调配好的酱油还须经灭菌、包装，并经检验合格后才能出厂。

（二）酱类的酿制

酱类包括大豆酱、蚕豆酱、面酱、豆瓣酱及其加工制品，它营养丰富，易于消化吸收，具特有的色、香、味，是一种受欢迎的大众化调味品。我国远在周朝时就开始利用自然界的霉菌制作豆酱，之后传到日本及东南亚。

1. 生产菌 用于酱类生产的霉菌主要是米曲霉，生产上常用的有沪酿 3.042、中科 3.951 号、黄曲霉 Cr－黑曲霉 F27 等。这些曲霉具有较强的蛋白酶、淀粉酶及纤维素酶的活力，它们把原料中的蛋白质分解为氨基酸，淀粉变为糖类，在其他微生物的共同作用下生成醇、酸、酯等，形成酱类特有的风味。

2. 生产工艺 酱的种类较多，酿造工艺各有特色，所用调味料也各不相同。以下是面酱的制作工艺。面酱采用标准面粉酿制，也可在面粉中掺 25%～50% 的新鲜豆腐渣。面酱制造可分为制曲和制酱两部分。

面曲制造工艺流程：面粉＋水→捏合→蒸料→补水→冷却→接种→装匾入室→倒匾→翻曲→倒匾→出曲。

制酱工艺流程：成曲→堆积生温→拌水→入缸→酱醅保温发酵→加盐→磨细→面酱。

（三）腐乳发酵

腐乳是我国著名的民族特产食品之一，有一千多年的制造历史，营养丰富、味道鲜美、风味独特、价格便宜，是深受大家喜爱的佐餐食品。腐乳是用豆腐胚、食盐、黄酒、红曲、面曲、砂糖、花椒、玫瑰、辣椒等香辛料制成。

1. 生产菌 目前采用人工纯种培养，大大缩短了生产周期，不易污染，常年都可生产。现在用于腐乳生产的菌种主要是用霉菌生产，如腐乳毛霉（M. supu）、鲁氏毛霉、总状毛霉、华根霉等，但克东腐乳是利用微球菌，武汉腐乳是用枯草杆菌进行酿造的。

2. 工艺流程 大豆→洗净→浸泡→磨浆→过滤→点浆→压榨→豆腐→切胚→接种培养→毛胚→加敷料→腌胚→装坛→后发酵（3～6个月）→成品。

PPT

第四节 微生物酶制剂及其在食品工业中的应用

一、淀粉酶类

淀粉酶是水解淀粉物质的一类酶的总称，广泛存在于动植物和微生物中。它是最早实现工业化生产并且至今为止应用最广、产量最大的一类酶制剂。

1. 淀粉的糖化和液化

（1）酶法液化代替高压蒸煮生产乙醇 乙醇生产过去多采用高压蒸煮淀粉原料（糊化），经糖化后进行乙醇发酵。酶法液化是利用α－淀粉酶液化淀粉质原料，从而取代高压蒸煮。

（2）双酶水解淀粉质粗原料发酵谷氨酸 大部分生产谷氨酸的厂家都以酸水解淀粉获得的葡萄糖为原料。这条工艺路线不仅要消耗大量的盐酸（反应pH为2），且需要高压设备（2.9×10^5 Pa）并浪费粮食。一般从原料到糖液损失淀粉30%左右。

用酶法水解淀粉代替酸水解淀粉的原理和葡萄糖酶法生产一样。淀粉质粗原料先经淀粉酶液化，再用糖化酶糖化，糖液压滤，进行离子交换去除杂质后，即可配料进行谷氨酸发酵。

这种酶法生产工艺革新了高温酸水解工艺，从而提高了原料利用率，可节约粮食24%～30%，成本下降6%。

（3）啤酒酿造 生产啤酒的原料，若先采用α－淀粉酶液化，可以提高原料中淀粉的利用率，缩短糖化时间，利用增加辅助原料的用量，节约麦芽用量。以往啤酒生产的配料为25%碎米＋75%麦芽；采用α－淀粉酶液化后（100 U/g淀粉，94℃，pH 6.0～6.4，液化40分钟），再以麦芽糖化，其配料为45%碎米＋55%麦芽。产品质量也有所提高，口味醇香，保存期也较长。

2. 酶法生产葡萄糖 实践证明，酶法生产葡萄糖与酸法相比有以下优点：①可利用粗淀粉；②投料淀粉的浓度高，可达30%～50%，而酸法仅为25%；③水解后DE值高，可达98%以上，酸法仅为90%；④催化过程中不产生具苦味的龙胆二糖，产品质量好；⑤不需要高温高压设备和耐酸设备。

生产工艺流程：精制淀粉→淀粉乳→加α－淀粉酶→高温液化→酶灭活→加糖化酶→糖化→糖化液→过滤→浓缩→脱色→离子交换→精致浓缩→结晶→干燥→成品。

二、果胶酶类 微课2

1. 果胶酶在澄清型果蔬汁中的应用 水果和蔬菜中富含果胶质，使果蔬汁的过滤操作困难，并使果蔬汁浑浊，因而在澄清型果汁蔬菜汁生产过程中为了提高出汁率、加快过滤速度、防止浑浊，常通过加果胶酶的方法分解果胶，以得到透明的果蔬汁。应用果胶酶生产澄清型果汁蔬菜汁的生产工艺如下。

水果蔬菜→榨汁→瞬间加热杀菌→冷却→酶处理（45℃ 1～3小时）→糖化液→离心分离→过滤→浓缩→瞬间加热杀菌（90℃以上）→包装→成品。

2. 果胶酶在生产果酱、果冻、果糕、奶糖等生产中的应用 主要利用果胶物质和糖共存能形成果冻这一特点。形成果冻必须是高浓度糖，但这又会使果味失真。若加入果胶酶把果胶物质分解成果胶酸，同时加入适量钙盐，那么即使较低浓度的糖也能形成稳定果冻，这种低糖果冻具有接近天然果实的风味。另外，在制造浓缩果汁和果珍粉中，当果汁浓缩到一定程度并由于果胶物质水解，则可制成高浓度的果汁和果珍粉。

3. 果胶酶用于提高橘子罐头的质量 果胶酶可代替碱用于橘子脱囊衣。把新鲜的橘瓣置于一定浓度的果胶酶溶液中，保持35～40℃的温度，维持pH 1.5～2.0，经过3～8分钟，橘子的囊衣即可脱掉。酶法工艺避免碱法的破坏作用，可保持橘子的天然风味，提高橘子罐头的质量。

4. 果胶酶在葡萄酒和果露酒制造中的应用 目前在葡萄酒和果露酒的酿制过程中，引起压汁、过滤困难和浑浊的主要原因是果胶的存在。利用PE和PG的协同作用，可使果胶溶化降解，黏度下降，悬浮物沉淀，从而使酒液澄清。

三、纤维素酶

1. 纤维素酶用于果品、蔬菜加工 纤维素酶用于果品、蔬菜加工能使果品、蔬菜的组织软化，提高营养价值，改善风味，用于果汁压取则有利于细胞内物质渗出，增加出汁率。

2. 用于大豆去皮 以大豆为原料的发酵食品，外表皮直接影响蒸煮和成品的色泽。因此制造白色的豆酱或纳豆时，常采用纤维素酶用于大豆去种皮。

3. 酿造、发酵工业 用生果实酿酒时，加入纤维素酶后，出酒率可提高7.6%，最高可达29.5%。酱油酿造过程中，在入池发酵时加入纤维素酶（固体盒曲的加入量为酱油的2%左右），成品酱油的氨基酸含量可提高12%，糖分提高18%。另外，加入纤维素酶后，酱油的色泽好，不需要外加糖色。

四、蛋白酶

蛋白酶（proteases）是水解蛋白质肽键的一类酶的总称。按其降解多肽的方式可分成内肽酶和端肽酶两类。在微生物的生命活动中，内肽酶的作用是初步降解大的蛋白质分子，使蛋白质便于进入细胞内，属于胞外酶。端肽酶则常存在于细胞内，属于胞内酶。工业上应用的蛋白酶多属于胞外酶。

（一）蛋白酶的主要类型及其生产菌

1. 酸性蛋白酶的性质及其生产菌

（1）性质 酸性蛋白酶是蛋白酶中的一类，它在很多地方与动物胃蛋白酶和凝乳蛋白酶相似，其作用的最适pH在酸性范围内（2～5），除胃蛋白酶外，都是由真菌产生的，如黑曲霉酸性蛋白酶等。多数酸性蛋白酶在pH 2～5的范围内是稳定的，一般在pH为7、温度为40℃的条件下，处理30分钟立即使酸性蛋白酶失活，在pH为2.7、温度为30℃条件下可引起严重的失活。一般的酸性蛋白酶在50℃

以上颇不稳定。例如，斋藤曲霉酸性蛋白酶在 pH 5.5、温度为 50℃ 处理 20 分钟即可完全失活。

（2）生产菌　已用于生产酸性蛋白酶的微生物菌株有黑曲霉、米曲霉、方斋藤曲霉（*Aspergillnsaitoi*）、泡盛曲霉、宇佐美曲霉（*Aspergillususamii*）、金黄曲霉、栖土曲霉、宇佐美曲霉、微紫青霉、篓地青霉、丛簇青霉、拟青霉、微小毛霉、德氏根霉、华氏根霉、少孢根霉、白假丝酵母、枯草杆菌等，我国生产酸性蛋白酶的菌株有黑曲霉 A. S3. 301、A. S3. 305 等。

2. 中性蛋白酶的性质及其生产菌

（1）性质　大多数微生物中性蛋白酶是金属酶。分子质量 35 ~ 40 ku，等电点 pI 8 ~ 9，是微生物蛋白酶中最不稳定的酶，极易自溶，即使在低温冷冻干燥下，也会造成分子质量的明显减少。

代表性的中性蛋白酶是枯草杆菌的中性蛋白酶。该酶在 pH 6 ~ 7 稳定，超出这一范围迅速失活。以酪蛋白为底物时，枯草杆菌中性蛋白酶最适 pH 为 7 ~ 8，曲霉菌的中性蛋白酶最适 pH 为 6.5 ~ 7.5。

一般中性蛋白酶的热稳定较差，枯草杆菌中性蛋白酶在 pH 为 7、温度为 60℃ 条件下处理 15 分钟，失活 90%，栖土曲霉 3.942 中性蛋白酶在温度为 55℃ 处理 10 分钟，失活 80% 以上，而放线菌 166 中性蛋白酶的热稳定性更差，只在 35℃ 以下稳定，45℃ 迅速失活。而有的枯草杆菌中性蛋白酶，在 pH 为 7、温度为 65℃ 时，酶活几乎无损失。此外，钙离子对维持酶分子的构象起重要作用，因此，钙对中性蛋白酶的热稳定有明显的保护作用。

（2）生产菌　产生菌有枯草芽孢杆菌、巨大芽孢杆菌、酱油曲霉、米曲霉和灰色链霉菌等。

3. 碱性蛋白酶的性质及其生产菌

（1）性质　碱性蛋白酶是一类作用最适 pH 在 9 ~ 11 范围内的蛋白酶，比中性蛋白酶有更强的水解能力。碱性蛋白酶对 EDTA、重金属和巯基试剂不敏感，钙离子对此酶有一定的热稳定作用。碱性蛋白酶较耐热，在 55℃ 下放置 30 分钟仍能保留大部分活力。

（2）生产菌　可产生碱性蛋白酶的菌株很多，但用于生产的菌株主要是芽孢杆菌属的几个种，如地衣芽孢杆菌、解淀粉芽孢杆菌、短小芽孢杆菌、嗜碱芽孢杆菌、灰色链霉菌和费氏链霉菌等。

（二）蛋白酶在食品工业中的应用

1. 蛋白酶在酱油酿造中的应用　低盐固态发酵法生产酱油的两个主要工艺过程制曲和酱醅发酵都是在敞开条件下进行的，不可避免地会带入大量的杂菌，这些杂菌大多数是产酸微生物。因而当酱油开始发酵后，pH 会逐渐下降，使米曲产生的中性蛋白酶的作用受到一定抑制，而且米曲所产生的酸性蛋白酶的活性又低，因此原料中的蛋白质不能充分分解。如果将米曲霉与黑曲霉进行多菌种制曲，能弥补米曲霉系的不足，从而提高原料全氮的利用。

2. 豆浆脱腥　大豆含蛋白质 43%，大豆蛋白含有人体必需的 8 种氨基酸，所含赖氨酸超过其他植物性蛋白。大豆所含脂肪，其成分绝大部分是不饱和脂肪酸，不含胆固醇，多食不会导致心血管疾病。再者大豆来源广、价格低，特别是豆乳的消化率可达 95%。因此，豆浆食品深受消费者的欢迎。但是豆乳含有乙醇、乙醛、戊醛、庚醛、氯乙烯酮等物质，这是其具有豆腥味的一个重要原因。在豆浆中加工中加入中性蛋白酶，不仅提高豆浆中的干物质含量，同时能在一定程度上消除豆腥味。

3. 酶法制明胶　明胶广泛用于工业与食品业。它的生产工艺一直延用古老的浸灰法，生产周期长达 1 ~ 3 个月，占地面积大，劳动强度高，产品质量低劣。采用酶法胶后，生产周期由 30 天缩短到 10 天，胶原纤维的得率由原来的 60% 提高到 80%，复水溶胶后，明胶收率由 50% 提高到 100%，大大改善劳动条件。

答案解析

练习题

1. 简述双歧杆菌属的形态特征、生理生化特点及其功能性。
2. 简述醋酸杆菌属的生物学特性。
3. 简述啤酒酵母的形态特征、培养特征及生理生化特点。
4. 简述白酒酒曲的主要种类及制作工艺。
5. 传统酱油酿造中常用的霉菌菌种有哪些？
6. 简述蛋白酶的主要类型及其生产菌。

（杜 金 柯 轶）

书网融合……

本章小结　　微课1　　微课2　　题库

第九章

微生物与食品变质

学习目标

知识目标

1. **掌握** 食品保藏与防腐杀菌的主要方法和基本原理。
2. **熟悉** 微生物引起食品腐败变质的基本原理、内在因素和外界条件。
3. **了解** 污染食品的微生物的来源和污染途径；控制微生物污染的主要措施。

能力目标

1. 能初步识别不同食品腐败变质的形状，并初步判断引起食品腐败变质的微生物类群。
2. 能熟练进行加热灭菌的操作，会正确选择各种食品保藏和杀菌方法。

素质目标

通过本章的学习，树立正确的价值观和良好的职业道德，增强食品安全意识，具有严谨治学、求真务实的工作作风，培养社会责任感强、具有创新创业精神的新时代食品人，为人民舌尖上的安全保驾护航。

食品变质通常是指由微生物作用引起的食品感官和组成成分的变化。这种变化会使食品失去原有的色、香、味，改变其组织结构，降低其营养价值或导致其不能食用。甚至因为微生物产生的有毒代谢产物或其本身所具有的致病性，造成食物中毒或传染疾病，危害人们人体健康。

PPT

第一节　食品的微生物污染及其控制

一、污染食品的微生物来源与途径 微课1

（一）污染食品的微生物来源

食品在生产、加工、运输、贮藏、销售、食用过程中均有可能受到微生物的污染，概括起来可以分为内源性污染和外源性污染两大类。

1. 内源性污染 凡是作为食品原料的动植物体在生活过程中，由于本身所带有的微生物而造成食品的污染称为内源性污染，也称为第一次污染。如动物在生活过程中，一些非致病性或条件致病性微生物，例如大肠埃希菌、梭状芽孢杆菌等，寄生在动物体的消化道、呼吸道、肠道等部位，在动物抵抗力下降时会侵入组织器官内，甚至进入肌肉、四肢中，造成肉品的污染。另外，一些致病性微生物如沙门菌、炭疽、布氏杆菌、结核分枝杆菌、口蹄疫病毒、禽流感病毒等感染动物后，在其产品当中就可能出现这些相应的微生物。例如，当家禽感染了沙门菌，病原微生物可通过血液侵入到卵巢中，使家禽产的卵中也含有沙门菌。

2. 外源性污染 食品在生产加工、运输、贮藏、销售、食用过程中，通过水、空气、人、动物、机械设备及用具等使食品发生微生物污染称外源性污染，也称第二次污染。

（二）微生物污染食品的途径

1. 水污染途径 在食品的生产加工过程中，水既是许多食品的原料或配料成分，也是清洗、冷却、冰冻不可缺少的物质。自然界各种天然的水源，如江、河、湖、海等各种淡水与咸水包括地下水中都生存着相应的微生物。自来水是天然水净化消毒后而供使用的，正常情况下含微生物较少，但在某些情况下如自来水管出现漏洞、管道中压力不足以及暂时变成负压时，则会引起管道周围环境中的微生物渗漏进入管道，使自来水中的微生物数量增加。水如果被微生物污染以后，便是造成食品污染微生物的主要途径之一。

2. 空气污染途径 空气中的微生物主要为霉菌、放线菌的孢子和细菌的芽孢及酵母，这些微生物是随风飘扬而悬浮在大气中或附着在飞扬起来的尘埃或液滴上，它们来自土壤、水、人和动植物体表的脱落物和呼吸道、消化道的排泄物，可随着风沙、尘土飞扬，或是沉降，而附着于食品上。另外人体带有微生物的痰沫、鼻涕，以及唾液形成的飞沫，在讲话、咳嗽和打喷嚏的时候，可以随空气直接和间接地污染食品。空气中的尘埃越多，所含微生物的数量也就越多。因此，食品受空气中微生物污染的数量与空气污染的程度是呈正相关的。

3. 人及动物污染途径 人体及各种动物，如犬、猫、鼠等的皮肤、毛发、口腔、消化道、呼吸道均带有大量的微生物。从事食品生产的人员，如果他们的身体、衣帽等不保持清洁，大量微生物就会附着其上，并通过与食品的接触而造成污染。在食品的生产、加工、运输、贮藏、销售及食用过程中，如果被鼠、蝇、蟑螂等动物直接或间接接触，同样也会造成食品的微生物污染。

4. 机械与设备污染途径 在食品生产、加工、贮藏、运输、销售及食用过程中所使用的各种机械设备，在未消毒灭菌前，总是带有不同数量的微生物，特别是在食品加工过程中，由于食品的汁液或颗粒黏附于内表面，食品生产结束时机械设备没有得到彻底的清洗和消毒，使原本少量的微生物得以在其上大量生长繁殖，成为微生物的污染源。

5. 包装材料及原辅材料的污染途径 包装材料及食品的原辅材料处理不当也会带有微生物，容易使食品变质，甚至有引起疫病传播的可能。

知识链接

英国“十万火鸡事件”

1960 年夏天，在英格兰东南部的农庄中，短短两三个月的时间，陆续死掉了约十万只火鸡，这就是历史上有名的“十万火鸡事件”。在当时，由于人们对这种疾病原因不明，故将其称为“火鸡 × 病”。与此同时，在非洲的乌干达也发现了类似的小鸭死亡事件。科学家们利用多种手段，经过反复地研究，认为是由于食用了受黄曲霉毒素污染的饲料而导致的中毒。

1974 年 10 月，在印度西部的农村里，曾发生过一起黄曲霉毒素中毒事件，涉及二百多个村庄，共 397 人患病，其中死亡 106 人。2004 年肯尼亚东部地区居民因食用霉变玉米，暴发了黄曲霉毒素群体中毒，导致 1000 多人中毒，397 人发病，125 人死亡，成为迄今因黄曲霉毒素污染导致食物中毒死亡人数最多的恶性事件。

黄曲霉毒素对人体的危害主要在于损害肝脏方面，是目前公认的一种强烈的致肝癌物质。现在，人们对黄曲霉毒素已经有了深刻的了解，可以人为地控制和消灭它们，“十万火鸡”的悲剧绝对不会重演。

二、控制微生物污染的措施

微生物污染是导致食品腐败变质的首要原因。控制微生物对食品的污染主要应从切断微生物的污染源和抑制食品中微生物的生长繁殖两个方面入手，加强生产环境的卫生管理，严格控制生产过程中的污染，注意贮藏、运输和销售的卫生，采取综合有效的措施控制食品的微生物污染。

第二节　微生物引起食品腐败变质的原理

PPT

食品腐败变质的过程实质上是食品中糖类、蛋白质、脂肪等营养物质在污染微生物的作用下分解变化的过程。

一、食品中糖类的分解

我们日常食谱中的粮食、蔬菜、水果、多数糕点等食品中糖类所占的比例较高。污染这些食品的微生物主要是霉菌，少数为酵母和细菌。这些食品中的糖类主要由微生物分解生成酸、醇、醛、酮等物质或产气，并带有这些产物特有的气味，从而导致食品形态和质量下降。

二、食品中蛋白质的分解

以肉、鱼、蛋为原料生产的食品中富含蛋白质，因此以蛋白质分解为其腐败变质特征。一些分解蛋白微生物如芽孢杆菌属、梭菌属等细菌和多数霉菌通过其产生的蛋白酶和肽链内切酶等将蛋白质分解成氨基酸和其他含氮小分子物质，在相应酶作用下再分解产生酸、胺类物质、NH_3和H_2S等具有特异性臭味的物质。

三、食品中脂肪的分解

分解脂肪的微生物主要是霉菌、细菌和酵母菌，它们能通过其产生的脂肪酶将食品中的脂肪水解为甘油和脂肪酸，脂肪酸进一步形成酮类、酮酸、醛类等产物，这些物质产生令人不愉快的特殊气味，即所谓的“哈喇”味。同时，产生“哈喇”味的油脂中所含的脂溶性维生素被氧化，还会破坏人体中的酶类，促使细胞早衰，因而具有一定的毒性。

第三节　微生物引起食品腐败变质的环境条件

PPT

食品在生产、加工、运输、贮藏、销售和食用等各个环节过程中，都不可避免地要接触环境中的微生物。微生物污染食品后，是否会导致食品的腐败变质，以及变质的程度和性质如何，主要看是否具备微生物生长繁殖的条件以及食品本身的组成成分和性质。总的来说，食品发生腐败变质，与食品本身的性质、污染微生物的种类和数量以及食品所处的环境等因素有着密切的关系，而它们三者之间又是相互作用、相互影响的。

一、食品基质条件

（一）营养成分

食品中含有的丰富的营养成分是微生物的良好培养基，因而微生物污染食品后很容易迅速生长繁殖，造成食品的变质。但由于不同的食品中，各种成分的比例差异很大，而各种微生物分解各类营养物质的能力不同，这就导致引起不同食品腐败的微生物类群也不同，如肉、鱼等富含蛋白质的食品，容易受到对蛋白质分解能力很强的变形杆菌、青霉等微生物的污染而发生腐败；米饭等含糖类较高的食品，易受到曲霉属、根霉属、乳酸菌、啤酒酵母等对糖类分解能力强的微生物的污染而变质；而脂肪含量较高的食品，易受到黄曲霉和假单胞杆菌等分解脂肪能力很强的微生物的污染而发生酸败变质。

（二）pH

根据食品 pH 范围的特点，可将其划分为两大类：酸性食品和非酸性食品。一般规定 pH 在 4.5 以上者，属于非酸性食品；pH 在 4.5 以下者为酸性食品。例如动物食品的 pH 一般在 5 ~7 之间，蔬菜 pH 在 5 ~6 之间，它们一般为非酸性食品；水果的 pH 在 2 ~5 之间，一般为酸性食品。常见食品原料 pH 范围见表 9 –1。

表 9 –1　常见食品原料 pH 范围

动物性食品	pH 范围	蔬菜类	pH 范围	水果类	pH 范围
牛肉	5.1 ~6.2	卷心菜	5.4 ~6.0	苹果	2.9 ~3.3
羊肉	5.4 ~6.7	花椰菜	5.6	香蕉	4.5 ~4.7
猪肉	5.3 ~6.9	芹菜	5.7 ~6.0	柿子	4.6
鸡肉	6.2 ~6.4	茄子	4.5	葡萄	3.5 ~4.5
鱼肉	6.6 ~6.8	莴苣	6.0	柠檬	1.8 ~2.0
蟹肉	7.0	番茄	4.2 ~4.3	橘子	3.6 ~4.3
牡蛎肉	4.8 ~6.3	菠菜	5.5 ~6.0	西瓜	5.2 ~5.6
牛乳	6.5 ~6.7	萝卜	5.2 ~5.5	梨	3.5

因为大多数细菌生长适应的 pH 在 7 左右，所以在非酸性食品中，除细菌外，酵母和霉菌也都有生长的可能。而在酸性食品中，细菌因酸性环境受到抑制，所以仅有酵母和霉菌可以生长。食品的 pH 会受到微生物的生长繁殖而发生改变，有些微生物能分解食品中的糖类而产酸，使食品 pH 下降。

（三）水分

微生物在食品中生长繁殖，需要有一定的水分。在缺水的环境中，微生物的新陈代谢发生障碍，甚至死亡。但不同类微生物生长繁殖所要求的水分不同，因此，食品中的水分含量决定了生长微生物的种类。一般来说，含水分较多的食品，细菌容易繁殖；含水分少的食品，霉菌和酵母菌则容易繁殖。

食品中水分以游离水和结合水两种形式存在。微生物在食品上生长繁殖，能利用的水是游离水，因而微生物在食品中的生长繁殖所需水不是取决于总含水量（%），而是取决于水分活度（*A*w）。因为一部分水是与蛋白质、糖类及一些可溶性物质，如氨基酸、糖、盐等结合，这种结合水对微生物是无用的。因而通常使用水分活度来表示食品中可被微生物利用的水。部分食品的 *A*w 值以及食品中主要微生物类群的最低生长 *A*w 值见表 9 –2 和表 9 –3。

表 9 –2　部分食品的 *A*w 值

食品	*A*w 值	食品	*A*w 值
鲜果蔬	0.97 ~0.99	蜂蜜	0.54 ~0.75
鲜肉	0.95 ~0.99	干面条	0.50
果子酱	0.75 ~0.85	奶粉	0.20
面粉	0.67 ~0.87	蛋	0.97

表 9-3　食品中主要微生物类群的最低生长 Aw 值

微生物类群	最低生长 Aw 值	微生物类群	最低生长 Aw 值
多数细菌	0.94～0.99	嗜盐性细菌	0.75
多数酵母	0.88～0.94	干性霉菌	0.65
多数霉菌	0.73～0.94	耐渗酵母	0.60

利用干燥、冷冻、糖渍、盐腌等方法来保藏食品，这些方法都是使食品的 Aw 值降低，以防止微生物繁殖，提高耐贮藏性。

二、食品的外界环境条件

食品中微生物的生长繁殖除了受到食品本身的基质影响以外，还受到外界环境因素的影响。当环境条件适宜时，微生物进行正常的新陈代谢，生长繁殖。而有些条件使微生物在形态和生理上发生改变，甚至引起微生物的死亡。因此，在食品工业生产中，人们常创造有利条件从而促进有益微生物的生长繁殖，开发新的产品；也可利用对微生物的不利环境，抑制或杀灭微生物，从而达到食品消毒灭菌的目的。

（一）环境温度条件

温度对微生物的生长繁殖有着极重要的影响。适宜的温度可以促进微生物正常的生命活动，加快生长繁殖的速度；而不适宜的温度可以减弱微生物的生命活动或导致微生物在形态、生理特性上的改变，甚至可促使微生物死亡。

温度是影响食品腐败作用的重要因素。根据微生物对温度的适应性，可将微生物分为 3 个生理类群，即嗜热微生物、嗜冷微生物和嗜温微生物三个生理类群。每一类群微生物都有最适宜生长的温度范围，但这三类生理类群微生物又都可以找到一个共同的温度范围：25～30℃，这个温度范围与嗜温微生物的最适生长温度相接近，也是对大多数细菌、酵母和霉菌能够较好生长的温度范围。在这种温度的环境中，各种微生物都能生长繁殖从而引起食品的变质。若实际温度高于或低于这一范围，微生物主要类群就有了改变，在低于 10℃ 的环境中活动的微生物类群主要包括霉菌和少数酵母及细菌，而在高于 40℃ 的环境中活动的微生物类群只有少数细菌。嗜冷微生物对低温具有一定的适应性，在 5℃ 左右或更低的温度（甚至 -20℃ 以下）下仍可生长繁殖，使食品发生腐败变质。低温微生物是引起冷藏、冷冻食品变质的主要微生物。部分食品中微生物的最低生长温度见表 9-4。

表 9-4　部分食品中微生物的最低生长温度

食品	微生物	最低生长温度（℃）
猪肉	细菌	-4
牛肉	霉菌、酵母菌、细菌	-1～1.6
羊肉	霉菌、酵母菌、细菌	-5～-1
火腿	细菌	1～2
腊肉	细菌	5
熏肋肉	细菌	-10～-5
鱼贝类	细菌	-7～-4
草莓	霉菌、酵母菌、细菌	-6.5～-0.3
乳	细菌	-1～0
冰淇淋	细菌	-10～-3
大豆	霉菌	-6.7

续表

食品	微生物	最低生长温度（℃）
豌豆	霉菌、酵母菌、细菌	-6.7 ~ -4
苹果	霉菌	0
葡萄汁	酵母菌	0
浓橘汁	酵母菌	-10

超过45℃的高温条件对微生物生长是十分不利的。然而，在高温条件下，仍有部分嗜热微生物能够生长繁殖而造成食品变质、酸败，它们主要引起糖类的分解而产酸。这类能在食品中生长的嗜热微生物主要有嗜热细菌，如嗜热脂肪芽孢杆菌、凝结芽孢杆菌肉毒梭菌、热解糖梭状芽孢杆菌等；霉菌中则有纯黄丝衣霉等。由于高温下嗜热微生物的新陈代谢活动加快，所产生的酶对蛋白质和糖类等物质的分解速度也比其他微生物快，因而使食品发生变质的时间缩短。

（二）环境气体状况

微生物借助菌体的酶类从物质的氧化过程中获得它需要的能量。不同种类的微生物具有各自的呼吸酶，因此不同微生物的生长对氧气的依赖程度不同。这些微生物主要可分为需氧微生物、厌氧微生物和兼性厌氧微生物三大类。

食品在生产、加工、运输、贮藏过程中，由于接触环境中含有气体的情况不一样，因而引起食品变质的微生物类群和食品变质的过程也都不相同。

食品在有氧的环境中，霉菌、放线菌和绝大多数细菌都能生长繁殖，且生长速度较快，它们主要包括芽孢杆菌属、链球菌属、乳杆菌属、醋酸杆菌属、无色杆菌属、产膜酵母和霉菌。食品在缺氧环境中由厌氧微生物引起的变质，速度较缓慢，主要包括梭状芽孢杆菌属、拟杆菌属。兼性厌氧微生物在食品中繁殖的速度，在有氧时也比缺氧时要快得多。因此引起食品变质的时间决定于氧气的存在。在有氧和无氧环境中都能生长的微生物有葡萄球菌属、埃希菌属、沙门菌属、变形杆菌属、志贺菌属、芽孢杆菌属中的部分菌种及大多数酵母和霉菌。

第四节　食品腐败变质的症状、判断及引起变质的微生物类群

PPT

食品从原料到加工产品，随时都有被微生物污染的可能。由于各类食品的基质条件不同，因而引起各类食品腐败变质的微生物类群及腐败变质症状也不完全相同。

一、罐藏食品的变质 微课2

罐藏食品是食品原料经过预处理、装罐、密封、杀菌之后而制成的食品，通常称为罐头。罐藏食品依据 pH 的高低可分为低酸性、中酸性、酸性和高酸性罐头四大类，见表9-5。低酸性罐头以动物性食品原料为主要成分，富含大量的蛋白质，因此引起这类罐藏食品腐败变质的微生物主要是能分解蛋白质的微生物类群。而中酸性、酸性和高酸性罐头以植物性食品原料为主要成分，糖类含量高，因此引起这类罐藏食品腐败变质的微生物是能分解糖类和具有耐酸性的微生物类群。

表9-5 罐头食品的分类

罐头类型	pH	主要原料
低酸性罐头	5.3以上	肉、禽、蛋、乳、鱼、谷类、豆类
中酸性罐头	4.5~5.3	多数蔬菜、瓜类
酸性罐头	3.7~4.5	多数水果及果汁
高酸性罐头	3.7以下	酸菜、果酱、部分水果及果汁

（一）罐装食品腐败变质的原因

罐藏食品的密封可防止内容物溢出和外界微生物的侵入，而加热杀菌则是要杀灭存在于罐内的微生物。罐藏食品经过杀菌可在室温下保存很长时间。但由于某些原因，罐头食品也会出现腐败变质现象，其微生物来源有两种情况。

1. 杀菌后罐内残留有微生物 这是由于杀菌不彻底引起的。当罐内杀菌操作不当，罐内留有空气等情况下，有些耐热的芽孢杆菌不能彻底杀灭，这些微生物在遇到合适的环境时就会生长繁殖，从而导致罐头的腐败变质。

2. 杀菌后发生漏罐 罐头经过杀菌后，由于密封不好，杀菌后发生漏罐而遭受外界的微生物污染。通过漏罐污染的微生物既有耐热菌，也有不耐热菌。

（二）罐装食品变质外形及微生物种类

合格的罐头，因罐内保持一定的真空度，罐盖或罐底应是平的或稍向内凹陷，软罐头的包装袋与内容物接合紧密。而腐败变质罐头的外观有两种类型，即平听和胀罐。

1. 平听 以不产生气体为特征，因而罐头外观正常，主要是由细菌和霉菌引起的。

（1）平酸腐败 又称平盖酸败。导致罐头平酸腐败的微生物习惯上称为平酸菌，它们使罐头内容物变质呈现浑浊和不同酸味，pH下降至0.1~0.3，但外观仍与正常罐头一样，不出现膨胀现象。主要的平酸菌有嗜热脂肪芽孢杆菌、蜡状芽孢杆菌、巨大芽孢杆菌、枯草芽孢杆菌等。

（2）硫化物腐败 发生硫化物腐败的罐头内产生大量黑色的硫化物，沉积于罐头的内壁和食品上，致使罐内食品变黑并产生臭味，罐头外观一般保持正常或出现隐胀或轻胀，这是由致黑梭状芽孢杆菌引起的腐败。该菌为厌氧性嗜热芽孢杆菌，生长温度在35~70℃之间，适宜生长温度为55℃，分解糖的能力较弱，但能较快地分解含硫氨基酸而产生硫化氢气体。此菌在豆类、玉米、谷类和鱼类罐头中常见。

2. 胀罐 胀罐也称胖听，常发生于酸性和高酸性食品中。引起罐头胀罐现象的原因可分为两种：一种是由化学或物理原因造成的，如罐头内的酸性食品与罐头本身的金属发生化学反应产生氢气，罐内装的食品量过多时，也可压迫罐头形成胀罐，加热后更加明显。排气不充分，有过多的气体残存，受热后也可胀罐。另一种是由于微生物生长繁殖而造成的，例如TA菌，它是指不产硫化氢的嗜热厌氧菌。TA菌在中酸或低酸罐头中生长繁殖的同时产生酸和气体，当气体积累较多时，就会使罐头膨胀最后引起破裂。这类菌中常见的有嗜热解糖梭状芽孢杆菌。此外，中温需氧芽孢杆菌、中温厌氧梭状芽孢杆菌、酵母菌、霉菌等在一定条件下均可引起罐头胀罐。

总之，罐头的种类不同，导致腐败变质的原因菌也就不同，而且这些原因菌时常混在一起产生作用。因此，对每一种罐头的腐败变质都要作具体的分析，根据罐头的种类、成分、pH、灭菌情况和密封状况综合分析，必要时还要进行微生物学检验、开罐镜检及分离培养才能确定。

二、果蔬及其制品的腐败变质

水果与蔬菜中一般都含有大量的水分、糖类、较丰富的维生素和一定量的蛋白质。水果的pH大多数在 4.5 以下，而蔬菜的 pH 一般在 5.0 ~ 7.0 之间。

（一）微生物的来源

在一般情况下，健康果蔬的内部组织应是无菌的，但有时从外观看上去是正常的果蔬，但其内部组织中也可能有微生物存在，这些微生物是在果蔬开花期侵入并生存于果实内部的。此外，植物病原微生物可在果蔬的生长过程中通过根、茎、叶、花、果实等不同途径侵入组织内部，或在收获后的贮藏期间侵入组织内部。

果蔬表面直接接触外界环境，因而污染有大量的微生物，其中除大量的腐生微生物外，还有植物病原菌，还可能有来自人畜粪便的肠道致病菌和寄生虫卵。在果蔬的运输和加工过程中也会造成污染。

（二）果蔬的腐败变质

新鲜的果蔬表皮及表皮外覆盖的蜡质层可防止微生物侵入，使果蔬在相当长的一段时间内免遭微生物的侵染。当这层防护屏障受到机械损伤或昆虫的刺伤时，微生物便会从伤口侵入其内进行生长繁殖，使果蔬腐烂变质。这些微生物主要是霉菌、酵母菌和少数的细菌。霉菌或酵母菌首先在果蔬表皮损伤处，或由霉菌在表面有污染物黏附的部位生长繁殖。霉菌侵入果蔬组织后，细胞壁的纤维素首先被破坏，进一步分解细胞的果胶质、蛋白质、淀粉、有机酸、糖类等成为简单的物质，随后酵母菌和细菌开始大量生长繁殖，使果蔬内的营养物质进一步被分解、破坏。新鲜果蔬组织内的酶仍然活动，在贮藏期间，这些酶以及其他环境因素对微生物所造成的果蔬变质有一定的协同作用。

果蔬经微生物作用后，外观会出现深色斑点，组织变软、变形、凹陷，并逐渐变成浆液状乃至水液状，产生各种不同的酸味、芳香味、酒味等。

引起果蔬腐烂变质的微生物以霉菌最多，也最为重要，其中相当一部分是果蔬的病原菌，而且它们各自有一定的易感范围。现将一些引起果蔬变质的主要微生物种类列于表 9 - 6 中。

表 9 - 6　引起果蔬变质的主要微生物种类

微生物种类	易感染的果蔬
指状青霉	柑橘
扩张青霉	苹果、番茄
交链孢霉	柑橘、番茄
灰绿葡萄孢霉	梨、苹果、葡萄、草莓、甘蓝
串珠链孢霉	香蕉
梨轮纹病菌	梨
黑曲霉	苹果、柑橘
苹果褐腐病核盘霉	桃、樱桃
苹果枯腐病霉	苹果、梨、葡萄
黑根霉	桃、梨、番茄、草莓、番薯
马铃薯疫霉	马铃薯、番茄、茄子
茄棉疫霉	茄子、番茄
镰刀霉	苹果、番茄、黄瓜、甜瓜、番薯
番茄交链孢霉	番茄
洋葱灰疽病毛盘孢霉	洋葱
软腐病欧文杆菌	马铃薯、洋葱
胡萝卜软腐病欧文杆菌	胡萝卜、白菜、番茄

果蔬在低温（0～10℃）的环境中贮藏，可有效地减缓酶的作用，对微生物活动也有一定的抑制作用，可有效地延长果蔬的贮藏时间。但此温度只能减缓微生物的生长速度，并不能完全控制微生物。贮藏期的长短受温度、微生物的污染程度、表皮损伤的情况、成熟度等因素影响。

（三）果汁的腐败变质

以新鲜水果为原料，经压榨后加工制成的饮品即果汁。果汁中含有不等量的酸，因此 pH 较低。由于水果原料本身带有微生物，而且在加工过程中还会受到再污染，所以制成的果汁中必然存在许多微生物。微生物在果汁中能否繁殖，主要取决于果汁的 pH 和糖分含量。果汁的 pH 一般在 2.4～4.2 之间，糖度较高，可达 60～70° Bx，因而在果汁中生长的微生物主要是酵母菌，其次是霉菌和极少数细菌。

果汁中生长的细菌主要是乳酸菌，如明串珠菌、植物乳杆菌等，其他细菌一般不容易在果汁中生长。微生物引起果汁变质的表现主要有以下几种。

1. 浑浊 果汁浑浊主要是由诸如圆酵母的一些酵母菌发酵造成的，也可以是因霉菌生长造成，如雪白丝衣霉、宛氏拟青霉等。当它们少量生长时，由其产生的果胶酶可澄清果汁，但可使果汁风味变坏，当大量生长时就会使果汁浑浊。

2. 产生乙醇 酵母菌以及少数细菌、霉菌能发酵果汁产生乙醇，如甘露醇杆菌可使 40% 的果糖转化为乙醇，有些明串珠菌属可使葡萄糖转变成乙醇。毛霉、镰刀霉、曲霉中的部分菌种在一定条件下也能利用果汁产生乙醇。

3. 有机酸的变化 果汁中主要含有酒石酸、柠檬酸和苹果酸等有机酸，当微生物分解这些有机酸或改变它们的含量及比例，果汁的原有风味便会遭到破坏，甚至产生不愉快的异味。

情境导入

情境 某乳制品生产企业在对液态乳制品进行消毒时，首先将其经过预热器，使其温度达到约75℃。然后，乳制品进入高温保持区，温度会迅速上升到 135～150℃ 左右，保持 2～3 秒，乳制品在经过这样的瞬时暴露后立即进入快速冷却过程。这种消毒方法被称为巴氏消毒法中的超高温瞬时消毒法（UHT）。

思考 在乳制品生产过程中，使用超高温瞬时消毒法的优缺点有哪些？

三、乳及乳制品的腐败变质

乳类食品中含有丰富的营养物质，且各种营养成分比例适当，不仅是人类的良好食品，也是大多数微生物生长的良好基质，所以乳及乳制品容易腐败。

（一）微生物的来源

刚生产出来的鲜乳，总是会含有一定数量的微生物，而且在运输和贮存过程中还会受到微生物的污染，使乳中的微生物数量增多。

1. 乳房内 即使是健康的乳畜的乳房内也可能有一些细菌，主要是小球菌属和链球菌属，由于这些细菌能适应乳房的环境而生存，故称为乳房细菌。所以，即使是严格健康的乳畜进行无菌操作时挤出的乳汁，每 1 ml 中也有数百个细菌。另外，乳畜感染致病菌后，体内的致病微生物可通过乳房进入乳汁而引起人类的传染。常见的引起人畜共患病的致病微生物主要有结核分枝杆菌、布氏杆菌、炭疽杆菌、葡萄球菌和溶血性链球菌沙门菌等。

2. 挤乳过程中 环境、器具及操作人员污染的微生物的种类、数量直接受畜体表面卫生状况、畜舍的空气、挤奶用具、容器和挤奶工人的个人卫生情况的影响。另外，挤出的奶在处理过程中，如不及时加工或冷藏不仅会增加新的污染机会，还会使原来存在于鲜乳内的微生物数量增多，这样很容易导致鲜乳变质。所以挤奶后要尽快进行过滤、冷却。

（二）鲜乳的腐败变质

新鲜的乳液中含有多种抑菌物质，使其本身具有抗菌特性。但这种特性延续时间的长短，随乳汁温度高低和受微生物的污染程度不同而发生变化。鲜乳的保存温度与鲜乳自身杀菌作用的关系见表9－7。

表9－7　鲜乳的保存温度与鲜乳自身杀菌作用的关系

鲜乳保存温度（℃）	鲜乳自身杀菌持续时间（h）
30	<3
25	<6
10	<24
5	<36
0	<48
－10	<240
－20	<720

当乳的自身杀菌作用消失后，将其静置于室温下，可发生一系列微生物学变化，即乳所特有的菌群交替生长现象。这种有规律的交替生长现象分为以下几个阶段（图9－1）。

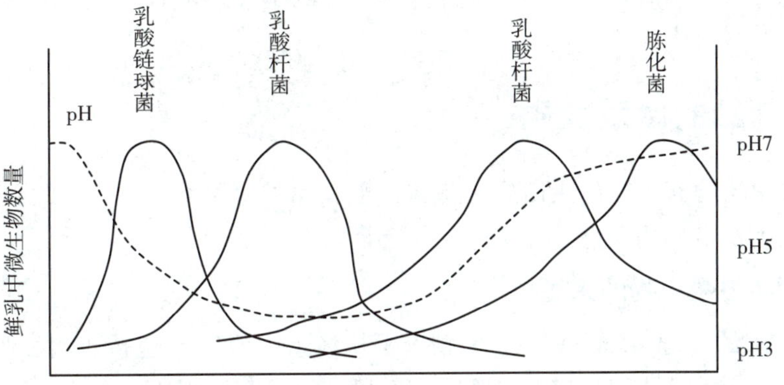

图9－1　鲜乳中微生物活动曲线

1. 抑制期　这个时期持续12小时左右，期间新鲜乳液中含有的如溶菌酶等抗菌物质，能够抑制或杀灭乳中存在的微生物。在自身杀菌作用终止后，乳中各种细菌均发育繁殖，由于营养物质丰富，暂时不发生互联或拮抗现象。

2. 乳酸链球菌期　鲜乳中的抗菌物质逐渐减少直至消失后，乳中的微生物诸如乳酸链球菌、乳酸杆菌、大肠埃希菌和一些蛋白质分解菌等迅速繁殖，其中以乳酸链球菌生长繁殖占绝对优势，它不断分解乳糖产生乳酸从而使乳中的酸性物质含量不断增高。随着酸度的逐渐增高，抑制了腐败菌、产碱菌的生长，甚至连乳酸链球菌本身的生长也受到抑制，导致其数量开始减少。

3. 乳酸杆菌期　随着乳液的pH下降至4.5以下时，耐酸力较强的乳酸杆菌继续繁殖并产酸。同时，乳中可出现大量乳凝块，并有大量乳清析出，这个时期约有2天。

4. 真菌期　当pH继续下降至3.0～3.5时，绝大多数的细菌生长受到抑制或死亡。而霉菌和酵母菌尚能适应高酸环境，并利用乳酸作为营养来源而开始大量生长繁殖，并且使乳液的pH回升，逐渐接近中性。

5. 腐败期　又称为胨化期。经过前面四个阶段，乳中的乳糖已基本上消耗掉，而蛋白质和脂肪含量相对较高。因此，能够分解蛋白质和脂肪的细菌开始活跃，凝乳块逐渐被消化，乳中的pH不断上升，向碱性转化，并伴随有芽孢杆菌属、假单胞杆菌属、变形杆菌属等腐败细菌的生长繁殖，于是牛奶出现腐败臭味，这标志着乳中菌群交替现象的结束。同时，乳液在此时也开始产生各种异色、苦味、恶臭味及有毒物质。

（三）乳液的消毒和灭菌

鲜乳的消毒通常可采用巴氏消毒法、瓶装笼蒸消毒法和煮沸法。消毒的效果与鲜乳被污染的程度有关。在实际中选择何种方法，除了要考虑杀灭病原菌外，还须注意减少高温对鲜乳营养成分的破坏，所以一般以巴氏消毒法最为常用。巴氏消毒法操作方法有多种，其设备、温度和时间各不相同，但都能达到消毒目的，比较常用的有两种：低温长时间消毒法和高温短时间消毒法，现在超高温瞬时消毒法也被广泛应用。

1. 低温长时间消毒法（LTLT 杀菌法） 将牛乳置于 62～65℃下保持 30 分钟。在最初 20 分钟内已可杀灭繁殖型的细菌 99% 以上，后 10 分钟是保证消毒效果。

2. 高温短时间消毒法（HTST 杀菌法） 将牛乳置于 72～75℃加热 15～16 秒，或 80～85℃加热 10～15 秒。这种消毒方式可以适应大量的鲜乳连续消毒，但对污染严重的鲜乳，难以保证消毒效果。

3. 超高温瞬时消毒法（UHT 杀菌法） 控制条件为 130～150℃加热 23 秒，其消毒效果比前两者好，但由于温度高对营养成分有部分影响。

牛乳经过巴氏消毒法杀菌后，并未达到完全灭菌，在乳中还残留有耐热型细菌。因此，消毒后的牛乳应及时低温保藏，并尽快供应给用户。

四、肉及肉制品的腐败变质

各种肉及肉制品中均含有丰富的蛋白质、脂肪、水、无机盐和维生素。因此肉及肉制品不仅是营养丰富的食品，也是微生物良好的天然培养基。

（一）肉及肉制品中微生物的来源

1. 宰前的微生物来源 健康家畜禽在正常情况下机体组织内部（包括肌肉、脂肪、心、肝、肾等）一般是无菌的，但体表、被毛、消化道、上呼吸道等器官总是有微生物的存在。同时，患病的家畜禽组织内部可能有微生物存在，且多为致病菌。

2. 屠宰后的微生物来源 畜禽宰杀后即丧失了防御机能，微生物侵入组织后迅速繁殖。在屠宰、分割加工、贮存和肉的销售过程中的每一个环节，微生物的污染都可能发生。

（二）肉及肉制品中微生物的种类

肉及肉制品中常见的微生物有细菌、霉菌和酵母，其种类很多。它们都有较强的蛋白质分解能力，其中大部分为腐败微生物，如假单胞菌属、产碱菌属、微球菌属、变形杆菌属、黄杆菌属、梭状芽孢杆菌属、芽孢杆菌属、埃希菌属、乳杆菌属、链球菌属、明串珠菌属、球拟酵母属、丝孢酵母属、红酵母属、毛霉属、青霉属、枝霉属、帚霉属等。有时还可能有病原微生物，引起人或动物的疾病。

（三）鲜肉的腐败变质及现象

在室温条件下，鲜肉表面的微生物能迅速繁殖，其中以细菌的繁殖速度最为显著。细菌吸附于鲜肉表面的过程可分为两个阶段：第一个阶段是可逆吸附阶段，细菌与鲜肉表面微弱结合，此时用水洗可将其除掉；第二个阶段为不可逆吸附阶段，细菌紧密地吸附在鲜肉表面，而不能被水洗掉，吸附的细菌数量随着时间的延长而增加，它沿着结缔组织、血管周围或骨与肌肉的间隙蔓延到组织的深部，最后使整个肉变质。宰后畜禽的肉体由于有酶的存在，使肉组织产生自溶作用，结果使蛋白质分解产生蛋白胨和氨基酸，这样更有利于微生物的生长。

1. 有氧条件下的腐败 在有氧条件下，需氧和兼性厌氧菌引起肉类的腐败表现如下。

（1）表面发黏　肉体表面有黏液状物质产生，这主要是由革兰阴性细菌、乳酸菌和酵母菌微生物繁殖后所形成的菌落以及微生物分解蛋白质产物的结果。

（2）变色　类腐败变质，常在肉的表面出现各种颜色变化，其中最常见的是绿色。这是由于蛋白质分解产生的硫化氢与肉质中的血红蛋白结合后形成的硫化氢血红蛋白（H_2S-Hb）造成的，这种化合物积蓄在肌肉和脂肪表面，即显示暗绿色。另外，还有其他许多微生物可以产生各种色素。

（3）霉斑　肉体表面有霉菌生长时，往往形成霉斑，特别在一些干腌肉制品中更为多见。

（4）产生异味　肉体腐烂变质，除上述肉眼观察到的变化外，通常还伴随一些不正常或难闻的气味，如微生物分解脂肪酸产生的酸败气味以及分解蛋白质产生的恶臭味；乳酸菌和酵母菌作用产生挥发性有机酸的酸味；霉菌生长繁殖产生霉味；放线菌产生泥土味等。

2. 无氧条件下的腐败　在室温条件下，一些不需要严格厌氧条件的梭状芽孢杆菌首先在肉上生长繁殖，随后其他一些严格厌氧的梭状芽孢杆菌开始生长繁殖，分解蛋白质产生恶臭味。牛、猪、羊的臀部肌肉很容易出现深部变质现象，有时鲜肉表面正常，切开时有酸臭味，股骨周围的肌肉为褐色，骨膜下有黏液出现，这种变质称为骨腐败。多塑料袋真空包装并贮于低温条件时可延长保存期，此时如塑料袋透气性很差，袋内氧气不足，将会抑制需氧菌的生长，而以乳杆菌和其他厌氧菌生长为主。在厌氧条件下，兼性厌氧菌和专性厌氧菌的生长繁殖引起肉类腐败变质的表现如下。

（1）产生异味　由于梭状芽孢杆菌、大肠埃希菌以及乳酸菌等作用，产生甲酸、乙酸、丁酸、乳酸和脂肪酸而形成酸味，蛋白质被微生物分解产生硫化氢、硫醇、吲哚、粪臭素、氨和胺类等异味化合物而呈现异臭味，同时还可产生毒素。

（2）腐烂　主要是由梭状芽孢杆菌属中的某些种引起的，假单胞菌属、产碱杆菌属和变形杆菌属中的某些兼性厌氧菌也能引起肉类的腐烂。

鲜肉末在搅拌过程中微生物可均匀地分布到碎肉中，所以绞碎的肉比整块肉的含菌数量高得多。绞碎肉中的菌数为10^8个/克时，在室温条件下，24 小时就可能出现异味。

值得注意的是，肉的腐败变质与保藏温度有关，当肉的保藏温度较高时，杆菌繁殖速度较球菌快。

五、禽蛋的腐败变质

禽蛋具有很高的营养价值，含有较多的蛋白质、脂肪、B 族维生素及无机盐类，如保存不当，易受微生物污染而引起腐败。

（一）禽蛋微生物的来源

健康禽类所产的鲜蛋内部应是无菌的。在一定条件下鲜蛋可保持短时间的无菌状态，这是由于鲜蛋本身具有一套防御系统。

1. 刚产下的蛋壳表面有一层胶状物质。这种胶状物质与蛋壳及壳内膜构成一道屏障，可以阻挡微生物侵入。

2. 蛋白内含有某些杀菌或抑菌物质，在一定时间内可抵抗或杀灭侵入蛋内的微生物。例如，蛋白内含的溶菌酶可破坏细菌的细胞壁，具有较强的杀菌作用。较低的温度可使溶菌酶的杀菌作用保持较长的时间。

3. 刚排出的蛋内蛋白的 pH 为 7.4～7.6，1 周内会上升到 9.4～9.7，如此高的 pH 环境不适于一般微生物的生存。

以上所述乃是鲜蛋保持无菌的重要因素。但在鲜蛋中经常可以发现有微生物存在，即使刚产下的鲜蛋中也有带菌现象。鲜蛋中有微生物存在，与下列的原因有关。

（1）卵巢内　在禽的卵巢内形成蛋黄时，细菌可以侵入蛋黄。禽类吃了含有病原菌的饲料而感染传染病，病原菌通过血液循环而侵入卵巢。在蛋黄形成时，即被病原菌污染。

（2）泄殖腔　禽类泄殖腔内含有一定数量的微生物，在形成蛋壳之前，泄殖腔内的细菌向上污染至输卵管，导致蛋的污染。当蛋从泄殖腔排出体外时，外界空气的自然冷却引起蛋内遇冷收缩，空气中或附在蛋壳上的微生物便可穿过蛋壳进入蛋内。

（3）环境　蛋在收购、运输、贮藏过程中被污染。蛋壳表面的微生物很多，鲜蛋蛋壳的屏障作用有限，蛋壳上有许多大小为4～40 μm的气孔，外界的各种微生物都有可能经蛋壳上的小孔进入，特别是贮存期长或经过洗涤的蛋，在高温、潮湿的条件下，环境中的微生物更容易借水的渗透作用侵入蛋内。因此，当蛋壳稍有损伤时，蛋白首先遭到污染。

（二）禽蛋的腐败变质过程和现象

禽蛋被微生物污染后，在适宜的条件下，微生物首先使蛋白分解。蛋白带被分解断裂，使蛋黄不能固定而发生位移，随后蛋黄膜被分解而使蛋黄散乱，并与蛋白逐渐相混在一起，称为散黄蛋。散黄蛋进一步被微生物分解，产生硫化氢、氨、粪臭素等蛋白分解产物，蛋液变成灰绿色的稀薄液并伴有大量恶臭气味，称为泻黄蛋。有时蛋液变质不产生硫化氢而产生酸臭，蛋液不呈绿色或黑色而呈红色，蛋液变稠呈浆状或有凝块出现，这是微生物分解糖的腐败现象，称为酸败蛋。外界的霉菌可在蛋壳表面或进入内侧生长，形成大小不同的深色霉斑，造成蛋液黏着，称为黏壳蛋。细菌、霉菌引起的禽蛋变质情况见表9－8。

表9－8　细菌、霉菌引起的禽蛋变质情况

变质类型	微生物种类	变质表现
绿色变质	荧光假单胞杆菌	初期蛋白明显变绿，不久蛋黄膜破裂与蛋白相混合，形成黄绿色浑浊蛋液，无臭味，可产生荧光
无色变质	假单胞菌属、无色杆菌属、大肠埃希菌属	蛋黄常破裂或呈白色花纹状，通过光照易识别
黑色变质	变形杆菌属、假单胞杆菌属	蛋发暗不透明、蛋黄黑化，破裂时全蛋成暗褐色，有臭味和硫化氢产生，高温下易发生
红色变质	假单胞菌属、沙门菌属	较少发生，有时在绿色变质后期出现，蛋黄上有红色或者粉红色沉淀，蛋白也呈红色，无臭味
点状霉斑	芽枝霉属（黑）	蛋壳表面或内侧有小而密的霉菌菌落，在高温时易发生
表面变质	毛霉属、枝霉属、交链孢霉属、葡萄孢霉属	霉菌在蛋壳表面呈羽毛状
内部变质	分枝孢霉、芽枝霉属	霉菌通过蛋壳上微孔或者裂纹侵入蛋内生长，使蛋白凝结、变色、有霉臭，菌丝可使卵黄膜破裂

第五节　食品保藏中的防腐与杀菌措施

PPT

食品保藏是从生产到消费过程的重要环节，其原理就是围绕着防止微生物污染、杀灭微生物或抑制微生物生长繁殖以及延缓食品自身组织酶的分解作用，采用物理学、化学和生物学方法，使食品在尽可能长的时间内保持其原有的营养价值、色、香、味及良好的感官性状。

一、食品的低温抑菌保藏

温度对微生物的生长繁殖起着重要的作用，大多数病原菌和腐败菌为中温菌，其最适生长温度为20～40℃，在10℃以下大多数微生物便难以生长繁殖，－18℃以下则停止生长。故低温保藏是目前常用的食品保藏方法，是借助低温技术，降低食品的温度，并维持低温水平或冻结状态，以阻止或延缓其腐败变质的一种保藏方法。低温保藏不仅可以用于新鲜食品物料的贮藏，还可以用于食品加工品、半成品的保藏。

低温保藏一般可分为冷藏和冷冻两种方式。前者无冻结过程，新鲜果蔬类和短期储藏的食品常用此法；后者要将保藏食品降温到冰点以下，使部分或全部水分呈冻结状态，动物性食品常用此法。

（一）食品冷藏

冷藏是指在不冻结状态下的低温储藏。低温下不仅可以抑制微生物的生长，食品内原有的酶活性也会大大降低，大多数酶的适宜活动温度为 30～40℃，温度维持在 10℃以下，酶的活性将受到很大程度地抑制，因此冷藏可延缓食品的变质。冷藏的温度一般设定在 -1～10℃范围内。

水果、蔬菜等植物性食品在储藏时，仍然是具有生命力的有机体。利用低温可以减弱它们的代谢活动，延缓其衰老进程。但是对新鲜的水果蔬菜来讲，如温度过低，则将引起果蔬的生理机能障碍而受到冷害（冻害）。因此应按其特性采用适当的温度，还应结合环境的湿度和空气成分来进行调节。具体的贮存期限，还与果蔬的卫生状况、种类、受损程度以及保存的温度、湿度、其他成分等因素有关。

冷鲜肉是指屠宰后的胴体在 24 小时内温度降为 0～4℃，并在后续加工、流通和销售过程中始终保持 0～4℃范围内的生肉。始终处于低温控制下，大多数微生物的生长繁殖被抑制，肉毒梭菌和金黄色葡萄球菌等病原菌产生毒素的速度大大降低，这样既保持了肉质的鲜美，又保证了鲜肉的安全。

（二）食品的冷冻保藏

食品原料在冻结点以下的温度条件下储藏，称为冻藏。较之在冻结点以上的冷藏保藏期更长。

当食品在低温下发生冻结后，其水分结晶成冰，水分活度值降低，渗透压提高，导致微生物细胞内细胞质因浓缩而增大黏性，引起 pH 和胶体状态的改变，从而使微生物活动受到抑制，甚至死亡。另外微生物细胞内的水结为冰晶，冰晶体对细胞也有机械损伤作用，也直接导致部分微生物的裂解死亡，因此在 -10℃以下的低温条件，通常能引起食品腐败变质的腐败菌基本不能生长，仅有少数嗜冷型微生物还能活动，-18℃以下几乎所有的微生物不能活动，但如果食品在冻藏前已被微生物大量污染，或是冻藏条件不好，温度波动回升严重时，冻藏食品表面也会出现菌落。因此冻藏之前应严格控制原料的清洗，降低食品原始带菌数，冻藏过程中，保持稳定的低温非常重要。

目前最佳的食品低温储藏技术是食品快速冻结（速冻）。通常指的是食品在 30 分钟内冻结到所设定的温度（-20℃），或以 30 分钟左右通过最大冰晶生成带（-5～-1℃）。食品的速冻虽极大地延长了食品的保鲜期限，但能耗却是巨大的。

为了保证冷藏冷冻食品的质量，食品的流通领域要完善食品冷藏链，即易腐食品在生产、储藏、运输、销售，直至消费前的各个环节始终处于规定的低温环境下，以保证食品质量，减少食品损耗。

低温虽然可以抑制微生物生长和促使部分微生物死亡，但在低温下，其死亡速度比在高温下要缓慢得多。一般认为，低温只能阻止微生物繁殖，不能彻底杀死微生物。因此，一旦温度升高，微生物的繁殖也逐渐恢复。另外，低温也不能使食品中的酶完全失活，只能使其活力受到一定程度的抑制，长期冷冻储藏的食品品质也会下降，因此，食品冷冻保藏的时间也不宜过长，并要定期进行抽查。

二、食品加热灭菌保藏

食品的腐败变质常常是由于微生物和酶所致。食品通过加热的方式来杀菌和使酶失活，因而可久贮不坏，但前提条件是必须不被重复染菌，因此通常把食品装入罐装瓶密封以后灭菌，或者灭菌后在无菌条件下充填装罐。食品加热杀菌的方法很多。主要有巴氏消毒法、高温灭菌法、超高温瞬时杀菌、微波杀菌、远红外线加热杀菌等。

微生物具有一定的耐热性。细菌的营养细胞及酵母菌的耐热性，因菌种不同而有较大的差异。一般病原菌（梭状芽孢杆菌属除外）的耐热性差，通过低温杀菌（例如63℃，经30分钟）就可以将其杀死。细菌的芽孢一般具有较高的耐热性，食品中肉毒梭状芽孢杆菌是非酸性罐头的主要杀菌目标，该菌孢子的耐热性较强，必须特别注意。一般霉菌及其孢子在有水分的状态下，加热至60℃，保持5～10分钟即可被杀死，但在干燥状态下，其孢子的耐热性非常强。

然而许多因素影响微生物的加热杀菌效果。首先食品中的微生物密度与抗热力有明显关系。带菌量越多，则抗热力越强。因为菌体细胞能分泌对菌体有保护作用的蛋白类物质，故菌体细胞增多，这种保护性物质的量也就增加。其次，微生物的抗热力随水分的减少而增大，即使是同一种微生物，它们在干热环境中的抗热性最大。此外，基质向酸性或碱性变化，杀菌效果则显著增大。

基质中的脂肪、蛋白质、糖及其他胶体物质，对细菌、酵母、霉菌及其孢子起着显著的保护作用。这可能是细胞质的部分脱水作用，阻止蛋白质凝固的缘故，因此对高脂肪及高蛋白食品的加热杀菌需加以注意。多数香辛料，如芥子、丁香、洋葱、胡椒、蒜、香精等，对微生物孢子的耐热性有显著的降低作用。

三、食品的干燥保藏

干燥保藏指在自然条件或人工控制条件下，降低食品中的水分，从而限制微生物活动、酶活力以及化学反应的进行，达到长期保存的目的。

食品干燥的方法目前主要有自然干燥和人工干燥。自然干燥包括晒干和风干；人工干燥方法很多，如烘干隧道干燥、滚筒干燥、喷雾干燥、真空干燥以及冷冻干燥等。根据原料不同、产品要求不同，采取适当的干燥方法。干燥前，一般需破坏酶的活性，如热烫、添加抗坏血酸（0.05%～0.1%）及食盐（0.1%～1.0%）。

干燥并不能将微生物全部杀死，只能抑制它们的活动，使微生物长期处于休眠状态，环境条件一旦适宜，微生物又会重新恢复活动，引起干制品的腐败变质。甚至有些病原菌还会在干燥食品上残存下来，导致食物中毒。最正确的控制方法是采用新鲜度高、污染少、质量高的原料，干燥前将原料巴氏杀菌，于清洁的工厂加工，将干燥过的食品在不受昆虫、鼠类及其他污染的情况下储藏，且避免干燥食品吸潮。

四、食品的高渗透压保藏

提高食品的渗透压可防止食品腐败变质。常用的有盐腌法和糖渍法。在高渗透压溶液中，微生物细胞内的水分大量外渗，导致质壁分离，出现生理干燥。同时，随着盐浓度增高，微生物可利用的游离水含量减少，高浓度的Na^+和Cl^-也可对微生物产生毒害作用，高浓度盐溶液对微生物的酶活力有破坏作用，还可使氧难溶于盐水中，形成缺氧环境。因此可抑制微生物生长或使之死亡，防止食品腐败变质。

五、食品的气调保藏

气调保藏指将食品密封于一个特定的气体成分环境中，一方面抑制腐败微生物的生长繁殖，另一方面可以减少营养成分氧化损失，从而达到延长食品保藏期的目的。

因为空气中与污染食品的微生物生长繁殖以及引起食品品质下降的食品自身生理生化过程相关的主要是氧气和二氧化碳，所以气调主要以调节环境中的氧气和二氧化碳为主，通常与低温保藏措施一起使用以达到更好的效果。

六、食品的防腐保藏

在食品中添加食品防腐剂可防止食品腐败变质。食品防腐剂是一类具有抑制或杀死微生物的作用，并可用于食品防腐保藏的化学物质。

1. 山梨酸及其盐类 山梨酸类防腐剂的抑菌作用随基质 pH 下降而增强，其抑菌作用的强弱取决于未解离分子的多少。山梨酸类防腐剂在 pH 6.0 左右仍然有效，可以用于其他防腐剂无法使用的 pH 较低的食品中。山梨酸类防腐剂对酵母和霉菌有很强的抑制作用，对许多细菌也有抑制作用。其抑菌机制概括起来有对酶系统的作用、对细胞膜的作用及对芽孢萌发的抑制作用。山梨酸盐对肉毒梭菌及蜡状芽孢杆菌芽孢萌发有抑制作用。

2. 丙酸 丙酸的抑菌作用没有山梨酸类和苯甲酸类强，其主要对霉菌有抑制作用，对引起面包“黏丝病”的枯草芽孢杆菌也有很强的抑制作用，对其他细菌和酵母菌基本没作用。在 pH 5.8 的面团中加 0.188% 或在 pH 5.6 的面团中加 0.156% 的丙酸钙可防止发生“黏丝病”。丙酸类防腐剂主要用于面包防止霉变和发生“黏丝病”，并可避免对酵母菌的正常发酵产生影响。

3. 硝酸盐和亚硝酸盐 用于腌肉生产中，可作为发色剂，并可抑制某些腐败菌和产毒菌，还有助于形成特有的风味。其中起作用的是亚硝酸。硝酸盐在食品中可转化为亚硝酸盐。由于亚硝酸盐可在人体内转化成致癌的亚硝胺，因而在食品中应严格限制其用量。亚硝酸盐在低 pH、高浓度下对金黄色葡萄球菌有抑制作用。对肠道细菌包括沙门菌、乳酸菌基本无效。对肉毒梭状芽孢杆菌及其产毒的抑制作用也要在基质高压灭菌或热处理前加入才有效，否则要多 10 倍的亚硝酸盐量才有抑制作用。

4. 乳酸链球菌素 是由 29 ~ 34 个不同氨基酸组成的多肽，其抗菌谱较窄，对 G^+ 细菌（主要为产芽孢菌）有效，而对真菌和 G^- 细菌无效，G^+ 细菌中的粪链球菌是抗性最强的菌之一。乳酸链球菌素具有辅助热处理的作用。一般低酸罐头食品要杀灭肉毒梭菌及其他细菌的芽孢，需进行严格的热处理，若加入乳酸链球菌素则可明显缩短热处理时间，对热处理中未杀死的芽孢，乳酸链球菌素可以抑制其萌发。

5. 苯甲酸、苯甲酸钠和对羟基苯甲酸酯 苯甲酸的抑菌机制是：它的分子能抑制微生物细胞呼吸酶系统的活性，特别是对乙酰辅酶缩合反应有很强的抑制作用。在高酸性食品中杀菌效力为微碱性食品的 100 倍。苯甲酸以未被解离的分子态才有防腐效果。苯甲酸对酵母菌的影响大于霉菌，而对细菌效力较弱。

6. 溶菌酶 能溶解多种细菌的细胞壁而达到抑菌、杀菌的目的，但对酵母菌和霉菌几乎无效。溶菌作用的最适 pH 为 6 ~ 7，温度为 50℃。食品中的羧基和硫酸能影响溶菌酶的活性，因此将其与其他抗菌物如乙醇、植酸、聚磷酸盐等配合使用，效果更好。目前溶菌酶已用于面食类、水产熟食品、冰淇淋、色拉和鱼子酱等食品的防腐保鲜。

七、食品的辐射保藏

对食品的辐射保藏是指利用电离辐射照射食品，以延长食品保藏期的方法。电离辐射对微生物有很强的致死作用，它是通过辐射引起环境中水分子和细胞内水分子吸收辐射能量后电离产生的自由基起作用的，这些游离基能与细胞中的敏感大分子反应并使之失活。此外，电离辐射还有杀虫、抑制马铃薯等发芽和延迟后熟的作用。在电离辐射中由于 γ 射线穿透力和杀菌作用都强，且发生较易，所以目前主要是利用放射性同位素产生的 γ 射线进行照射处理。

食品辐射保藏有许多优点：①照射过程中食品的温度几乎不上升，对于食品的色、香、味、营养及质地无明显影响；②射线的穿透力强，在不拆包装和不解冻的条件下，可杀灭深藏于食品（谷物、果实和肉类等）内部的害虫、寄生虫和微生物；③可处理各种不同的食品，从袋装的面粉到装箱的果蔬，从大块的烤肉、火腿到肉、鱼制成的其他食品均可应用；④照射处理食品不会留下残留，可避免污染；⑤可改进某些食品的品质和工艺质量；⑥节约能源；⑦效率高，可连续作业。

练习题

答案解析

1. 简述微生物污染食品的几条途径。
2. 简述微生物引起果汁变质的几种表现。
3. 简述鲜乳中微生物有规律地交替生长的几个阶段。
4. 简述鲜肉在有氧条件下腐败的几种表现。
5. 简述常见食品保藏中的防腐与杀菌措施的种类。

（洪剑锋）

书网融合……

本章小结　微课1　微课2　题库

第十章

微生物与食品安全

学习目标

知识目标

1. **掌握** 食品安全标准中微生物学指标及其食品卫生学意义。
2. **熟悉** 病原菌的种类和生物学特性。
3. **了解** 食物中毒的概念和类型。

能力目标

1. 能根据病原性微生物的特点区分引起食物腐败变质及食物中毒的微生物种类，并判断食物中毒的类型。
2. 能根据病原性微生物的传播途径对引起食品安全隐患的微生物进行有效预防。

素质目标

通过本章学习，培养分析和解决问题的能力和缜密的逻辑思维习惯；充分认识到我国食品安全工作要坚持“四个最严”的必要性，树立“民以食为天、食以安为先、安以质为本、质以诚为根”的食品安全观和标准意识。

PPT

第一节 食物中毒及其类型

一、食物中毒的概念

食物中毒是指食用被有毒有害物质污染的食品或者食用含有毒有害物质的食品后出现的急性、亚急性疾病。

食物中毒是一类最常见、最典型的食源性疾病。食物中毒通常来势凶猛，暴发集中，中毒者往往是吃了同一种或几种食物而发病的，多有恶心、呕吐、腹痛、腹泻、头晕、无力等症状，潜伏期在1小时以内到48小时以上不等，对他人无直接传染性。食物中毒不包括因传染病、暴饮暴食、食物过敏等引起的急性肠胃炎、食源性肠道传染病和寄生虫病，也不包括因一次大量或长期少量摄入某些有毒有害物质而引起的以慢性毒性为主要特征的疾病。

二、食物中毒的类型

食物中毒按致病因素一般分为细菌性食物中毒、真菌毒素食物中毒、化学性食物中毒、植物性食物中毒和动物性食物中毒。

1. 细菌性食物中毒 是指人们摄入含有细菌毒素的食品而引起的中毒，其多发生在夏秋炎热季节，因为气温高适宜细菌生长繁殖，且炎热季节人体肠道的防御机能下降，对疾病的易感性增加。另外其发生还与不同地区人群的饮食习惯关系密切。如在美国，肉、蛋及糕点的摄入较多，葡萄球菌引起的食物中毒较多见；日本和我国沿海地区居民喜食生鱼片等海产品，则副溶血性弧菌引起的食物中毒较多见。

2. 真菌毒素食物中毒 主要指因食入被霉菌及其产生的毒素污染的食品而引起的中毒，其发生具有明显的地区性、季节性和波动性。如赤霉病麦中毒、霉变甘蔗中毒、霉变花生或玉米中毒等，主要是因为食物在生长、收割、运输、储藏、加工、销售过程中，被产毒霉菌污染并在食物中产生大量霉素而引起。

3. 化学性食物中毒 是指误食有毒化学物质或食入被其污染的食物而引起的中毒。引起中毒的食品主要是被有毒有害化学物质污染的食品，如被农药、杀鼠药污染的食品；被误认为是食品、食品添加剂、营养强化剂的有毒有害化学物质，如工业乙醇、亚硝酸盐等；添加非食品级的、伪造的、禁止使用的食品添加剂或营养强化剂的食品以及超量使用食品添加剂的食品，如吊白块加入面粉增白、甲醛加入水发产品中防腐等；营养素发生化学变化的食品，如油脂酸败等。

4. 植物性食物中毒 即食入植物性中毒食品引起的食物中毒。植物性食物中毒一般由误食有毒植物或有毒的植物种子，或烹调加工方法不当，没有把植物中的有毒物质去掉而引起。常见的有毒蘑菇、发芽马铃薯、木薯、曼陀罗、银杏、苦杏仁、桐油等。

5. 动物性食物中毒 即食入动物性中毒食品引起的食物中毒。引起动物性食物中毒的食品主要有两种：一种是将天然含有有毒成分的动物或动物的某一部分当作食品，如河豚、猪甲状腺等；另一种是在一定条件下产生大量有毒成分的可食的动物性食品，如贝类、鲐鱼等。

PPT

第二节 引起食物中毒的病原微生物

经食物传播而引起人或动物疾病的微生物，可来自土壤、空气、水以及人和动植物体等。当食品原料中含有这类微生物，或食品在加工、储藏、销售过程中被这类微生物污染后，人误食时均可引起不同程度的食物中毒。引起食物中毒的微生物主要有细菌、真菌、病毒等，以细菌性食物中毒最为常见。

一、沙门菌属

沙门氏菌病是指由各种类型沙门菌所引起的人类、家畜以及野生禽兽不同形式疾病的总称。1885年沙门氏等在霍乱流行时分离到猪霍乱沙门菌，故定名为沙门菌属。沙门菌属有的专对人类致病，有的只对动物致病，也有的对人和动物都致病。感染者或带菌者的粪便污染食品，可使人发生食物中毒。据统计，在世界各国的细菌性食物中毒中，沙门菌引起的食物中毒常列榜首。我国内陆地区也以沙门菌为首位。

（一）生物学特性

沙门菌属肠杆菌科，是革兰阴性肠道杆菌。菌体呈两端钝圆的短杆状（比大肠埃希菌细），(0.7～1.5) μm×（2～5）μm，兼性厌氧，无荚膜，无芽孢，多数细菌有周身鞭毛和菌毛，鸡白痢沙门菌、鸡伤寒沙门菌除外，能吸附于宿主细胞表面或凝集豚鼠红细胞。在普通培养基上呈中等大小、表面光滑的菌落，无色，半透明。不分解乳糖、蔗糖和水杨酸，不液化明胶，不分解尿素，不产生吲哚，能分解葡萄糖和甘露醇。大多产酸产气，少数只产酸不产气。吲哚、尿素分解试验及 VP 试验均为阴性。含有煌绿或亚硒酸盐的培养基可抑制大肠埃希菌生长而起增菌作用。

沙门菌生长的最佳温度为 35～37℃，最佳 pH 为 6.5～7.5，低盐和高水分活度条件下生长最佳。沙门菌抵抗力不强，加热到100℃时立即死亡，60℃经30分钟、65℃经15~20分钟、70℃经5分钟可被杀死；5%苯酚溶液及70%乙醇5分钟均可将其杀死。沙门菌在水中不易繁殖，但能生存2~3周，在粪便中可生存1~2个月，在冰中能生存3个月。沙门菌不分解蛋白质、不产生靛基质，对氯霉素、氨苄西林和复方新诺明敏感。

（二）中毒机制及症状

沙门菌中毒需感染大量细菌（10^5~10^9 CFU/g）才能致病。沙门菌进入消化道以后在小肠和结肠里繁殖，侵入肠黏膜及肠黏膜下层，引起发炎、水肿、充血和出血等。随后再通过肠黏膜上皮细胞之间侵入黏膜固有层，在固有层引起炎症。未被吞噬细胞杀灭的沙门菌，经淋巴系统进入血液，出现一时性的菌血症，引起全身感染，同时活菌在肠道或血液内崩解出毒力较强的菌体内毒素，而引起全身中毒症状。

沙门菌引起的食物中毒表现可分为胃肠炎型、类伤寒型、类霍乱型、类感冒型和败血症型，其中以急性胃肠炎为主。潜伏期一般为4~48小时，中毒症状主要有恶心、呕吐、腹痛、头痛、畏寒和腹泻等，还伴有乏力、肌肉酸痛、视物模糊、发热、躁动不安和嗜睡，一般发热的温度在38~40℃，重症患者出现寒战、惊厥、抽搐和昏迷的症状。病程为3~7天，一般预后良好，但是老人、儿童和体弱者如不及时进行急救处理也可导致死亡，多数沙菌病患者不需服药即可自愈，婴儿、老人及已患有某些疾病的患者应就医治疗，沙门菌携带者不可从事准备食物的工作，直到获得医生的许可。

（三）传播途径与方式

沙门菌广泛存在于自然界中，是最常见的肠道致病菌，也是最重要的人畜共患病病原菌。其常存在于动物中，如猪、牛、羊、鸡、鸭、猫、鸟等，特别是禽类和猪；沙门菌还存在于水、土壤、昆虫、工厂和厨房设施表面等环境中。沙门菌食源性疾病主要是通过被污染的食物引起感染与传播，主要有两种途径：一种是内源性污染，畜禽在屠宰之前就可能带菌，在动物机体免疫力下降时，侵入肉、血及内脏中，造成动物性食品的内源污染；另一种是外源性污染，沙门菌可以通过粪便污染环境及用具等，造成食品在原料生产、加工、运输、贮存、销售和消费等过程中的污染。

（四）预防措施

沙门菌食物中毒预防措施除了加强一般卫生监督管理外，在日常饮食中应不喝未经处理的水，不喝生牛奶，肉及肉制品要煮熟，不吃病死的畜禽，剩饭、剩菜食用前应充分加热。在使用微波炉煮肉食时，要使肉食内外达到一致的温度。处理食物前需洗净双手，避免相互污染。烹调时生、熟食品分开存放，炊具、食具需清洗、消毒。厨房及储藏室的老鼠、蟑螂等要及时消灭，避免食物及用具受污染。

二、葡萄球菌属

葡萄球菌按其生化性状可以分为金黄色葡萄球菌、表皮葡萄球菌和腐生葡萄球菌3种；按菌落颜色可以分为金黄色葡萄球菌、白色葡萄球菌和柠檬色葡萄球菌3种，其中金黄色葡萄球菌的致病力最强。

（一）生物学特性

葡萄球菌菌体呈球形或椭圆形，直径约1.0 μm，排列成葡萄状。致病性葡萄球菌一般较非致病菌小，各个菌体的大小及排列比较整齐。葡萄球菌无鞭毛，不能运动。无芽孢，除少数菌株外一般不形成荚膜。易被常用的碱性染料着色，革兰染色为阳性。其衰老、死亡或被白细胞吞噬后，以及耐药的某些菌株可被染成革兰阴性。

葡萄球菌的营养要求不高，在普通培养基上生长良好，在含有血液和葡萄糖的培养基中生长更佳，需氧或兼性厌氧，少数专性厌氧。28~38℃均能生长，致病菌最适温度为37℃，pH为4.5~9.8，最适

pH 为 7.4。在肉汤培养基中 24 小时后呈均匀浑浊生长，在琼脂平板上形成圆形凸起，边缘整齐，表面光滑、湿润、不透明的菌落。能产生脂溶性色素，但不渗入培养基内。不同种的菌种产生不同的色素，如金黄色、白色、柠檬色，色素为脂溶性。葡萄球菌在血琼脂平板上形成的菌落较大，有的菌株菌落周围形成明显的完全透明溶血环（β 溶血），也有不发生溶血者，凡溶血性菌株大多具有致病性。在 Baird - parker 培养基上形成表面光滑、湿润、有凸起的圆形菌落，颜色呈灰色到黑色，边缘颜色比较淡，周围有浑浊带，其外层有一透明带。

多数葡萄球菌能分解葡萄糖、麦芽糖和蔗糖，产酸不产气，不产生靛基质，还原硝酸盐。能凝固牛奶，有时被胨化。甲基红实验呈阳性，VP 试验不定，能产生氨和少量硫化氢。致病性菌株能分解甘露醇，可产生凝血酶。

金黄色葡萄球菌是葡萄球菌中最常见的菌种，菌体呈球形，排列成葡萄串状，无鞭毛，无芽孢，多数无荚膜。在普通琼脂培养基上 37℃、pH 7.4 左右经 24 ~48 小时后生长良好，在血琼脂平板上产生的菌落比较大，且绝大多数在菌落周围可见溶血环。在 10% ~15% NaCl 溶液中生长良好，纯培养可抵抗 1% 酚溶液 15 分钟，浓度增至 2% 才能将其杀死。加热至 80℃ 经 30 分钟可杀死，但对甲紫很敏感，血清培养基中含 1∶125000（浓度）甲紫即能抑制其生长。

（二）中毒症状

葡萄球菌的致病性与其产生的毒素和酶有关，葡萄球菌产生的毒素随食物进入人体后，潜伏期一般为 1 ~5 小时，最短为 5 分钟左右，一般不会超过 8 小时。中毒的主要症状为恶心、反复呕吐，呕吐物初期为食物，继而为水样物；腹泻为稀便或水样便。中上腹部疼痛，伴有头晕、头痛、腹泻、发冷，体温一般正常或低热。病情重时，剧烈呕吐和腹泻可致肌肉痉挛，进而引起大量失水而发生外周循环衰竭和虚脱。儿童对肠毒素比成人敏感，故发病率比较高，病情较严重；体质虚弱的老年人和慢性病患者病情相对较重。病情一般较短，一般 2 天内可恢复，预后良好。

（三）传播途径与方式

葡萄球菌在自然界分布广泛，在土壤、空气、水及生活常用物品上，特别是在人和动物的皮肤、鼻、喉以及手等部位大量存在。调查显示，健康人的带菌率为 20% ~30%，上呼吸道感染者鼻腔带菌率可达 80% 以上。

葡萄球菌容易污染食品，污染的途径主要有：患有化脓性皮肤病或者上呼吸道感染和口腔、鼻咽炎症等的患者，以及带有化脓性感染的动物通过某种途径污染食品；畜禽本身带有葡萄球菌，在屠宰的过程中可能会对肉尸造成污染，被污染的肉尸经分割、储存、运输及销售等加工工序，也增加了交叉污染的机会。在适宜的条件下，细菌大量繁殖产生毒素，有可能引起食物中毒。引起中毒的食品主要为肉、奶、鱼、蛋及其制品等动物性食品，吃剩的大米饭、米酒，奶和奶制品，油煎鸡蛋、熏鱼等含油脂比较高的食物。因夏秋季节，温度比较高，所以中毒的概率比较高，但在冬季，受污染的食品在温度较高的室内保存，也可能造成细菌大量繁殖并产生毒素。

（四）预防措施

定期对食品生产人员和饮食从业人员进行健康检查，患有化脓性感染的人不能参加任何与食品有关的工作。食品加工用具使用后，要严格消毒，防止带菌人群对食品造成污染。定期检查奶牛的乳房，患有乳腺炎的乳不能使用。健康奶牛的奶挤出以后要迅速冷却到 10℃ 以下，抑制细菌繁殖和生成肠毒素。肉制品加工厂要将患局部化脓感染的畜禽尸体去除病变部位，经高温处理后再进行加工。原料、半成品和成品应储存在低温和通风良好的条件下，以防肠毒素的形成。在气温较高的季节，食物应冷藏或放在通风的地方不超过 6 小时，而且食用前要彻底加热。

三、病原性大肠埃希菌

Escherich 在 1885 年发现大肠埃希菌，它是人和动物肠道正常菌群的主要部分，每克粪便中大约含有 10^9 CFU 大肠埃希菌。在正常的情况下，大肠埃希菌不致病，还能合成维生素 B 和维生素 K，产生大肠菌素，对机体有利。但当机体抵抗力下降或大肠埃希菌侵入肠外组织或器官时，可引起肠道外感染。一些特殊血清型的大肠埃希菌对人和动物有病原性，尤其是对婴儿和幼畜（禽），常引起严重腹泻和败血症。根据生物学特性不同，将致病性大肠埃希菌分为 6 类：肠致病性大肠埃希菌（EPEC）、肠产毒性大肠埃希菌（ETEC）、肠侵袭性大肠埃希菌（EIEC）、肠出血性大肠埃希菌（EHEC）、肠黏附性大肠埃希菌（EAEC）和弥散黏附性大肠埃希菌（DAEC）。

（一）生物学特性

大肠埃希菌为革兰阴性短杆菌，大小（1～3）μm×0.5 μm。无芽孢，周生鞭毛，能运动，有普通菌毛和性菌毛，有些菌株有多糖类包膜。少数菌株能形成荚膜，对一般碱性染料着色较好，有时两端着色较深。本属细菌在自然界生存能力较强，在土壤、水中可存活数月，在冷藏条件下存活更久。对热的抵抗力较其他肠道杆菌强，55℃经 60 分钟或 60℃加热 15 分钟仍有部分细菌存活。胆盐、煌绿等对大肠埃希菌有抑制作用，对磺胺类、链霉素、氯霉素等敏感。

大肠埃希菌能发酵葡萄糖、麦芽糖、甘露醇、木糖、鼠李糖、阿拉伯糖、山梨醇、丙三醇，均产酸产气，大部分菌株可迅速发酵乳糖，但对蔗糖、水杨苷、卫矛醇及棉子糖的发酵力不一致。大多数菌株对赖氨酸、精氨酸、鸟氨酸有脱羧作用，苯丙氨酸反应阴性；不产生 H_2S，不液化明胶，不分解尿素。MR 反应阳性，VP 反应阴性，不能在含 KCN 的培养基中生长，不利用丙二酸盐，不利用柠檬酸铵盐。

本属细菌为需氧或兼性厌氧菌。对营养要求不高，在普通培养基上均能生长良好。最适 pH 为7.2～7.4，最适温度为 37℃。在普通肉汤培养基中呈均匀浑浊生长，形成菌膜，管底有黏性沉淀，培养物有特殊的臭味。在普通琼脂培养基中培养 24 小时，形成凸起、光滑、湿润、乳白色，边缘整齐，中等大小菌落。经远藤琼脂培养基培养可产生带金属光泽的红色菌落。鉴别培养基为伊红美蓝培养基，可产生紫黑色带金属光泽的菌落。

（二）中毒症状

大肠埃希菌主要能引起肠道外感染。肠道外感染多为内源性感染，以尿路感染为主，如尿道炎、膀胱炎、肾盂肾炎；也可引起腹膜炎、胆囊炎、阑尾炎等。婴儿、年老体弱、慢性消耗性疾病、大面积烧伤患者，大肠埃希菌可侵入血流，引起败血症。早产儿，尤其是生后 30 天内的新生儿，易患大肠埃希菌性脑膜炎。

感染大肠埃希菌还易引起急性腹泻。其中肠产毒性大肠埃希菌会引起婴幼儿和旅游者腹泻，出现轻度水泻，也可呈严重的霍乱样症状。腹泻常为自限性，一般 2～3 天即自愈，营养不良者可达数周，也可反复发作。肠致病性大肠埃希菌是婴儿腹泻的主要病原菌，有高度传染性，严重者可致死。细菌侵入肠道后，主要在十二指肠、空肠和回肠上段大量繁殖。此外，肠出血性大肠埃希菌会引起散发性或暴发性出血性结肠炎，可产生志贺毒素样细胞毒素。

（三）传播途径与方式

患病或带菌动物往往是动物来源食品污染的根源。如牛肉、奶制品的污染大多来自带菌牛。带菌鸡所产的鸡蛋、鸡肉制品也可造成传播。带菌动物在其活动范围内也可通过排泄的粪便污染当地的食物、草场、水源或其他水体及场所，造成交叉污染和感染，危害极大。通过饮用受污染的水或进食未熟透的食物而感染。饮用或进食未经消毒的奶类、芝士、蔬菜、果汁及乳酪而染病的个案亦有发现。此外，若个人卫生欠佳，亦可能会通过人传人的途径，或经进食受粪便污染的食物而感染该种病菌。

（四）预防措施

控制大肠埃希菌污染，关键是做好粪便管理，防止粪便污染食品。处理食物前要洗干净双手，避免相互污染；生熟原料和产品需分开放置，食品原料、半成品和成品应低温储存，避免肉尸和内脏被粪便、污水、容器污染；肉类及其制品、禽蛋等要彻底煮熟后食用，剩菜食用前应充分加热；避免进食高危食物，例如未经低温消毒法处理的牛奶，以及未熟透的汉堡扒、碎牛肉和其他肉类食品。体质弱、衰老、出差、旅游等应激状态下，可以补食乳酸菌，预防大肠埃希菌的发病。企业应加强对产品的出厂检验，从业人员持健康证上岗，一旦发病应及时调离岗位，彻底消毒环境，防止被污染的食品流入市场。

情境导入

情境 肉毒毒素是一种由肉毒杆菌产生的神经毒素，它是已知的最强毒性物质之一。尽管肉毒毒素是非常危险的毒素，但它也具有医学和美容应用的潜力。据统计，我国合规渠道肉毒毒素医疗美容市场规模2017—2022年五年中复合年均增长率为16.37%，2022年市场规模达到83亿人民币，用于医疗美容的肉毒毒素注射次数达到630万次。

思考 从这个案例可以看出，微生物的代谢产物既有可能是毒性很强的毒素，又可能是医疗药品。我们如何才能趋利避害，让微生物更好地为人类服务？

四、肉毒梭菌

肉毒梭菌在自然界分布广泛，土壤中常可检出，江、河、湖、海沉积物，水果，蔬菜，畜、禽、鱼等制品中亦能发现，霉干草和畜禽粪便中均有存在。早在18世纪末的欧洲，尤其是德国，肉毒梭菌就已被人们所认识，由于那时候引起中毒的食品主要是腊肠，所以这种中毒就取自腊肠的拉丁文 *Botulus*，称为腊肠中毒。在我国过去的一些书中，将该病译为腊肠中毒，把肉毒梭菌译为腊肠（毒）杆菌或腊肠（毒）梭菌，现在改称为肉毒中毒。引起肉毒中毒的原因主要是食入含有肉毒毒素的食品，这些食品是在调制加工、运输储存的过程中，污染了肉毒梭菌芽孢，在适宜条件下，发芽、增殖并产生毒素所造成的。

（一）生物学特性

肉毒梭菌（*C. botulinum*）是一种专性厌氧的腐生菌，革兰阳性，菌体粗大，多单在，偶见成双或短链，菌端钝圆。该菌具有4～8根周生性鞭毛、运动迟缓，没有荚膜，芽孢卵圆形、近端位、芽孢比繁殖体宽。人体的胃肠道是缺氧环境，适于肉毒梭菌居住。其在胃肠道内既能分解葡萄糖、麦芽糖及果糖，产酸产气，又能消化分解肉渣，使之变黑，腐败恶臭。蛋白质分解能力强，对明胶、凝固血清、凝固卵白均有分解作用。该菌不能产生靛基质，可产生硫化氢。在厌氧环境中，此菌能分泌强烈的肉毒毒素，能引起特殊的神经中毒症状，致残率、病死率极高，这是迄今为止所知的最毒的自然生成的毒素之一。

肉毒梭菌的最适生长温度为28～37℃，pH为6.8～7.6，产毒的最适pH为7.8～8.2。在固体培养基上肉毒梭菌形成的菌落形态多样，常规培养基生长形成的菌落半透明，呈绒毛网状，常扩散成菌苔；血平板培养基上生长出现与菌落几乎等大或者较大的溶血环；在乳糖卵黄牛奶平板上形成的菌落表面及周围形成彩虹薄层；在肉渣肉汤培养基上呈均匀浑浊生长，肉渣可被A、B和F型菌消化溶解成烂泥状，并且发黑，有腐臭味，从第三天起，菌体下沉，肉汤变清。在肉渣培养基和半固体培养基中可产生大量气体。

肉毒梭菌的抵抗力一般，但其芽孢的抵抗力很强，干热180℃经5～15分钟，湿热100℃经5小时，高压蒸汽121℃经30分钟，才能杀死芽孢。肉毒毒素的抵抗力也很强，80℃经30分钟或100℃经10分钟才能被破坏，但胃酸溶液24小时内不能将其破坏，故可被胃肠道吸收，损害身心健康。

（二）中毒症状

肉毒梭菌中毒是由摄入含有肉毒毒素污染的食物而引起的。潜伏期可短至数小时，通常24小时以内发生中毒症状，也有两三天后才发病的，最长潜伏期可达十天左右。一般潜伏期越短，死亡率越高，说明其毒素含量高，毒力强。与其他中毒不同的是，肉毒中毒很少出现胃肠道症状，基本都是属于神经麻痹的表现。中毒前期，主要表现为头痛、头晕、乏力、虚弱、走路不稳、食欲不振等非典型性症状，接着出现斜视、眼睑下垂、瞳孔散大等眼肌麻痹症状，再是吞咽和咀嚼困难、口干、口齿不清等咽部肌肉麻痹症状，进而膈肌麻痹、呼吸困难，直至呼吸衰竭、心跳停止而导致死亡。死亡率较高，可达30%～50%，存活患者恢复十分缓慢，从几个月到几年不等。

婴儿肉毒中毒往往是摄入了肉毒梭菌的芽孢，当芽孢达到肠道后便发芽产生毒素。最先表现出来的症状多为便秘，既而变为严重的无力状态，眼睑下垂，面无表情，活动费力，头部不能支撑，昏昏沉沉。大多数3个月可自行恢复，但重症者可因呼吸麻痹而猝死。

（三）传播途径与方式

引起肉毒中毒的食品因地区和饮食习惯不同而异。在国外，引起肉毒中毒的食品多为肉类及各种鱼、肉制品、火腿、腊肉以及豆类、蔬菜和水果罐头。如欧洲各国主要的中毒食品为火腿、腊肠和其他兽肉、禽肉等。美国主要是家庭制的水果罐头。而火腿、腊肠等畜禽加工食品仅占7.7%，苏联和日本鱼制品中毒者最多，尤其是日本，几乎全部是E型中毒。在我国也有肉毒中毒的报道，其中90%多是由植物性食品引起的，如臭豆腐、豆豉、面酱、红豆窝、烂土豆等；由动物性食品引起的不到10%，主要有熟羊肉、羊油、猪油、臭鸡蛋、臭鱼、咸鱼、腊肉等。新疆是我国肉毒梭状芽孢杆菌食物中毒较多的地区，引起中毒的食品有30多种，常见的有臭豆腐、豆酱、豆豉和谷类食品。在青海主要是越冬保藏的肉制品加热不够所致。

通过食物摄入肉毒毒素是迄今为止全世界范围内最广泛的中毒类型。在植物性原料中，家庭自制的发酵食品所使用的原料中常带有肉毒梭菌，发酵过程在密闭容器中进行，由于杀菌时间短，肉毒梭菌的芽孢不能被杀灭，又在20～30℃下进行发酵，为芽孢的生长繁殖提供了适宜条件，如食用前不经过加热，即可引起中毒。肉类及其制品等动物性食品，在储存的过程中若被肉毒梭菌污染，在较高的室温下放置数日，肉毒梭菌即可繁殖并产生毒素。此外，肉毒梭菌芽孢若感染创生部位，在局部发芽繁殖产生毒素，也可引起肉毒中毒。

（四）预防措施

食品制造前应对食品原料进行清洁处理，用优质饮用水充分清洗。特别是在肉毒中毒多发地区，土壤及动物粪便的带菌率较高，应该严格要求。罐头食品的生产，需建立严密合理的工艺规程和卫生制度防止污染，严格执行灭菌操作规程。罐头在贮藏过程发生胖听或破裂时，不能食用。制作发酵食品时，在进行发酵前应对粮、谷、豆类等原料进行彻底蒸煮，以杀灭肉毒梭菌芽孢。加工后的肉、鱼类制品，应避免再污染和在较高温度下堆放，或在缺氧条件下保存。盐腌或熏制肉类或鱼类时，原料应新鲜并清洗；加工后，食用前不再经加热处理的食品，应认真防止污染和彻底冷却。

可疑食物食用前应煮沸10～20分钟，以破坏肉毒毒素，但在高海拔地区因气压较低，肉制品需在80℃煮沸30分钟后再食用，才能预防肉毒中毒。为防止婴儿肉毒中毒，应避免不洁之物进入口中，注意保持婴儿及其所用物品的清洁。对婴儿的补充食品如水果、蔬菜等应去皮或洗净消毒，建议12个月以内的婴儿不要食用罐装蜂蜜食品。

五、副溶血性弧菌

副溶血性弧菌分布极广，主要分布在海水和水产品中，是引起食物中毒的主要病原菌之一，我国华东地区沿岸海水的副溶血性弧菌检出率为47.5%～66.5%，海产鱼虾的平均带菌率为45.6%～48.7%，夏季可高达90%以上。除了海产品以外，畜禽肉、咸菜、咸蛋、淡水鱼等都发现有副溶血性弧菌的存在。

（一）生物学特性

副溶血弧菌系弧菌科弧菌属，革兰阴性，兼性厌氧菌。菌体呈杆菌或稍弯的弧状，有时呈棒状、球状或球杆状等，一般两端浓染，中间较淡，甚至无色，大小为0.6 μm×1.0 μm，有时可见丝状菌体，长度可达15 μm。排列一般不规则，多散在，偶有成对排列，无芽孢，具有单鞭毛，运动活泼。

副溶血性弧菌嗜盐畏酸，可以发酵葡萄糖，不产气，不能利用蔗糖和乳糖，不产生硫化氢，液化明胶，能还原硝酸盐为亚硝酸盐，细胞色素氧化酶、卵磷脂酶和过氧化氢酶试验呈现阳性，赖氨酸脱缩酶和鸟氨酸脱缩酶试验呈现阳性，二精氨酸脱缩酶试验呈现阴性。最适宜培养条件为：温度30～37℃、含盐2.5%～3%、pH 8.0～8.5。在无盐培养基上不能生长，3%～6%食盐水中繁殖迅速，每8～9分钟为1周期，低于0.5%或高于8%盐水中停止生长。在食醋中1～3分钟即死亡，加热56℃经5～10分钟灭活，在1%盐酸中5分钟死亡。不耐高温，50℃经20分钟、65℃经5分钟或80℃经1分钟即可被杀死。对常用消毒剂抵抗力很弱，可被低浓度的酚和煤酚皂溶液杀灭。

副溶血性弧菌对营养要求不高，在普通琼脂或蛋白胨水中均可生长，需氧性很强，在厌氧的条件下生长缓慢。在肉汤和蛋白胨水等培养基中培养呈现浑浊，表面有菌膜。在固体培养基中，通常为圆形、隆起、稍浑浊、表面光滑湿润的菌落。但多数菌落在后续传代中，可见不正圆形、灰白色、半透明或不透明的粗糙型菌落（表10－1）。

表10－1 副溶血性弧菌在不同培养基上的菌落特性

培养基	菌落大小	菌落边缘	透明度	黏稠性	隆起情况	颜色	湿润情况
嗜盐菌选择琼脂	直径2.5 mm	整齐，扩散的边缘不齐	浑浊	无黏性	隆起，扩散的平坦	无色	湿润
SS琼脂	直径2 mm	整齐	透明	菌落不易挑起，有时挑起成黏丝状	扁平，有时中央稍微凸起	无色	湿润
血琼脂	直径3 mm	整齐	浑浊	无黏性	隆起	人血琼脂平板为暗绿色溶血环	湿润，部分形成α和β之间的溶血
普通琼脂	直径1.5 mm	整齐，个别不整齐	浑浊	无黏性	隆起，扩散的平坦	无色	湿润
碱性胆盐琼脂	直径1.5～2 mm	整齐	半透明	无黏性	平坦	无色	湿润
氯化钠蔗糖琼脂	直径1.5～2 mm	整齐	半透明	无黏性	隆起	无色	湿润

（二）中毒症状

由副溶血性弧菌引起的食物中毒一般表现为急性发病，潜伏期1小时至4天不等，一般为10小时发病。主要的症状为腹痛，常位于上腹部、脐周或回盲部。腹痛是本病的特点，多为阵发性绞痛，并有腹泻、恶心、呕吐、畏寒发热。腹泻每日3~20余次不等，大便性状多样，多数为黄水样或黄糊便，便中混有黏液或脓血，部分患者有里急后重，重症患者因脱水，使皮肤干燥及血压下降造成休克。少数患者可出现意识不清、痉挛、面色苍白或发绀等现象，若抢救不及时，呈虚脱状态，可导致死亡。本病病程1~6天不等，可自限，一般恢复较快。

（三）传播途径与方式

副溶血性弧菌是一种嗜盐性细菌，食物中毒大部分是进食含有该菌的食物所致。食物的种类主要是海产品，其中以墨鱼、带鱼、虾、蟹最为多见，其次为盐渍食品，如咸菜、腌肉等。本菌存活能力强，在抹布和砧板上能生存1个月以上，在海水中可存活47天。

食品中副溶血性弧菌的直接来源是人群中的带菌者，如沿海地区饮食从业人员、渔民以及有肠道病史者等；间接来源是沿海地区使用的炊具，被副溶血性弧菌污染的食物，在较高温度下存放，食用前加热不彻底或者生吃，或熟制品受到带菌者、带菌的生食品、带菌容器及工具等的污染。

日本及我国沿海地区为副溶血性弧菌食物中毒的高发区。据调查，我国沿海水域、海产品中副溶血性弧菌检出率较高，尤其是气温较高的夏秋季节。男女老幼均可患病，但以青壮年为多，病后免疫力不强，可重复感染。但近年来随着海产食品的市场流通，内陆地区也有副溶血性弧菌食物中毒的散在发生。

（四）预防措施

预防副溶血弧菌污染最主要是注意对海产品的操作，梭子蟹、蟛蜞、海蜇等水产品宜用饱和盐水浸渍保藏（并可加醋调味杀菌），食前用冷开水反复冲洗，生吃海蜇等凉拌菜，应在切好后加入食醋浸泡10分钟，或在100℃沸水中烫漂几分钟。动物性食品应煮熟煮透再吃，不吃生的或未煮熟的海产品。储藏的各种食物、隔餐的剩菜食前应充分加热。接触过海产品的厨具、容器以及洗手池等应洗刷干净，防止生熟食物操作时交叉污染。

六、单核细胞增生李斯特菌

（一）生物学特性

单核细胞增生李斯特菌（以下简称单增李斯特菌）为革兰阳性兼性厌氧菌，菌体呈短杆状，大小约为0.5 μm×（1.0~2.0）μm，直或稍弯，两端钝圆，常呈V字形排列，偶有球状、双球状，无芽孢，一般不形成荚膜，但在含血清的葡萄糖蛋白胨水中可形成黏多糖荚膜。在20~25℃时表面能形成4根小鞭毛，有动力，37℃培养时无鞭毛，动力缓慢。穿刺培养2~5天可见倒立伞状生长，肉汤培养物在显微镜下可见翻跟斗运动。该菌的生长范围为2~42℃，最适培养温度为35~37℃，低于4℃生长较差，在pH中性至弱碱性（pH 9.6）、氧分压略低、二氧化碳张力略高的条件下该菌生长良好，在酸性条件下生长缓慢，在6.5% NaCl肉汤中生长良好。

单增李斯特菌耐碱不耐酸，能发酵多种糖类，产酸不产气，如发酵葡萄糖、乳糖、水杨素、麦芽糖、鼠李糖、七叶苷、蔗糖（迟发酵）、山梨醇、海藻糖、果糖，不发酵木糖、甘露醇、肌醇、阿拉伯糖、侧金盏花醇、棉子糖、卫矛醇和纤维二糖，不利用枸橼酸盐，40%胆汁不溶解，吲哚、硫化氢、尿素、明胶液化、硝酸盐还原、赖氨酸、鸟氨酸均阴性，过氧化氢酶阳性，氧化酶阴性，甲基红、VP反应和精氨酸水解阳性，在含血清的葡萄糖蛋白胨水中能形成黏多糖荚膜，在血琼脂平板上可产生溶血环，在脑脊液标本中成对排列，形如球菌。单增李斯特菌对营养要求不高，在固体培养基上培养，初期菌落较小，呈透明露滴状，边缘整齐，但随着菌落的增大，逐渐变得不透明。在5%~7%的血平板上培养，形成的菌落通常也不大，呈灰白色，刺种血平板培养后可产生窄小的β-溶血环。在0.6%酵母浸膏胰酪大豆琼脂（TSAYE）和改良 Mc Bride（MMA）琼脂上培养，菌落呈蓝色、灰色或蓝灰色。

（二）中毒症状

单增李斯特菌容易污染食物，特别是鲜奶产品，能引起严重食物中毒，是人畜共患病的病原菌，它能引起人、畜的李斯特菌病，感染后主要表现为败血症、脑膜炎和单核细胞增多。潜伏期从几天到数周不等，临床最常见的李斯特菌病为脑膜炎；其次是无定位表现的菌血症，伴或不伴有脑膜炎，中枢神经系统实质性病变约占10%，心内膜炎占5%，其他尚有经血源播散所致的少见的葡萄膜炎、眼内炎、颈淋巴结炎、肺炎、脓胸、心肌炎、腹膜炎、肝炎、肝脓肿、胆囊炎、骨髓炎及关节炎等。一旦感染，轻则出现发热、肌肉疼痛、恶心、腹泻等症状，重则出现头痛、颈部僵硬、身体失衡和痉挛等症状。受感染的孕妇可能出现早产、流产和死产，婴儿健康也可能受影响。

（三）传播途径与方式

单增李斯特菌广泛存在于自然界中，不易被冻融，能耐受较高的渗透压，在土壤、地表水、污水、废水、植物、青储饲料、烂菜中均有存在，动物很容易食入该菌，并通过口腔-粪便途径进行传播。据报道，健康人粪便中单增李斯特菌的携带率为0.6%～16%，有70%的人可短期带菌，4%～8%的水产品、5%～10%的奶及奶产品、30%以上的肉制品及15%以上的家禽均被该菌污染。人主要通过食入软奶酪、未充分加热的鸡肉、热狗、鲜牛奶、巴氏消毒奶、冰激凌、生牛排、羊排、卷心菜色拉、芹菜、西红柿、法式馅饼、冻猪舌等而感染，85%～90%的病例是由污染的食品引起的。该病多在春季发生，而发病率在夏、秋季呈季节性增长。

单增李斯特菌可通过眼及破损皮肤、黏膜进入体内而造成感染，孕妇感染后通过胎盘或产道感染胎儿或新生儿，栖居于阴道、子宫颈的该菌也引起感染，性接触也是本病传播的可能途径，且有上升趋势。

（四）预防措施

单增李斯特菌在一般加热处理中能存活，热处理已杀灭竞争性细菌群，使单增李斯特菌在没有竞争的环境条件下易于存活和繁殖，所以在食品加工中，中心温度必须达到70℃，维持2分钟以上。日常饮食中应避免饮用生牛奶及其制品，蔬菜及水果如果生吃需彻底清洗干净，牛肉、猪肉、鸡肉等肉类应煮熟后再食用，冷藏的食物食用前需彻底加热。生、熟食品应分开存放，处理用具要分开，器具要清洗干净。冰箱要经常清洁，避免在冰箱中长时间存放食物。

知识链接

警惕饮食中的“剧毒陷阱”——米酵菌酸

椰毒假单胞菌酵米面亚种简称椰酵假单胞菌，是我国学者在1977年发现的一种高致死性的食源性致病菌。椰酵假单胞菌在环境中广泛存在，属于兼性厌氧菌，煮沸之后就能杀灭，22～37℃的潮湿环境中生长24～48小时，就会产生致命毒素——米酵菌酸。米酵菌酸耐热性极强，120℃处理1小时仍可保持毒性，但在阳光或紫外线照射下其化学结构可被破坏而丧失毒性。进食后即可引起中毒，对人体的肝、肾、心、脑等重要器官均能产生严重损害。由于没有特效药，中毒病例的死亡率较高。椰毒假单胞菌污染引起的米酵菌酸细菌性食物中毒事件屡见不鲜，如北方以酵米面制作的酸汤子、格格斗等，南方多以酵米面制作的汤圆、吊浆粑、河粉等。另外，银耳、木耳等在长时间泡发过程可能滋生椰毒假单胞菌，产生米酵菌酸而导致中毒。

夏季是一年中气温最高且潮湿、闷热的季节，也是食源性疾病的高发季节，一定要注意食品安全，避免“病从口入”。

第三节 食品安全标准中的微生物指标 微课

PPT

食品的来源渠道广泛，同时在加工、运输、储藏、销售等环节，随时都有可能被微生物污染。食品的卫生质量是按照人们对食品卫生要求来判定的，为了保障人们的身体健康，食用食品的安全，必须对食品进行各项卫生检验才能对食品卫生质量作出准确评价。

一、主要检测指标及其卫生学意义

目前，食品卫生标准中的微生物指标一般分为细菌总数、大肠菌群含量和致病菌。细菌总数反映食品受微生物污染的程度；大肠菌群含量说明食品可能被肠道菌污染的情况；致病菌直接危害人体健康，有些致病菌在食品中生长繁殖能产生毒素，所以食品中无论是否规定致病菌限量，在生产、加工经营的过程中均应采取控制措施，尽可能降低致病菌的含量水平及导致风险的可能性。

（一）菌落总数

菌落总数一般以每克、每毫升或每平方厘米面积上的细菌数目计，指 1 g 或 1 ml 的食品，经过适当处理，接入 pH 7.0 ±0.2 平板计数琼脂培养基上，放入 36℃ ±1℃温度下培养 48 小时 ±2 小时（水产品 30℃ ±1℃培养 72 小时 ±3 小时），观察平板上能发育成肉眼可见的细菌菌落总数即活菌数。

测定食品中的菌落总数，目的在于了解食品生产中，从原料加工到成品包装受外界污染的情况；也可以应用这一方法观察细菌在食品中繁殖的动态，确定食品的保存期，以便对被检样品进行卫生学评价时提供依据。从食品卫生观点来看，食品中菌落总数越多，说明食品质量越差，即病原菌污染的可能性越大；当菌落总数仅少量存在时，病原菌污染的可能性就会降低，或者几乎不存在。食品中菌落总数的多少，直接反映着食品的卫生质量。如果食品中菌落总数多于 10 万 CFU，就足以引起细菌性食物中毒；如果人的感官能察觉食品因细菌的繁殖而发生变质时，细菌数已达到 10^6 ~ 10^7 CFU/g（ml 或 cm^2）。但上述规则也有例外，有些食品成品的菌落总数并不高，但由于已有细菌繁殖并已产生毒素，且毒素性状稳定，仍存留在食品中；再有一些食品如酸泡菜和酸乳等，本身就是通过微生物的作用而制成的，且是活菌制品。因此，菌落总数的测定对评价食品的新鲜度和卫生质量有着一定的卫生指标的作用，但不能单凭菌落总数一项指标来评定食品卫生质量的优劣，必须配合大肠菌群和致病菌项目的检验，才能对食品作出比较全面的评价。

食品中的菌落总数可以用来预测食品存放的期限或程度。例如，在 0℃条件下，每平方厘米细菌总数约为 1×10^5 CFU 的某种鱼只能保存 6 天，如果细菌菌落总数为 10^3 CFU，就可延长至 12 天。细菌菌落总数指标只有和其他一些指标配合起来，才能对食品卫生质量作出正确的判断。这是因为，有时食品中的细菌菌落总数虽很多，但食品不一定会出现腐败变质现象。

（二）大肠菌群

大肠菌群指一群在 36℃条件下培养 48 小时能发酵乳糖并产酸产气，需氧或兼性厌氧生长的革兰阴性的无芽孢杆菌。

大肠菌群包括埃希菌属、柠檬细菌属、肠杆菌属、克雷伯菌属等，大肠菌群中以埃希菌属为主，称为典型大肠埃希菌，其他三属习惯上称为非典型大肠埃希菌。这群细菌在含有胆盐的培养基上宜生长，能分解乳糖而产酸产气。其主要生化特性分类见表 10－2。

表 10－2　大肠菌群生化特性分类表

项目	靛基质	甲基红	V－P	柠檬酸盐	H_2S	明胶	动力	44.5℃乳糖
大肠埃希菌Ⅰ	+	+	－	－	－	－	+/－	+
大肠埃希菌Ⅱ	－	+	－	－	－	－	+/－	－
大肠埃希菌Ⅲ	+	+	－	－	－	－	+/－	－
费劳地柠檬酸杆菌Ⅰ	－	+	－	+	+/－	－	+/－	－
费劳地柠檬酸杆菌Ⅱ	+	+	－	+	+/－	－	+/－	－
产气克雷伯菌Ⅰ	－	－	+	+	－	－	－	－
产气克雷伯菌Ⅱ	+	－	+	+	－	－	－	－
阴沟肠杆菌	+	－	+	+	－	+/－	+	－

注：+表示阳性；－表示阴性；+/－表示多数阳性，少数阴性。

测定大肠菌群数量通常用稀释平板法，以每100 ml（g）食品检样内大肠菌群的最可能数（MPN）表示。

由于大肠菌群都是直接或间接来自人与温血动物的粪便，来自粪便以外的极为罕见，所以，大肠菌群可以作为粪便污染的指示菌群。另外，肠道致病菌如沙门菌属和志贺菌属等，对食品安全性威胁很大，经常检验致病菌有一定困难，而食品中的大肠菌群较容易检出来，肠道致病菌与大肠菌群的来源相同，而且在一般条件下大肠菌群在外环境中生存时间也与主要肠道致病菌一致，所以大肠菌群的另一重要意义是作为肠道致病菌污染食品的指示菌。粪便污染食品，往往是肠道传染病发生的主要原因，因此检查食品中有无肠道菌，对控制肠道传染病的发生和流行具有十分重要的意义。大肠菌群的检出不仅反映检样受粪便污染的程度，还反映了食品在生产、加工、运输、储存等过程中的卫生状况，具有广泛的卫生学意义。

（三）致病菌

致病菌指肠道致病菌、致病性球菌、沙门菌等。致病菌种类繁多，随食品的加工、贮藏条件各异，被致病菌感染的情况各不相同。检验食品中的致病菌，必须根据不同食品可能被污染的情况来做针对性的检查。例如禽、蛋、肉类食品必须做沙门菌的检查；酸度不高的罐头必须做肉毒梭菌的检查，发生食物中毒时必须根据当时当地传染病的流行情况，对食品进行有关致病菌的检查，如沙门菌、志贺菌、变形杆菌、葡萄球菌等的检查；果蔬制品还应进行霉菌计数。不同类别的食品，其致病菌限量要求不同。部分预包装食品中的致病菌可以限量检出（表10－3），其他类别的预包装食品则不允许检出。

此外，有些致病菌能产生毒素，毒素的检查也是一项不容忽视的指标，因为有时当菌体死亡后，毒素还继续存在。毒素的检查一般以动物实验法确定其最小致死量、半数致死量等指标。总之，病原微生物及其代谢产物的检查都属致病菌检验内容。

表 10－3　食品中致病菌限量

食品类别	致病菌指标	采样方案及限量				备注
		n	*c*	*m*	*M*	
肉制品 熟肉制品 即食生肉制品	沙门菌	5	0	0	—	—
	单增李斯特菌	5	0	0	—	
	金黄色葡萄球菌	5	1	100 CFU/g	1000 CFU/g	
	大肠埃希菌 O157：H7	5	0	0	—	仅适用于牛肉制品

续表

食品类别	致病菌指标	采样方案及限量				备注
		n	c	m	M	
水产制品 熟制水产品 即食生制水产品 即食藻类制品	沙门菌	5	0	0	—	—
	副溶血性弧菌	5	1	100 MPN/g	1000 MPN/g	
	金黄色葡萄球菌	5	1	100 CFU/g	1000 CFU/g	
即食蛋制品	沙门菌	5	0	0	—	—
粮食制品 熟制粮食制品（含焙烤类） 熟制带馅（料）面米制品 方便面米制品	沙门菌	5	0	0	—	—
	金黄色葡萄球菌	5	1	100 CFU/g	1000 CFU/g	
即食豆类制品 发酵豆制品 非发酵豆制品	沙门菌	5	0	0	—	—
	金黄色葡萄球菌	5	1	100 CFU/g	1000 CFU/g	
巧克力类及可可制品	沙门菌	5	0	0	—	—
即食果蔬制品（含酱腌菜类）	沙门菌	5	0	0	—	
	金黄色葡萄球菌	5	1	100 CFU/g	1000 CFU/g	
	大肠埃希菌 O157：H7	5	0	0	—	仅适用于生食果蔬制品
饮料（包装饮用水、碳酸饮料除外）	沙门菌	5	0	0	—	—
	金黄色葡萄球菌	5	1	100 CFU/g（ml）	1000 CFU/g（ml）	
冷冻饮品 冰淇淋类 雪糕（泥）类 食用冰、冰棍类	沙门菌	5	0	0	—	—
	金黄色葡萄球菌	5	1	100 CFU/g（ml）	1000 CFU/g（ml）	
即食调味品 酱油 酱及酱制品	沙门菌	5	0	0	—	—
	金黄色葡萄球菌	5	2	100 CFU/g（ml）	1000 CFU/g（ml）	
水产调味料 复合调味料（沙拉酱等）	副溶血性弧菌	5	1	100 MPN/g	1000 MPN/g	仅适用于水产调味品
坚果籽实制品 坚果及籽类的泥（酱） 腌制果仁类	沙门菌	5	0	0	—	—

注：1. 食品类别用于界定致病菌限量的适用范围，仅适用于本标准。
2. n 为同一批次产品采集的样品件数；c 为最大可允许超出 m 值的样品数；m 为致病菌指标可接受水平的限量值；M 为致病菌指标的最高安全限量值。

二、常见食品的微生物标准

（一）酱油的微生物要求

酱油的微生物要求参见 GB 2717—2018《食品安全国家标准　酱油》（表 10－4）。

表 10－4　酱油的微生物限量

项目	采样方案[a] 及限量			
	n	c	m	M
菌落总数（CFU/ml）	5	2	5×10^3	5×10^4
大肠菌群（CFU/ml）	5	2	10	10^2

[a] 样品的采样及处理按 GB 4789.1 执行。

（二）食醋的微生物要求

食醋的微生物要求参见 GB 2719—2018《食品安全国家标准　食醋》（表 10－5）。

表 10－5　食醋的微生物限量

项目	采样方案[a] 及限量			
	n	c	m	M
菌落总数（CFU/ml）	5	2	10^3	10^4
大肠菌群（CFU/ml）	5	2	10	10^2

[a] 样品的采样及处理按 GB 4789.1 执行。

（三）发酵酒及其配制酒的微生物要求

发酵酒及其配制酒的微生物要求参见 GB 2758—2012《食品安全国家标准　发酵酒及其配制酒》（表 10－6）。

表 10－6　发酵酒及其配制酒的微生物限量

项目	采样方案及限量[a]		
	n	c	m
沙门菌	5	0	0/25 ml
金黄色葡萄球菌	5	0	0/25 ml

[a]样品的分析处理按 GB 4789.1 执行。

（四）速溶豆粉和豆奶粉的微生物要求

速溶豆粉和豆奶粉的微生物要求参见 GB/T 18738—2006《速溶豆粉和豆奶粉》（表10－7）。

表 10－7　速溶豆粉和豆奶粉的微生物限量

项目	指标
菌落总数（CFU/g）	≤30 000
大肠菌群（MPN/100 g）	≤90
致病菌（沙门菌、志贺菌、金黄色葡萄球菌）	不得检出
霉菌（CFU/g）	100

（五）发酵乳的微生物要求

发酵乳的微生物要求参见 GB 19302—2010《食品安全国家标准　发酵乳》（表 10－8）。

表 10－8　发酵乳的微生物限量

项目	采样方案[a]及限量（若非指定，均以 CFU/g 或 CFU/ml 表示）			
	n	c	m	M
大肠菌群	5	2	1	5
金黄色葡萄球菌	5	0	0/25 g（ml）	—
沙门菌	5	0	0/25 g（ml）	—
酵母			≤100	
霉菌			≤30	

[a]样品的分析处理按 GB 4789.1 和 GB 4789.18 执行。

（六）巴氏杀菌乳的微生物要求

巴氏杀菌乳的微生物要求参见 GB 19645—2010《食品安全国家标准　巴氏杀菌乳》（表 10－9）。

表 10－9　巴氏杀菌乳的微生物限量

项目	采样方案[a]及限量（若非指定，均以 CFU/g 或 CFU/ml 表示）			
	n	*c*	*m*	*M*
菌落总数	5	2	50 000	100 000
大肠菌群	5	2	1	5
金黄色葡萄球菌	5	0	0/25 g（ml）	—
沙门菌	5	0	0/25 g（ml）	—

[a]样品的分析处理按 GB 4789. 1 和 GB 4789. 18 执行。

（七）浓缩乳制品的微生物要求

浓缩乳制品的微生物要求参见 GB 13102—2022《食品安全国家标准　浓缩乳制品》，淡炼乳、调制淡炼乳应符合商业无菌的要求，按 GB 4789. 26 规定的方法检验。经热处理的食品工业用浓缩乳，以及加糖炼乳、调制加糖炼乳，致病菌限量应符合 GB 29921 的规定，微生物限量还应符合表 10－10 的规定。

表 10－10　浓缩乳的微生物限量

项目	采样方案[a]及限量				检查方法
	n	c	m	M	
菌落总数/(CFU/g)	5	2	10^4	10^5	GB 4789. 2
大肠菌群/(CFU/g)	5	1	10	10^2	GB 4789. 3

[a]样品的采集及处理按 GB 4789. 1 和 GB 4789. 18 执行。

（八）乳粉和调制乳粉的微生物要求

乳粉和调制乳粉的微生物要求参见 GB 19644—2024《食品安全国家标准　乳粉和调制乳粉》。致病菌限量应符合 GB 29921 的规定，微生物限量还应符合表 10－11 的规定。

表 10－11　浓缩乳的微生物限量

项目	采样方案[a]及限量				检查方法
	n	c	m	M	
菌落总数[b]/(CFU/g)	5	2	5.0×10^4	2.0×10^5	GB 4789. 2
大肠菌群/(CFU/g)	5	1	10	100	GB 4789. 3

[a]样品的采样及处理按 GB 4789. 1 和 GB 4789. 18 执行。

[b]不适合于添加活性菌种（好氧和兼性厌氧）的产品（如添加活菌，产品中活菌数应≥10^6 CFU/g）。

（九）冷冻饮品和制作料微生物要求

冷冻饮品和制作料微生物要求参见 GB 2759—2015《食品安全国家标准　冷冻饮品和制作料》（表 10－12）。

表 10－12　冷冻饮品和制作料的微生物限量

项目	采样方案及限量（若非指定，均以 CFU/g 或 CFU/ml 表示）			
	n	*c*	*m*	*M*
菌落总数[a]	5	2（0）	2.5×10^4（10^2）	10^5（—）
大肠菌群	5	2（0）	10（10）	10^2（—）

注：括号内数值仅适用于食用冰。

[a]不适用于终产品含有活性菌种（好氧和兼性厌氧益生菌）的产品。

（十）熟肉制品的微生物要求

熟肉制品的微生物要求参见 GB 2726—2016《食品安全国家标准 熟肉制品》（表 10－13）。

表 10－13 熟肉制品的微生物限量

项目	采样方案[a]及限量			
	n	c	m	M
菌落总数[b]（CFU/g）	5	2	10^4	10^5
大肠菌群（CFU/g）	5	2	10	10^2

[a]样品的采样和处理按 GB 4789.1 执行；[b]发酵肉制品类除外。

（十一）蛋与蛋制品的微生物要求

蛋与蛋制品的微生物要求参见 GB 2749—2015《食品安全国家标准 蛋与蛋制品》（表 10－14）。

表 10－14 蛋与蛋制品的微生物限量

项目	采样方案[a]及限量			
	n	c	m	M
菌落总数[b]（CFU/g）				
液蛋制品、干蛋制品、冰蛋制品	5	2	5×10^4	10^6
再制蛋（不含糟蛋）	5	2	10^4	10^5
大肠菌群[b]（CFU/g）	5	2	10	10^2

[a]样品的采样和处理按 GB 4789.19 执行；[b]不适用于鲜蛋和非即食的再制蛋制品。

（十二）糕点、面包的微生物要求

糕点、面包的微生物要求参见 GB 7099—2015《食品安全国家标准 糕点、面包》（表 10－15）。

表 10－15 糕点、面包的微生物限量

项目	采样方案[a]及限量			
	n	c	m	M
菌落总数[b]（CFU/g）	5	2	10^4	10^6
大肠菌群[b]（CFU/g）	5	2	10	10^2
霉菌[c]（CFU/g）		≤150		

[a]样品的采样和处理按 GB 4789.1 执行；[b]菌落总数和大肠菌群的要求不适用于现制现售的产品，以及含有未熟制的发酵配料或新鲜水果蔬菜的产品；[c]不适用于添加了霉菌或干酪的产品。

（十三）饮用天然矿泉水的微生物要求

饮用天然矿泉水的微生物要求参见 GB 8537—2018《食品安全国家标准 饮用天然矿泉水》（表 10－16，表 10－17）。

表 10－16 饮用天然矿泉水的微生物限量

项目	采样方案[a]及限量		
	n	c	m
大肠菌群（MPN/100 ml）[b]	5	0	0
粪链球菌（CFU/250 ml）	5	0	0
铜绿假单胞菌（CFU/250 ml）	5	0	0
产气荚膜梭菌（CFU/50 ml）	5	0	0

[a]样品的采样及处理按 GB 4789.1 执行；[b]采用滤膜法时，则大肠菌群项目的单位为 CFU/100 ml。

表 10－17　饮用天然矿泉水的第二次检验

项目	样品数		限量	
	n	*c*	*m*	*M*
大肠菌群	4	1	0	2
粪链球菌	4	1	0	2

（十四）蜜饯的微生物要求

蜜饯的微生物要求参见 GB 14884—2016《食品安全国家标准　蜜饯》（表 10－18）。

表 10－18　蜜饯的微生物限量

项目	采样方案[a]及限量			
	n	*c*	*m*	*M*
菌落总数[b]（CFU/g）	5	2	10^3	10^4
大肠菌群（CFU/g）	5	2	10	10^2
霉菌（CFU/g）	≤50			

[a]样品的采样和处理按 GB 4789.1 和 4789.24 执行。

练习题

答案解析

1. 什么是食物中毒？食物中毒可以分为哪几类？
2. 如何预防金黄色葡萄球菌污染？
3. 罐头食品易受哪些微生物的污染，如何预防？
4. 沙门菌的中毒症状有哪些？主要的传播途径是什么？
5. 检测菌落总数的食品卫生学意义是什么？

（彭必武）

书网融合……

本章小结　　微课　　题库

第十一章

食品微生物实训

素质目标

通过本章的学习，结合食品微生物的实验实训中基本技能操作内容，培养爱护实验设备、养成良好的劳动习惯，实验安全意识、严谨务实的态度、精益求精的专业素养、一丝不苟的科学精神，逐步养成良好的道德素养，这些道德素养就是从身边的小事做起，牢记“勿以善小而不为”的古训。

实训一 玻璃器皿的洗涤与包扎

一、实训目的

1. 掌握 玻璃器皿的洗涤及包扎方法。

2. 熟悉 微生物实训所需的各种常用器皿名称和规格。

3. 了解 微生物实训中玻璃器皿洗涤的重要性。

二、实训原理

微生物实验是纯种培养，必须是无菌的，因而微生物实验需要的所有玻璃器皿，无论是使用过的还是新购置的，都必须经过仔细地清洗和严格灭菌后才能使用。为保持灭菌后无菌状态，需要在灭菌前对培养皿、吸管等进行妥善包扎，试管和三角瓶要做棉塞，这些操作如不当或未按规定要求去做，会导致实验的失败。

三、仪器与材料

1. 仪器 试管、试剂瓶、发酵管、玻璃吸管、培养皿、锥形瓶、烧杯、载玻片与盖玻片、滴瓶、玻璃涂布棒以及清洗工具。

2. 材料 去污粉、洗涤液、肥皂、棉绳、棉花、金属平皿筒、牛皮纸等。

四、实验方法与步骤

（一）常用玻璃器皿的洗涤方法

1. 新玻璃器皿的洗涤 新玻璃器皿含有游离碱，初次使用时，应先在2%的盐酸溶液中浸泡数小时，再用自来水冲洗干净。

2. 旧玻璃器皿的洗涤

（1）试管、培养皿、三角瓶　一般先用洗衣粉和去污粉洗刷，再用自来水冲洗。

如果装有固体培养基，先将培养基刮掉，再洗涤。带菌的器皿：先用2%的煤酚皂溶液或0.25%的苯扎溴铵消毒液浸泡24小时或煮沸0.5小时，然后洗涤。带病原菌培养物的器皿：先用高压蒸汽灭菌，倒去培养物后再洗涤。

（2）玻璃吸管　将吸管尖端与装在水龙头上的橡皮管连接，反复冲洗。

吸过血液、血清、糖溶液或染料溶液等的玻璃吸管：使用后立即投入盛有自来水的容器中浸泡，实验后集中冲洗。

塞有棉花的吸管：用水将棉花冲出，然后冲洗。

吸过含有微生物培养物的吸管：先用2%的煤酚皂溶液或5%的苯酚浸泡数小时或过夜，再经高压蒸汽灭菌后，用自来水及蒸馏水洗净。

吸管内壁有油垢：先在洗涤液中浸泡数小时，或在50 g/L的碳酸氢钠溶液内煮两次，再冲洗。

（3）载玻片与盖玻片　带有香柏油：先用皱纹纸擦拭或在二甲苯中摇晃几次后，在肥皂水中煮沸5～10分钟，用软布或脱脂棉擦拭后，立即用夹子取出经自来水冲洗，然后在稀洗涤液中浸泡0.5～2小时，自来水冲洗，干后在95%乙醇中保存备用，用时再在火焰上烧去乙醇即可。也可从乙醇中取出，并用软布擦干，保存备用。检查过活菌：先在2%煤酚皂溶液或5%苯酚溶液中浸泡24小时，然后按上述方法洗涤。

其他玻璃器皿，凡沾有凡士林或石蜡，并未曾污染菌的，洗刷之前尽可能除去油污。可先在50 g/L的碳酸氢钠溶液内煮两次，再用肥皂和热水冲洗。以水在器皿内壁均匀分布成一薄层而不出现水珠为油污除尽的标准。染菌或盛过微生物的玻璃器皿，应先经121℃高压蒸汽灭菌，20～30分钟后取出，并趁热倒出容器内的培养物，再用肥皂和热水刷洗干净。

（二）玻璃器皿包扎

1. 培养皿的包扎　一般以5～8套培养皿做一包，用纸包扎或装在金属平皿筒内（图11－1）。

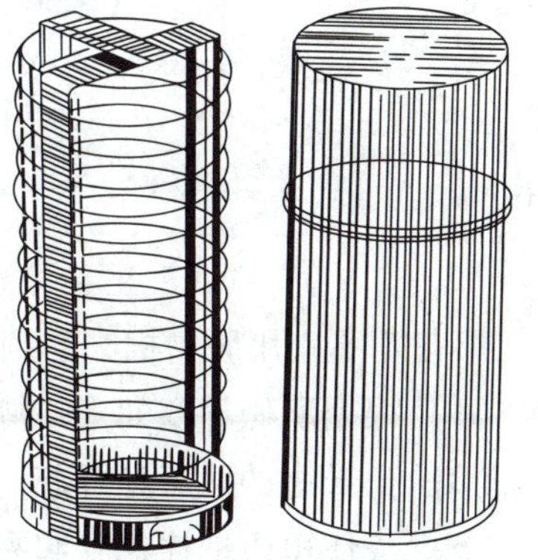

图11－1　金属平皿筒

2. 吸管的包扎　准备好干燥的吸管，并在距其粗头顶端约0.5 cm处塞一小段约1.5 cm的棉花，可用拉直的曲别针一端放在棉花中心，轻轻插入管口。棉花松紧必须适中，管口外露的棉花纤维可统一通过火焰烧去。然后将吸管尖端斜放在旧报纸条（宽约5 cm）的近左端，与报纸呈30°角，并将左端多余的一段纸覆折在吸管上，再将整根吸管卷入报纸，右端多余的报纸打一小结（图11－2），再将包好的吸管集中灭菌。也可将吸管装入金属管筒（图11－3）内进行灭菌。

3. 试管和三角瓶等的包扎　试管口（三角瓶口）用棉花塞或泡膜塑料塞塞紧，然后在棉花塞与管口（瓶口）外再包以厚纸，用棉绳以活结扎紧，以防灭菌后瓶口被外部杂菌污染。

4. 棉花塞的制作　试管和三角瓶都需要合适的棉花塞，棉花塞起到过滤作用，避免空气中的微生物进入到试管或者三角瓶中。棉花塞必须紧贴玻璃内壁，无皱纹和缝隙，不能过松，亦不能过紧，过紧易挤破管口和不易塞入，过松易掉落和污染。棉花塞的长度应不少于管口直径的2倍，约2/3塞进管口。灭菌前将若干支试管用绳子扎在一起，在棉花塞部分外部包上油纸或牛皮纸，再在纸外用绳扎紧。三角瓶每个单独用油纸或牛皮纸包扎棉花塞（图11－4）。

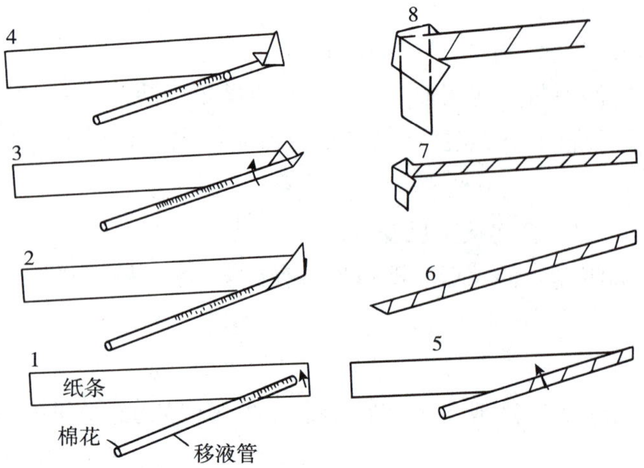

1. 吸管与纸条呈30° 角；2. 多余纸段覆折；3~6. 将整根吸管卷入报纸；
7~8. 多余报纸打结

图 11－2　吸管包扎示意图

图 11－3　金属管筒

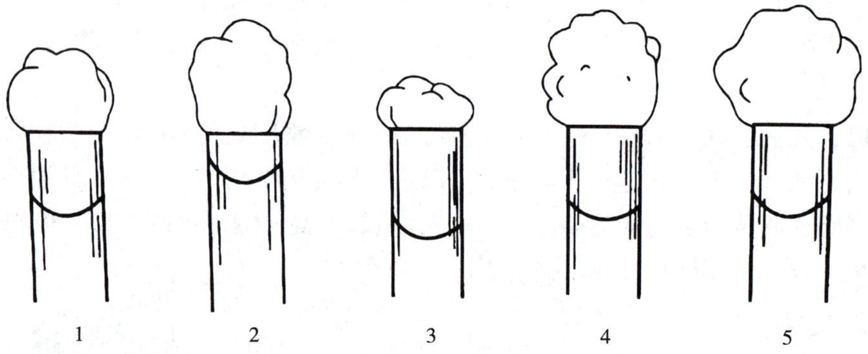

1.正确的样式；2.管内部分太短，外部太松；3.外部过小；
4.整个棉塞过松；5.管内部分过紧，外部过松

图 11－4　棉塞

棉花塞不宜用脱脂棉，必须用普通棉花制作，制作方法如下。

（1）根据所做棉塞的大小撕一块较平整的棉花。

（2）把长边的两头各叠起一段，以叠齐、加厚。

（3）按住短边把棉花卷起来，卷时两手捏紧中间部分，两头不宜卷得过紧。

（4）卷成棉卷后，从中间折起并拢，插入试管或三角瓶，深度如上所述。

（5）检查插入部分的松紧度、长度，以及外露部分长度、粗细及结实程度，是否符合要求。

此外，还有另一种棉花塞制作方法，如图 11－5 所示。

新制作的棉花塞弹性较大，不易定型，插在容器上经高压蒸汽灭菌后，形状、大小即可固定。按不同大小棉塞分类存放，备用。

五、复习与思考

1. 简述带菌玻璃器皿的洗涤方法。
2. 玻璃器皿如何包扎？
3. 简述棉塞的制作方法。

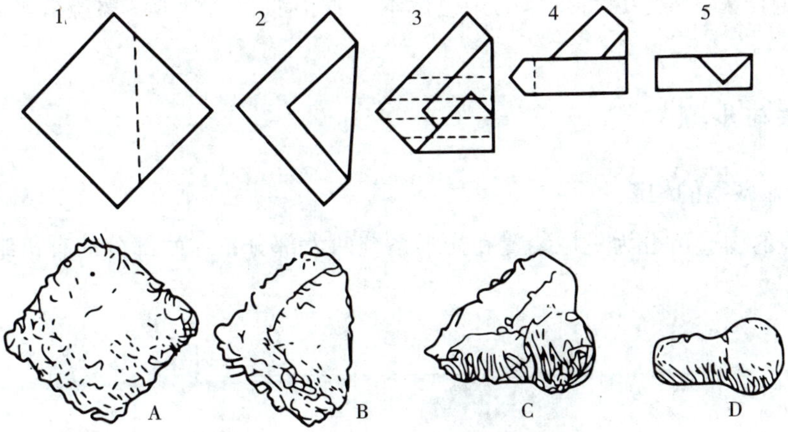

图 11-5　棉塞的制作过程

A. 正方形棉花；B. 对角线1/3处折角；C. 从相邻一角卷出；D. 卷成锤头状

实训二　显微镜的使用及微生物标本片观察

一、实训目的

1. 掌握　显微镜的使用方法，光学显微镜下细菌的形态与基本结构。

2. 熟悉　使用显微镜观察微生物的方法。

3. 了解　普通光学显微镜的构造和原理。

二、实训原理

微生物是一群个体微小、结构简单，肉眼不能看到，必须借助显微镜放大几百、几千甚至几万倍才能看清的微小生物。因此，必须熟练掌握显微镜的使用和维护方法。

显微镜的种类很多，主要是依据目的不同分类，可分为普通光学显微镜、电子显微镜、荧光显微镜、暗视野显微镜、相差显微镜。在微生物学实验中，普通光学显微镜的使用最为常见。显微镜是通过由物镜和目镜组成的透镜组使物体放大成像的，其放大倍数是指目镜放大倍数与物镜放大倍数的乘积。通常物镜的放大倍数越大，物镜镜头与标本之间的距离越短，光圈则要打开得越大。

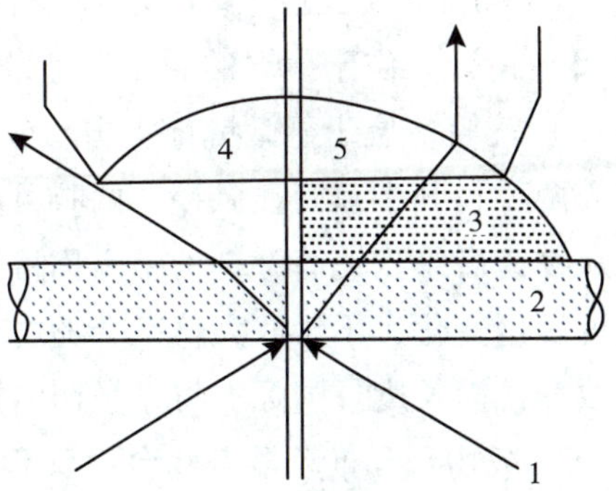

1.光线；2.载玻片；3.香柏油；4.空气；5.油镜

图 11-6　油镜的原理示意图

由于油镜的孔径很小，进入物镜中的光线很少，其视野较用低、高倍镜时暗，因此所需的光照强度较大。当光线透过标本后直接经空气进入油镜时，由于介质密度不同而发生折射现象，以致进入物镜的光线减少，最终导致视野暗淡，物像不清，若在标本片上滴加上折光率与载玻片（n = 1.52）相近的香柏油（n = 1.515），就可以避免光线因折射而散失，加强视野亮度，便于清晰地观察标本（图 11-6）。

三、仪器与材料

1. 仪器　普通光学显微镜等。

2. 材料 球菌、杆菌、螺旋菌等细菌的染色标本，香柏油、二甲苯、擦镜纸等。

四、实验方法与步骤

（一）普通光学显微镜的构造

普通光学显微镜的构造可分为机械装置和光学系统两大部分，这两部分的有机结合，才能发挥出显微镜的作用（图 11－7）。

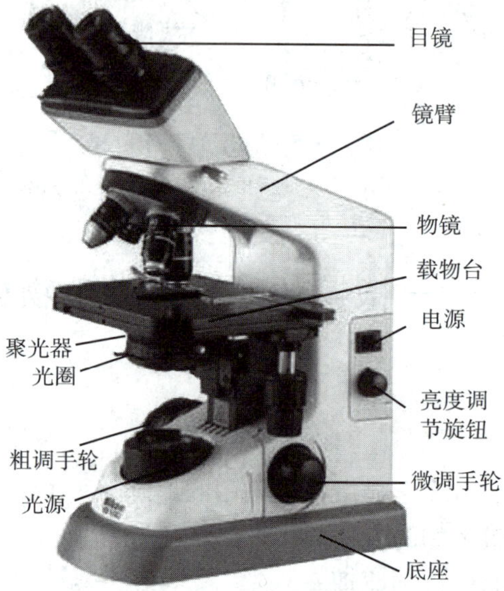

图 11－7 双筒光学显微镜

1. 显微镜的机械装置 包括镜座、镜臂、镜筒、载物台、物镜转换器、推动器、粗调螺旋、微调螺旋等部件。其作用是固定与调节光学镜头、固定与移动标本等。

（1）镜座 位于显微镜的底部，支撑整个显微镜的作用。

（2）镜臂 位于镜筒的后面，呈弓形，是支撑镜身和搬挪显微镜时的握持部位。

（3）镜筒 位于显微镜前上方，镜筒上接目镜，下接转换器，形成目镜与物镜间的暗室。有单筒和双筒两种，其中双筒显微镜，两眼可同时观察，以减轻眼疲劳。

从物镜后缘到镜筒微端的距离称机械筒长。由于物镜的放大率是对一定的镜筒长度而言的，故若镜筒长度发生变化，不仅放大倍率会随之变化，且成像质量也会受到影响。因此，在使用显微镜时，不能任意改变镜筒长度。国际上将显微镜的标准筒长定为 160 mm，此数字标在物镜的外壳上。

（4）载物台和推动器载物台 又称工作台或镜台，是用来放置标本的，有圆形和方形两种，其中以方形较常见，面积为 120 mm × 110 mm。中间有一个通光孔，通光孔后方左右两侧各有一个压片夹，有固定式和移动式两种，其中移动式是通过推动器进行前后左右的移动。推动器是由一横一纵两个推进齿轴的金属架组成的，质量好的显微镜在纵横架杆上刻有刻度标尺，构成很精密的平面坐标系。

（5）物镜转换器 固定于镜筒下端，有 3～4 个物镜圆孔，可放置不同放大倍数的物镜，转换器可以通过转动来调换物镜。

（6）调焦螺旋 是用来调节焦距的装置，有粗调螺旋和细调螺旋。粗调螺旋用来作粗略的调焦，调到隐约看到物像后，改用细调螺旋作精确调焦，使标本物像清晰。为得到清晰的物像，这种调节物镜和标本之间距离的操作称为调焦。

2. 显微镜的光学系统 由物镜、目镜、聚光器、反光镜（注：新式显微镜已无反光镜，而是电光源）等组成。光学系统能使物体放大，形成物体放大像。

（1）物镜 是决定显微镜性能的最重要部件，安装在物镜转换器上，因其接近被观察的标本，故又称为接物镜。根据放大倍数的不同，物镜可分为低倍物镜、高倍物镜和油镜，分别刻有放大倍数的标记，即“10×”“40×”“100×”。油镜头上都有标记：标有“90×”或“100×”，镜头前有黑、白或红的圆圈，刻有“Ⅲ”或“Oil”等。

（2）目镜 因其靠近观察者的眼睛，故也叫接目镜，安放在镜筒的上端。目镜由上下两组透镜组成，上面的透镜称接目透镜，下面的透镜称汇聚透镜。常用目镜的放大倍数有5、10、15倍3种，分别与刻有“5×”“10×”“15×”的标记对应。

物镜可分辨清楚的标本，若没有经目镜的再次放大，未达到人眼分辨率，那就看不清楚；同样物镜所不能分辨的标本，即使目镜再放大，也还是看不清楚，所以目镜起的是放大作用，而不能提高显微镜的分辨率。因此目镜和物镜既相互联系而又彼此制约。

（3）聚光器 又叫集光器，位于载物台下方。主要由聚光镜、孔径光阑、滤光镜等组成，聚光镜由许多透镜组成，其作用相当于凸透镜，能会聚由反光镜反射而来的光线，使光线集中于载物玻片上。聚光器可以通过上下移动光栅来调节所需亮度。

（4）反光镜 位于聚光器下方，是一个可以转动的，具有平面和凹面两面的双面镜。平面镜反射光线的能力较弱，凹面镜反射光线的能力较强。新式显微镜常以电光源代替反光镜。

（二）显微镜的使用

1. 调试显微镜

（1）将显微镜从显微镜柜或镜箱内取出时，要用右手紧握镜臂，左手托住镜座，平稳地将显微镜搬运到实验桌上，将显微镜放于自己身体的左前方，离桌子边缘10 cm左右，右侧可放置记录本或绘图纸。安装物镜，并选择合适的目镜装入镜筒，端正坐姿，单目显微镜用左眼观察，右眼帮助记录或绘图。

（2）使低倍镜与镜筒成一直线，调节反光镜，使光线均匀照射在反光镜上。电光源显微镜只需打开照明光源，并使整个视野都有均匀的照明，调节亮度，然后升降聚光器，开启光栅，将光线调至适合的亮度。不带光源的显微镜，可利用自然光或灯光通过反光镜来调节光照，但不能用直射阳光，直射阳光会影响物像的清晰度并刺激眼睛。将聚光器上的光栅打开到最大位置，用左眼观察目镜中视野的亮度，转动反充镜，使视野光照达到最明亮、最均匀为止。当光线较强时，用平面反光镜，光线较弱时，则用凹面反光镜。自带光源的显微镜，可通过调节电流旋钮来调节光照强弱。

（3）调节光轴中心。在观察时，显微镜光学系统中的物镜、目镜、光源和聚光器的光轴及光阑中心必须跟显微镜的光轴在同一直线上。带视场光阑的显微镜，先将光阑缩小，用10×物镜观察，在视野内即可见到视场光阑圆球多边形的轮廓像，若此像不在视野中央，则可利用聚光器外侧的两个调整旋钮将其调到中央，然后缓慢地将视场光阑打开，能看到光束向视野周缘均匀展开，直至视场光阑的轮廓像完全与视场边缘内接，说明光线已经合轴。

2. 低倍镜观察 镜检任何标本都必须要养成先用低倍镜观察的习惯，因为低倍镜视野较大，易于发现目标，并确定检查的位置。

将标本片放在载物台上，用标本夹夹住，移动推动器，使被观察标本处于物镜正下方，转动粗调螺旋，将物镜调至接近标本处，用目镜观察，并同时用粗调螺旋慢慢升起镜筒（或下降载物台），直至物像出现，改用细调螺旋微调，直至物像清晰，用推动器移动标本片，找到合适的目的物像，并将它移到视野中央进行观察，作图。

3. 高倍镜观察 在低倍物镜观察的基础上转换高倍物镜，质量较好的显微镜其低倍、高倍镜头是同焦的，在正常情况下，高倍物镜的转换不应碰到载玻片或其上的盖玻片。若使用不同型号的物镜，在转换物镜时要从侧面观察，避免镜头与玻片相撞，然后从目镜观察，调节光照，使亮度适中，调节细调螺旋，使镜筒缓慢上升或下降（或载物台下降或上升），直至物像清晰为止，找到需观察部位，并移至视野中央进行观察，作图。

4. 油镜观察

（1）先用粗调螺旋将镜筒提升（或将载物台下降）约2 cm，并将高倍镜转出。

（2）在玻片标本的镜检部位滴上一滴香柏油。

（3）从侧面观察，用粗调螺旋将载物台缓慢上升（或镜筒下降），使油浸物镜浸入香柏油中，镜头几乎与标本接触。

（4）通过目镜观察，放大视场光阑及聚光镜上的光栅（带视场光阑油镜开大视场光阑），上调聚光器，使光线充分照明，用粗调螺旋将载物台缓慢下降（或镜筒上升），当出现物像一闪而过后，改用细调螺旋调至最清晰为止。如油镜已离开油面而仍未见到物象，必须再从侧面观察，重复上述操作。

（5）观察完毕，下降载物台，将油镜头转出，先用擦镜纸擦去镜头上的香柏油，再用擦镜纸蘸少许二甲苯，擦去镜头上残留的油迹，最后再用擦镜纸擦拭2～3下即可（注意向一个方向擦拭）。

（6）将各部分还原，转动物镜转换器，使物镜镜头不与载物台通光孔相对，而是成八字形摆放，再将镜筒下降至最低，降下聚光器，使反光镜与聚光器垂直，用一个干净手帕将目镜罩好，以免目镜头沾污灰尘，然后用柔软纱布清洁载物台等机械部分，最后将显微镜放回柜内或镜箱中。

（三）显微镜的维护

1. 显微镜是贵重的精密仪器，使用时要小心爱护，勿随意拆散玩弄。持镜时必须右手握臂、左手托座姿势，不可单手提取，以免零件脱落或碰撞到其他地方。轻拿轻放，不可把显微镜放置在实验台边缘，以免碰翻落地。

2. 保持显微镜清洁，经常清除灰尘，清洁时要特别保护光学元件，光学和照明部分只能用擦镜纸擦拭，切忌口吹、手抹或用布擦，机械部分用布擦拭。水滴、乙醇或其他药品切勿接触镜头和镜台，如有沾污应立即擦净。镜筒内要插入接目镜，以防止灰尘进入后堆积在物镜后面。

3. 要养成两眼同时睁开的习惯，通常用左眼观察视野，右眼绘图。

4. 不要任意拆卸各种零件，物镜转换器和粗、细调螺旋，结构紧密，不要轻易拆装，若仪器发生故障，应及时进行修理，以防损坏。

5. 当用二甲苯擦镜头时，用量要少，不易久抹，以防黏合透镜的树脂被溶解。

6. 使用完毕后，必须恢复原样才能放回镜箱内。

（四）微生物基本形态观察

1. 用刚刚学会的显微镜使用方法观察细菌的形态结构。注意细菌形态、大小、排列方式以及是否有鞭毛、菌毛、荚膜和芽孢。

2. 分别绘出你在低倍镜、高倍镜和油镜下观察到的细菌的形态结构，并注明物镜的放大倍数和总放大率。

五、复习与思考

1. 为什么要选用香柏油为油镜介质？其原理是什么？使用油镜时应注意哪些事项？
2. 油镜与普通物镜在使用方法上有什么不同？应注意什么？
3. 如何正确使用和保护显微镜？影响显微镜分辨率的主要因素有哪些？
4. 绘制观察到的标本形态。

实训三　微生物染色技术

一、实训目的

1. 掌握　细菌的简单染色法和革兰染色法、无菌操作技术。

2. 熟悉　微生物涂片、染色的基本技术。

3. 了解　细菌形态特征。

二、实训原理

细菌的细胞小而透明，在普通光学显微镜下不易识别，必须对它们进行染色。可利用单一染料对细菌进行染色，使经染色后的菌体与背景形成明显色差，从而能更清楚地观察其形态和结构。此法操作简便，适用于菌体一般形状和细菌排列的观察。

常用碱性染料进行简单染色，因为在中性、碱性或弱酸性溶液中，细菌细胞通常带负电荷，而碱性染料在电离时，其分子的染色部分带正电荷，因此碱性染料的染色部分很容易与细菌结合，使细菌着色。经染色后的细菌细胞与背景形成鲜明对比，在显微镜下更易于识别。常用作简单染色的染料有结晶紫、美蓝、碱性复红等。当细菌分解糖类产酸使培养基 pH 下降时，细菌所带正电荷增加，此时可用酸性复红、伊红或刚果红等酸性染料染色。

三、仪器与材料

1. 仪器　显微镜、酒精灯、载玻片、接种环、玻片搁架、双层瓶（内装香柏油和二甲苯）（图 11－8）。

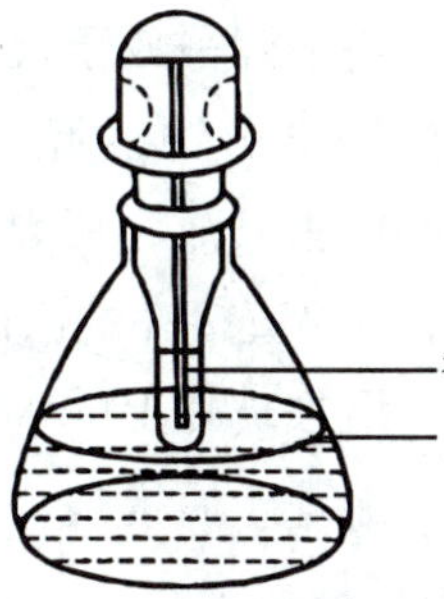

图 11－8　装香柏油和二甲苯的双层瓶

2. 材料

（1）菌种　大肠埃希菌 18～24 小时营养琼脂斜面培养物、葡萄球菌 18～24 小时营养琼脂斜面培养物。

（2）染色剂　碱性美蓝染液、草酸铵结晶紫染液、番红染液、苯酚复红染液、卢戈碘液、95% 乙醇。

（3）其他　擦镜纸、生理盐水或蒸馏水等。

四、实验方法与步骤

（一）细菌的简单染色法

流程：涂片→干燥→固定→染色→水洗→干燥→镜检（图 11－9）。

1. 涂片　取两块洁净无油的载玻片，在无菌条件下各滴一小滴生理盐水或蒸馏水于玻片中央，用接种环以无菌操作（图 11－10）分别从大肠埃希菌和葡萄球菌营养琼脂斜面培养物上挑取少许菌苔于水滴中，混匀并涂成薄膜。若用菌悬液（或液体培养物）涂片，可用接种环挑取 2～3 环直接涂于载玻片上。注意滴生理盐水（蒸馏水）和取菌时不宜过多，且涂抹要均匀，不宜过厚。

2. 干燥　将上述涂片置于桌面上，任其自然干燥。也可将涂面朝上，在酒精灯上方稍微加热，使其干燥，但切勿离火焰太近，以免温度太高破坏菌体形态。

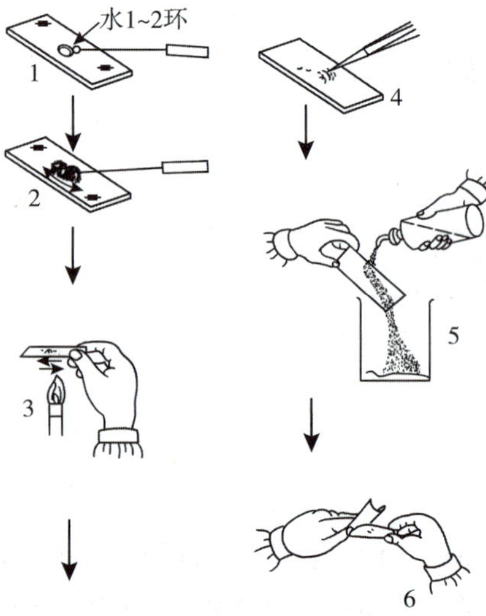

1. 加水；2. 挑菌涂片；3. 固定；
4. 加染色液；5. 水洗；6. 吸干

图 11－9 染色过程

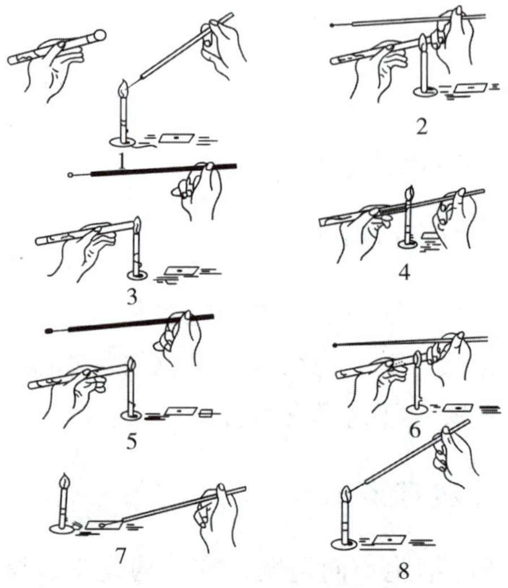

1. 灼烧接种环；2. 打开试管塞；3. 烧管口；
4. 挑取菌落；5. 烧管口；6. 塞好棉塞（硅塞）；7. 涂布；8. 灼烧多余菌

图 11－10 无菌操作过程

3. 固定 手持载玻片一端，涂有细菌标本的一面朝上，将载玻片在酒精灯火焰外焰（最热部分）来回快速通过 3～5 次，使涂抹的细菌固定于载玻片上。如用酒精灯加热干燥，固定与干燥可合为一步，方法同干燥。

4. 染色 将玻片平放于玻片搁架上，滴加染液 1～2 滴于涂片上（以染液刚好覆盖涂片薄膜为宜）。碱性美蓝染色 1～2 分钟，苯酚复红（或草酸铵结晶紫）染色约 1 分钟。

5. 水洗 倾去染液，用自来水从载玻片一端轻轻冲洗，直至从涂片上流下的水为无色透明为止。水洗时，水流不要直接冲洗涂面。水流不宜过急、过大，以免涂片薄膜脱落。

6. 干燥 甩去玻片上的水珠，自然干燥、电吹风吹干或用吸水纸吸干均可（注意勿擦去菌体）。

7. 镜检 涂片干后镜检。涂片必须完全干燥后才能用油镜观察。

（二）革兰染色法

流程：涂片→干燥→固定→染色（初染→媒染→脱色→复染）→镜检。

1. 制片（涂片、干燥、固定）

（1）常规涂片法 取一洁净载玻片，用特种笔在载玻片左右两侧标上菌号，并在两端各滴一小滴蒸馏水，以无菌接种环分别挑取少量菌体涂片，干燥、固定。玻片要洁净无油，否则菌液不易涂开。

（2）“三区”涂片法 在玻片左右端各滴加一滴蒸馏水，用无菌接种环挑取少量大肠埃希菌，与左边水滴充分混合成仅有大肠埃希菌的区域，并将少量菌液延伸至玻片的中央，再用无菌接种环挑取少量葡萄球菌，与右边的水滴充分混合成仅有葡萄球菌的区域，并将少量葡萄球菌菌液延伸到玻片中央，与大肠埃希菌菌液相混合成为含有两种菌的混合区，干燥、固定。

注意：要用活跃生长期的幼培养物作革兰染色，涂片不宜过厚，以免脱色不完全造成假阳性。

2. 初染 滴加结晶紫（以刚好将菌膜覆盖为宜）于两个玻片的涂面上，染色 1～2 分钟，倾去染色液，细水冲洗至洗出液为无色，将载玻片上的水甩净。

3. 媒染 用卢戈碘液媒染约 1 分钟，水洗，甩净载玻片上的水。

4. 脱色 用滤纸吸去玻片上的残水，将玻片倾斜，在白色背景下，用滴管流加 95% 乙醇脱色，直至流出的乙醇无紫色时，立即水洗，终止脱色，将载玻片上的水甩净。也可将 95% 乙醇滴加于菌膜上，不停晃动，使乙醇与菌膜充分接触，脱色 20～30 秒。

乙醇脱色是革兰染色操作的关键环节。脱色不足，阴性菌会被误染成阳性菌；脱色过度，阳性菌会被误染成阴性菌。脱色时间一般为 20～30 秒。

5. 复染 在涂片上滴加番红液复染 1～2 分钟，水洗，然后用吸水纸吸干。在染色的过程中，不可使染液干涸。

6. 镜检 干燥后，用油镜观察，判断两种菌体染色反应性。菌体被染成紫色的是革兰阳性菌（G^+），被染成红色的为革兰阴性菌（G^-）。

7. 实验结束后处理清洁显微镜 先用擦镜纸擦去镜头上的香柏油，然后再用擦镜纸蘸取少量二甲苯，擦去镜头上的残留油迹，最后用擦镜纸擦去残留的二甲苯。染色玻片用洗衣粉水煮沸、清洗、晾干后备用。

（三）注意事项

1. 制片要薄。涂片时生理盐水和取菌量不宜过多，涂片应尽可能“薄、匀、散”。
2. 染色过程中要严格控制各试剂的作用时间，尤其是乙醇脱色时间。乙醇脱色时间过长，革兰阳性菌也可被脱色，最终染成红色，造成假阴性；而脱色时间过短，革兰阴性菌可染成紫色，造成假阳性。
3. 碘液配制后应装在密闭的暗色瓶内贮存。如因贮存不当，试剂由原来的红棕色变成淡黄色，则不宜再用。

五、实训结果

1. 根据观察结果，绘出两种细菌的形态图。
2. 列表简述两株细菌的染色结果（说明各菌的形状、颜色和革兰染色反应）。

六、复习与思考

1. 为什么细菌染色前要进行固定？
2. 哪些环节会影响革兰染色结果的正确性？其中最关键的环节是什么？
3. 进行革兰染色时，为什么特别强调菌龄不能太老？用老龄细菌染色会出现什么问题？
4. 不经过复染这一步，能否区别革兰阳性菌和革兰阴性菌？
5. 为什么要求制片完全干燥后才能用油镜观察？
6. 如果涂片未经加热固定，将会出现什么问题？如果加热温度过高、时间太长，又会怎样？

实训四 微生物形态的观察

一、放线菌的形态观察

（一）实训目的

1. 掌握 培养放线菌的几种方法。

2. 熟悉 放线菌的基本形态特征。

3. 了解 放线菌基本分类。

（二）实训原理

放线菌一般由分支状菌丝组成，它的菌丝可分为基内菌丝（营养菌丝）、气生菌丝和孢子丝三种。放线菌生长到一定阶段时，大部分气生菌丝分化成孢子丝，通过横隔分裂的方式产生成串的分生孢子。孢子丝形态多样，有波浪形、钩状、螺旋状、轮生等多种形态，孢子也有球形、椭圆形、杆状和瓜子状等。它们的形态构造都是放线菌分类鉴定的重要依据。

（三）仪器与材料

1. 仪器 无菌平皿、载玻片、无菌盖玻片、1 ml 无菌吸管、无菌镊子、酒精灯、接种环、剪刀、显微镜、超净工作台、恒温培养箱等。

2. 材料 灰色链霉菌、天蓝色链霉菌、5406 放线菌、高氏一号培养基。

（四）实验方法与步骤

插片法流程：倒平板→插片→接种→培养→镜检→记录绘图。

1. 倒平板 将已灭菌的高氏一号培养基融化后，倒入无菌培养皿中 10 ~ 12 ml，凝固后使用。

2. 插片 将灭菌的盖玻片以 45°角插入培养皿内培养基中，插入深约为 1/2 或 1/3。

3. 接种与培养 用接种环将菌种接种在盖玻片与琼脂相接的沿线，28℃培养 3 ~ 7 天。

4. 观察培养后菌丝体生长 在培养基及盖玻片上，小心用镊子将盖玻片抽出，轻轻擦去生长较差的一面的菌丝体，将生长良好的菌丝体面向载玻片，并压放于载玻片上。直接在显微镜下观察。

（五）复习与思考

1. 观察并绘制放线菌的孢子丝形态，并指明其着生方式。
2. 绘图并描述自然生长状态下观察到的放线菌形态。
3. 比较不同放线菌形态特征的异同。

二、霉菌的形态观察

（一）实训目的

1. 掌握 观察霉菌的基本方法。

2. 熟悉 霉菌的菌丝及菌丝体。

3. 了解 四类常见霉菌的基本形态特征。

（二）实训原理

霉菌可产生复杂分支的菌丝体，分基内菌丝、气生菌丝和繁殖菌丝三大类。气生菌丝生长到一定阶段分化产生繁殖菌丝，由繁殖菌丝产生孢子。霉菌菌丝体及孢子的形态特征是识别不同种类霉菌的重要依据。霉菌菌丝横截面直径和孢子的宽度通常比细菌和放线菌粗得多，可用低倍显微镜观察。

直接制片观察法：将培养物放于乳酸 - 苯酚 - 棉蓝染色液中，制成霉菌标本玻片，镜检。其制片特点是：细胞不变形；具有防腐作用，不易干燥，能较长时间保存；能防止孢子飞散；染液的蓝色能增强反差。必要时，还可以用树脂封固，制成永久标本长期保存。

载玻片培养观察法：用无菌操作将培养物琼脂薄层放于载玻片上，接种后盖上盖玻片培养，霉菌即在载玻片和盖玻片之间的有限空间内，延盖玻片横向生长。培养一定时间后，将载玻片上的培养物置于显微镜下观察。这种方法既可以保持霉菌自然生长状态，又便于观察不同发育时期的培养物。

（三）仪器与材料

1. 仪器 无菌吸管、无菌平皿、载玻片、无菌盖玻片、U 形玻璃棒、解剖针、无菌镊子、50% 乙醇、20%甘油、酒精灯以及显微镜等。

2. 材料 毛霉、根霉、青霉、曲霉的培养物，土豆琼脂培养基和查氏琼脂培养基，乳酸－苯酚－棉蓝染色液。

（四）实验方法与步骤

流程：倒平板→接种→制片→镜检→描述绘图。

1. 直接制片观察法 在载玻片上加一滴乳酸－苯酚－棉蓝染色液，用解剖针从霉菌菌落边缘挑取少量已产孢子的霉菌菌丝，先置于50%乙醇中浸泡一下以洗去脱落的孢子，再放在载玻片上的染色液中，用解剖针小心地将菌丝分散开来，盖上盖玻片，放置在低倍镜下观察，必要时换高倍镜观察。

2. 载玻片培养观察法

（1）培养小室的灭菌 在平皿皿底铺一张略小于皿底的圆形滤纸片，再放一U形玻璃棒，其上放一块洁净载玻片和两块盖玻片，盖上皿盖，包扎后121℃灭菌30分钟，烘干备用。

（2）琼脂块的制作 取已灭菌的马铃薯琼脂培养基6～7 ml，注入另一个无菌平皿中，使之凝固成薄层，用解剖刀切成0.5～1 cm的琼脂块，并将其移至上述培养室中的载玻片上。

（3）接种 用较细的接种环挑取很少量的孢子，接种于琼脂块的边缘，再用无菌镊子将玻片覆盖于琼脂块上。

（4）培养 在平皿的滤纸上加入3～5 ml灭菌的20%甘油（以保持平皿内的湿度），盖上皿盖，28℃培养。

（5）镜检 根据需要可在不同培养时间内取出载玻片置于低倍镜下观察，必要时可换高倍镜观察。

（五）复习与思考

1. 绘出所观察到的四种霉菌的形态图。
2. 比较这四种霉菌各自的特点。

实训五 培养基的配制与灭菌

一、实训目的

1. 掌握 培养基配置的一般方法和步骤；培养基灭菌的一般方法。
2. 熟悉 制备牛肉膏蛋白胨培养基的基本技术。
3. 了解 物品消毒灭菌的方法。

二、实训原理

培养基必须含有水、碳源、氮源、无机盐、生长因子等，这些营养物质按照一定的比例配方，在适合微生物生长繁殖的酸碱度和温度下，经灭菌后才可使用。

牛肉膏蛋白胨培养基是一种应用最广泛，也是最普通的细菌基础培养基，这种培养基含一般细菌生长繁殖所需的最基本营养物质，培养基含有碳源、氮源、磷酸盐、维生素、生长因子等。此培养基多用于培养细菌，因此要用稀酸或稀碱将其pH调至中性或弱碱性，以利于细菌的生长繁殖。

三、仪器与材料

1. 仪器 精密pH试纸、扭力天平、药匙、称量纸、三角烧瓶、烧杯、量筒、试管、无菌平皿、玻璃棒、棉花、牛皮纸、棉绳、纱布、移液管、漏斗、报纸、硫酸纸、吸管、标签纸、培养基分装器、高压蒸汽灭菌锅等。

2. 材料 牛肉膏、蛋白胨、NaCl、琼脂、1 mol/L 氢氧化钠溶液、1 mol/L 盐酸溶液、蒸馏水。

四、实验方法与步骤

（一）培养基的制备

1. 称量 按培养基配方比例依次准确称取牛肉膏、蛋白胨、NaCl、琼脂放入烧杯中。不容易称量的牛肉膏常用玻璃棒挑取，放在小烧杯或表面皿称量，用热水溶化后倒入烧杯，也可放硫酸纸上称量，然后连同硫酸纸一同放入烧杯中，向烧杯内加入所需蒸馏水，这时稍微加热，牛肉膏便会与硫酸纸分离，然后立即取出硫酸纸。

称药品时切忌药品混杂，一把药匙对应一种药品，或称取一种药品后，把药匙清洗干净、擦干，再称取另一种药品。

2. 溶解 在上述烧杯中先加入少于所需要的水量，用玻璃棒搅匀，然后在石棉网上加热，使其溶解，或用磁力搅拌使其溶解。将药品完全溶解后，补充水到所需总体积，若配制固体培养基，将称好的琼脂放入已溶的药品中，再加热溶化，最后补足所损失的水分。

3. 调 pH 在未调 pH 前，先用精密 pH 试纸测量培养基的原始 pH，如果小于7.6，用滴管向培养基中滴加入 1 mol/L 氢氧化钠溶液，边加边搅拌，并随时用 pH 试纸测其 pH，直至 pH 达7.6，反之，用1 mol/L 盐酸溶液进行调节。因为高压蒸汽灭菌后，pH 常会降低，故一般将培养基 pH 调至比要求的高出 0.2。

4. 过滤 趁热用滤纸或多层纱布过滤，以利于某些实验结果的观察，一般无特殊要求情况下，这一步是可以省去的。

5. 分装 根据实验要求不同，可将配制的培养基分装入试管内或者三角烧瓶内（图11－11）。液体培养基分装高度应以试管的 1/4 左右为宜，分装三角瓶的量一般以不超过三角瓶容积的 1/2 为宜；固体培养基分装高度应以不超过试管的 1/5 为宜；半固体培养基分装高度应以不超过试管的 1/3 为宜，装入三角瓶的量以不超过三角瓶容积的一半为宜。注意在分装过程中，避免培养基沾在瓶口、管口或皿口上而引起污染。

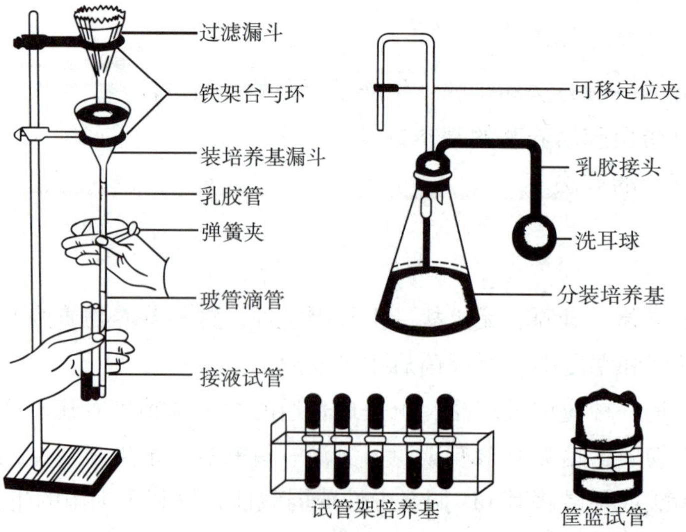

图11－11 分装试管装置

6. 加棉塞 培养基分装完毕后，在试管口或三角烧瓶上塞上棉塞，以阻止外界微生物进入培养基内而造成污染，并保证有良好的通气性能。

7. 包扎 加塞后，将全部试管用麻绳捆好，再在棉塞外包一层牛皮纸，防止灭菌时冷凝水润湿棉塞，其外再用一道棉绳扎好。贴上标签纸，标签纸上用记号笔注明培养基名称、组别、配制日期。

三角烧瓶加塞后，外包牛皮纸，用棉绳以活结形式扎好，使用时容易解开，同样贴上标签，用记号笔注明培养基名称、组别、配制日期。

8. 灭菌 将培养基放入全自动高压蒸汽灭菌锅，加盖，采用对角式均匀拧紧锅盖上的螺旋，使蒸汽锅密闭。一般不含糖培养基用0.1 MPa、121℃，灭菌15～30分钟；含糖培养基用55.21 kPa灭菌20～30分钟。

9. 搁置斜面 将灭菌的试管培养基冷却至50℃左右，将试管口端搁在玻璃棒或其他合适高度的器具上，搁置的斜面长度以不超过试管总长度的一半为宜（图11－12）。

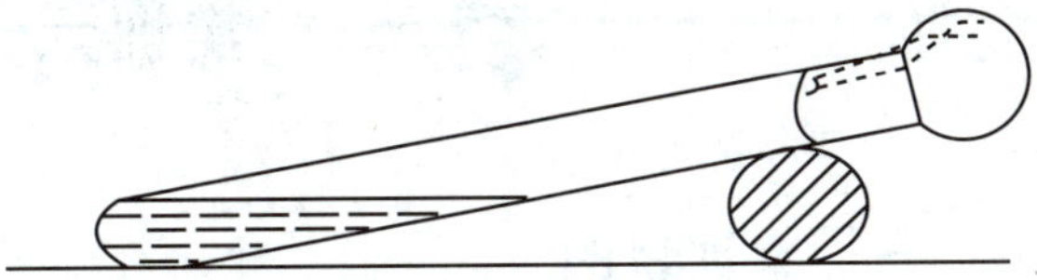

图11－12 摆斜面

10. 倒平板 左手持三角瓶，右手反手掌用中指和环指拔出瓶塞，同时将三角瓶换至右手，然后左手拿平皿，用拇指和中指将皿盖打开一条缝，至瓶口刚好伸入。三角瓶口经火焰烧灼后，将已灭菌或融化、冷却至55～60℃的约15 ml培养基倾倒入无菌平皿，迅速盖好皿盖，置于桌上轻轻旋动平皿，使培养基均匀分布于整个平皿底部，冷却（图11－13）。

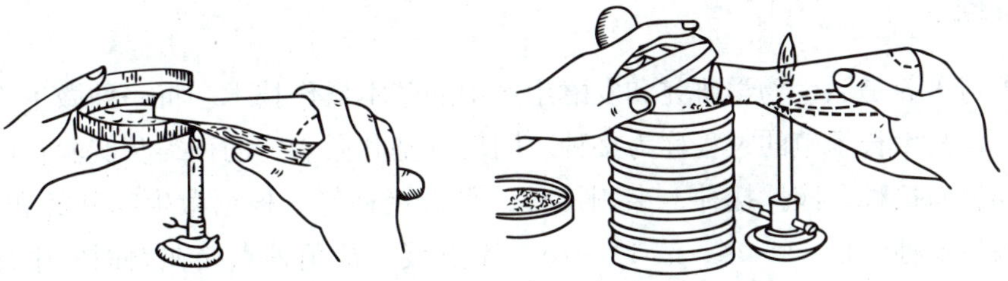

持皿法倒平板　　叠皿法倒平板

图11－13 倒无菌平板

11. 无菌检查 将灭菌的1～2管培养基放入37℃的恒温培养箱中培养24～48小时，以检查灭菌是否彻底。

（二）高压蒸汽灭菌

1. 加水 使用前在锅内加入适量的水，加水不能太少，以防灭菌锅烧干，引起炸裂；但也不宜过多，过多会引起灭菌物品积水。

2. 装锅 将灭菌物品装入锅内，不要装得太满，要求有空隙，以利蒸汽流通。盖好锅盖后，旋紧四周的固定螺旋，打开排气阀。

3. 加热排冷空气 加热后待锅内沸腾并有大量蒸汽从排气孔排出时，维持2分钟左右，以排尽冷空气。

4. 升温保压 当压力升至0.1 MPa，温度达到121℃时，控制热源，保持压力，维持30分钟后，切断热源。

5. 降温出锅 当压力表降至“0”处，温度降至100℃以下时，打开排气阀，旋开固定螺旋，开盖，取出灭菌物品。从中取出2管含培养基试管，放入37℃恒温箱中保温1～2天，检查无杂菌后，方能用于实验或生产。

6. 保养 灭菌完毕取出物品后，将锅内余水倒出，以保持锅内干燥，并盖好锅盖。

五、复习与思考

1. 制备培养基的一般程序是什么？
2. 说明配制培养基应注意哪些问题？
3. 培养基为什么要调 pH？细菌、放线菌、酵母菌、霉菌最适 pH 各为多少？
4. 培养基配置好后，为什么必须立即灭菌？
5. 培养基应怎样进行无菌检查？

实训六 微生物接种技术

一、实训目的

1. 掌握　无菌操作的基本环节，常用接种工具的正确使用。
2. 熟悉　细菌在不同培养基上的生长情况。
3. 了解　微生物的几种常用接种技术。

二、实训原理

微生物的接种与培养是微生物学研究和发酵生产中的基本操作技术。将一种微生物移接到另一灭过菌的新培养基中，使其生长繁殖的过程称为接种。因培养基和微生物的种类及实验目的不同，有多种不同的接种方式，如斜面接种、液体接种、穿刺接种、平板接种等。根据微生物种类和实验目的的不同，斜面接种又分为以下 6 种（图 11－14，表 11－1）。①点接：把菌种点接在斜面的中部，以利于在一定时间内暂时保藏菌种。②中央划直线：在斜面中部自下而上划一直线，此法常用来比较细菌生长快慢，如研究菌种的最适生长温度等。③稀波状蜿蜒划线：对于容易扩散生长的细菌，常用该方法接种，以免培养物连成一片。④密波状划线：此法能充分利用斜面，以获得较多的菌种细胞。⑤分段划线：将斜面分成上下 3～4 段，在第 2、3 段划线接种前，先对接种环进行灼烧灭菌，待冷却后蘸取前段接种处，再行划线，以获得单菌落。⑥纵向划线：此法便于快速划线接种。此外，平板接种又分为点接（图 11－15）、倾注、划线和涂布接种。

表 11－1　不同微生物斜面接种法

微生物种类	细菌	放线菌	酵母菌	霉菌	高等真菌
斜面接种方式	点接、中央划直线、稀波状蜿蜒划线、密波状蜿蜒划线、分段划线、纵向划线	方法类同细菌，多用密波状蜿蜒划线接种	点种（作暂时保藏用）、中央划直线法	点种、稀波状蜿蜒划线	挖块接种

因接种方法和微生物种类不同，常需采用不同的接种工具，例如接种环常用于细菌和酵母菌的接种，接种钩常用于放线菌和霉菌的接种，接种针用于穿刺接种，涂布棒常用于菌种分离与纯化时的平板涂抹，移液管用于液体接种等（图 11－16）。在接种过程中，为了确保纯种不被杂菌污染，必须采用严格的无菌操作，即用经过灭菌的工具，在无菌条件下接种含菌材料于灭菌后的培养基上。

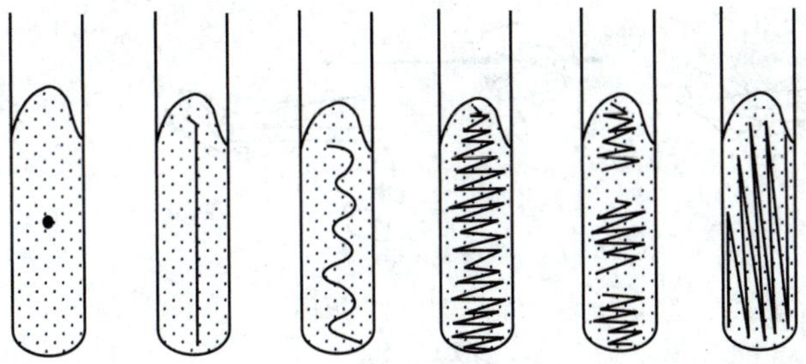

图 11－14　细菌斜面接种法

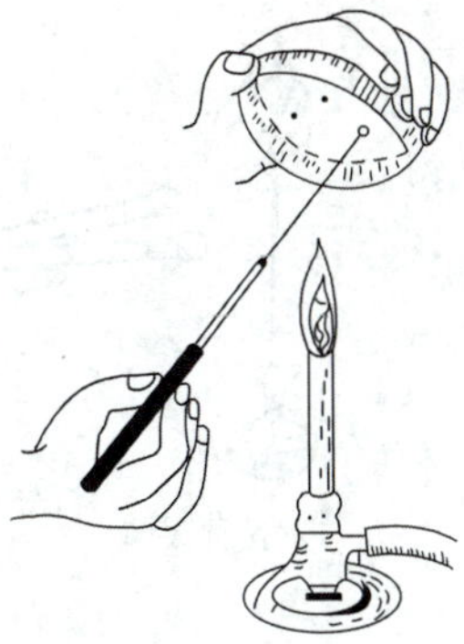

图 11－15　三点接种法

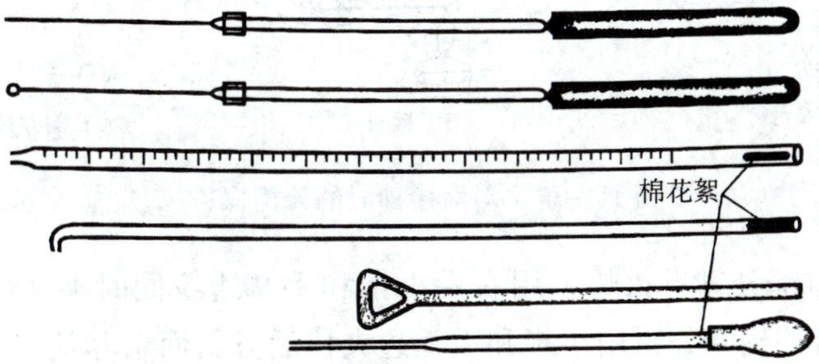

1. 接种针；2. 接种环；3. 移液管；4. 弯头吸管；5. 涂布棒；6. 滴管

图 11－16　常用接种工具

三、仪器与材料

1. 仪器　接种环、接种针、接种钩、酒精灯、标签纸、70% 乙醇棉球、9 ml 无菌生理盐水试管、玻璃涂布棒、1 ml 无菌移液管、无菌培养皿。

2. 材料　大肠埃希菌、金黄色葡萄球菌，牛肉膏蛋白胨培养基（固体、半固体、液体）。

四、实验方法与步骤

（一）斜面接种

斜面接种是从含菌材料（菌落、菌苔或菌悬液等）上面取菌种，并移接到新鲜斜面养基上的一种接种方法。斜面接种的一般操作步骤如下（图 11－17）。

（1）在无菌斜面培养基试管上贴上标签，注明接种的菌名、接种日期、接种人姓名等内容，标签纸要贴在斜面的正上方，距试管口 2～3 cm 处。

（2）点燃酒精灯，再用 70% 乙醇棉球擦手和台面。

（3）左手四指并拢伸直，把菌种试管放于示指和中指之间，待接种的斜面培养基试管放于中指和环指之间，拇指按住两支试管底部，两支试管一起并于左手中，使斜面和有菌的面向上，成近似水平状态。

（4）右手将两支试管的棉塞都旋转一下，使之松动，便于接种时拔出。

（5）右手以日常握钢笔的方式持接种环柄，先使接种环垂直于火焰上，将环端充分烧红灭菌，然后将接种时有可能伸入试管的柄部，在火焰上边转动边慢慢来回通过火焰灼烧灭菌，但不必烧红。以此方式灼烧灭菌 3 次。

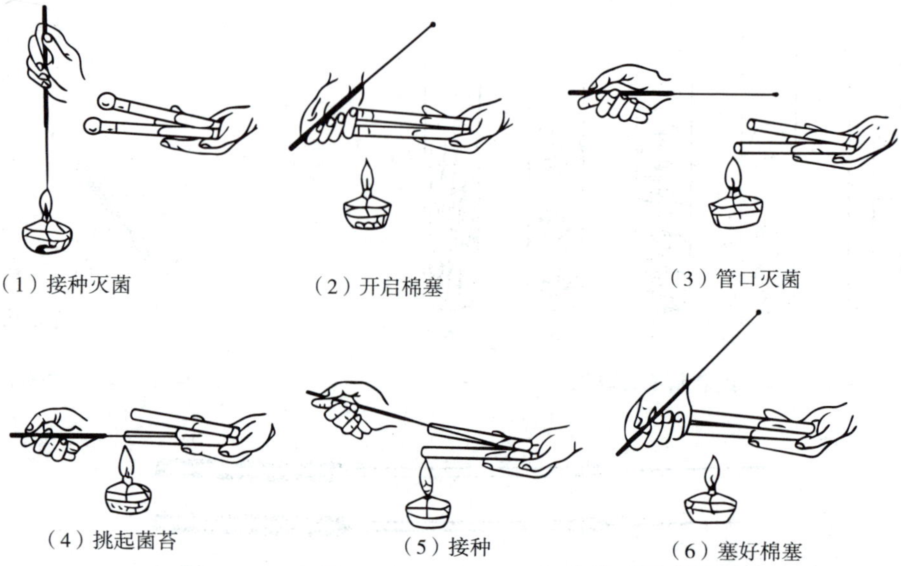

图 11－17　斜面接种时的无菌操作

（6）将两支试管的管口部分靠近火焰，用右手小指和手掌边缘同时夹住两个棉塞，也可用右手环指和小指夹住前方菌种试管的棉塞，再用小指和手掌边夹住后方斜面培养基试管的棉塞。拔出的棉塞应始终夹在手中，切勿放在桌上。

（7）拔掉两支试管的棉塞后，立即在火焰上烧灼试管口（勿烧得过烫），并靠手腕动作不断转动试管口，借以烧死试管口沾有的杂菌（即使有部分未死，也已经被加热固定于管口壁上）。

（8）将经灼烧灭菌的接种环伸入到菌种管内，先接触一下没有菌苔的培养基部分，使环冷却，以免烫死待移接的菌体，然后轻轻接触菌苔，蘸取少量菌体（必要时可将环在菌苔上稍微刮一下），再慢慢将接种环抽出试管。注意不要让沾有菌苔的环碰到管壁，取出后勿使环通过火焰。

（9）在火焰旁迅速将带菌接种环伸入另一试管，自斜面底端向上轻轻划蜿蜒曲线或直线，划线时注意环要平放，不要把培养基划破，也不要使菌种沾污到管壁。

（10）抽出接种环，将两支试管管口再次在火焰上烧灼，然后塞上棉塞。塞棉塞时注意不要用试管口去迎棉塞，以免试管在移动时进入不洁空气而污染杂菌。

（11）将接种环烧红，杀死环上的残菌。注意要将接种环先在温度较低的火焰内焰灼烧，逐渐移至火焰外焰灭菌，不要直接在外焰烧环，以免残留在环上的菌体爆溅而污染环境。

（12）放回接种环后，将棉塞进一步塞紧，以免脱落。

（二）液体接种

液体接种是用接种环、移液管等接种工具，将斜面菌种或菌液移接到无菌新鲜液体培养基中的一种接种方法。此法常用于观察细菌和酵母菌的生长特性、生化反应特性及发酵生产中菌种的扩大培养等。

1. 将斜面菌种接种至液体培养基中的方法　当向液体培养基中接种菌量较小时，其操作步骤与斜面接种时基本相同，区别是挑取少量菌苔的接种环移入液体培养基试管后，应将环在液体表面处的试管内壁上轻轻摩擦，把菌苔研开，然后退出接种环，塞好棉塞，振摇试管，使接种的细胞均匀分散在液体培养基中（图 11－18）。当向液体培养基中接种量较大时，可先在斜面菌种试管中倒入适量无菌水或液体培养基，用接种环将

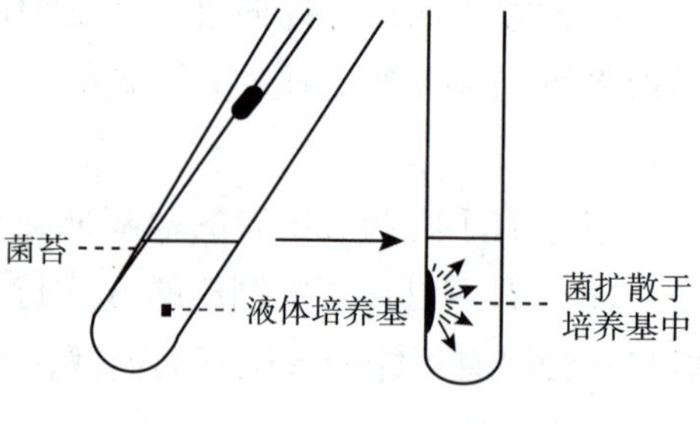

图 11－18　液体培养基接种

菌苔刮下，用力振摇试管，使之成为均匀的菌悬液，然后按液体－液体接种法将菌种移接至液体培养基中。

2. 将液体菌种接种至液体培养基中的方法 可用无菌移液管定量吸取液体菌种，加入到新鲜液体培养基中，也可将液体菌种直接倒入新鲜液体培养基中。

3. 穿刺接种 是用沾有菌种的接种针将菌种接种到试管深层培养基中。经穿刺接种后的菌种常作为保藏菌种的一种形式。该方法还可用在鉴定细菌时，观察细菌的生理生化特征，如观察细菌的运动能力，或观察菌株对明胶的水解性能时，均宜采用穿刺接种法。

接种前后对接种针及试管口的处理方法与斜面接种法相同，接种时将针尖蘸取少许菌种，然后将带菌接种针从半固体培养基中心垂直刺入，直到接近管底，但不要刺穿到管底，然后立即从原穿刺线退出。刺入和退出时均不可使接种针左右播动，如图 11－19 所示。

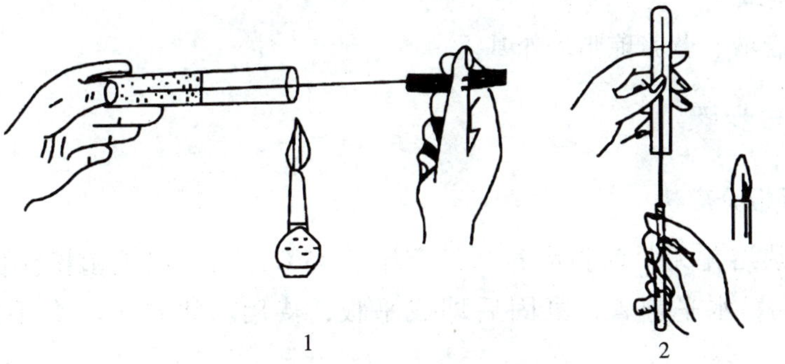

1. 平行穿刺；2. 垂直穿刺

图 11－19 穿刺接种操作法

4. 平板接种 是指将菌种接种于平板培养基上，常用于微生物菌落形态观察及菌种的分离纯化。

5. 培养 将已接种的培养基放于 28～30℃的恒温培养箱中，培养 2～3 天后观察结果，并记录。

五、复习与思考

1. 检查细菌是否有运动能力的实验方法有哪些？
2. 在接种细菌时如何注意无菌操作？
3. 为什么平板接种后的培养皿要倒置培养？
4. 细菌在液体培养基中的生长现象有哪些？

实训七 微生物的分离、纯化

一、实训目的

1. 掌握 无菌操作技术及常用的分离纯化方法。
2. 熟悉 微生物接种、移植和培养的基本技术。
3. 了解 细菌分离纯化的原理。

二、实训原理

在自然条件下，微生物是以多种混居的群体形式存在的，因此要研究某一微生物，必须首先分离出该微生物的纯培养物，即微生物的纯种分离。常用的纯种分离方法有平板划线分离法、倾注平板分离法等。

平板划线分离法是先制备好无菌平板，在无菌的环境下用接种环蘸取少许待分离微生物，在培养基表面连续划线或者分区划线，划线的起始部分微生物连在一起生长，越往后菌量越少，最后可能形成单个菌落，可以认为是由一个细胞大量繁殖后而形成的集团，因此可以得到纯培养物。

倾注平板法是先把待分离的微生物进行一系列的液体稀释，然后分别取一定量的稀释液，与预先熔化并冷却到45～50℃之间的琼脂培养基混合，摇匀后倒平板（或者先把稀释液置于平皿中，再倒入预先熔化并冷却到45～50℃之间的琼脂培养基），培养后可能有单菌落出现，从而得到纯培养物。

三、仪器与材料

1. 仪器 接种环、酒精灯、0.5 ml灭菌移液管、灭菌培养皿、含9 ml无菌生理盐水试管、70%乙醇棉球、记号笔、标签纸。

2. 材料 细菌混合液、营养琼脂培养基。

四、实验方法与步骤

（一）稀释涂布平板分离法

1. 制备平板 加热熔化无菌琼脂培养基，冷却至45℃左右，以无菌操作倒入无菌平皿中（每皿12～15 ml），迅速摇匀，水平静置，凝固后即成平板，待用。共制备三套平板，并分别标上10^{-4}、10^{-5}、10^{-6}。

2. 稀释样品 取6支含9 ml无菌生理盐水试管，并排列于试管架上，依次为10^{-1}、10^{-2}、10^{-3}、10^{-4}、10^{-5}、10^{-6}，将样品悬浮液（或增殖液）摇匀后，用1 ml移液管以无菌操作吸取1 ml注入10^{-1}试管内（注意这支移液管的尖端不能接触管内液体）。此管为10倍稀释液，即浓度为原液的1/10，然后用第二支移液管在10^{-1}试管内来回吹吸数次，使其混匀，再从中吸取1 ml注入10^{-2}试管内，另取一支无菌移液管，以同样方式在10^{-2}试管内来回吹吸数次混匀，即为原液1/100倍稀释液，重复上述操作，将样品依次稀释至$1/10^3$、$1/10^4$、$1/10^5$、$1/10^6$倍（此方法称为十倍连续稀释法，常用于细菌平板计数、液体培养等工作中，是微生物实验和研究工作的主要方法之一）（图11－20）。

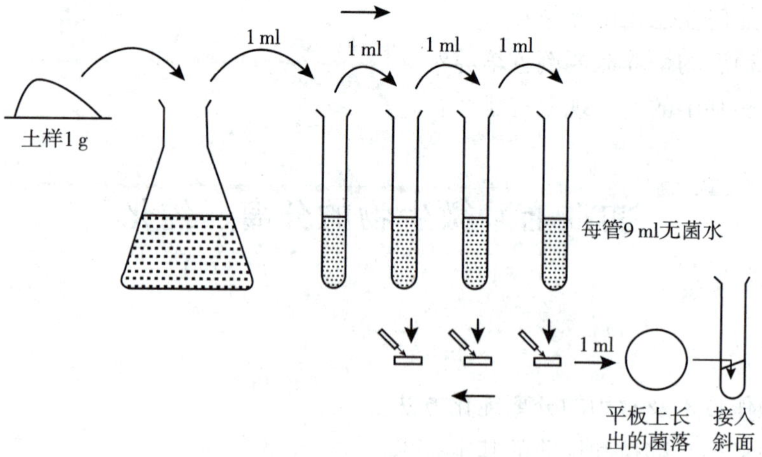

图11－20 样品稀释过程示意图

3. 加样 以无菌操作方法，用移液管分别吸取10^{-4}、10^{-5}、10^{-6}三个稀释度样液各0.1 ml，对号加入到相应的平板培养基上。

4. 涂布 取玻璃涂布棒在火焰上灼烧灭菌后，于火焰旁接触皿盖内的冷凝水，加速涂布棒冷却，随后迅速将接种的菌液在平板表面涂开（图11－21）。

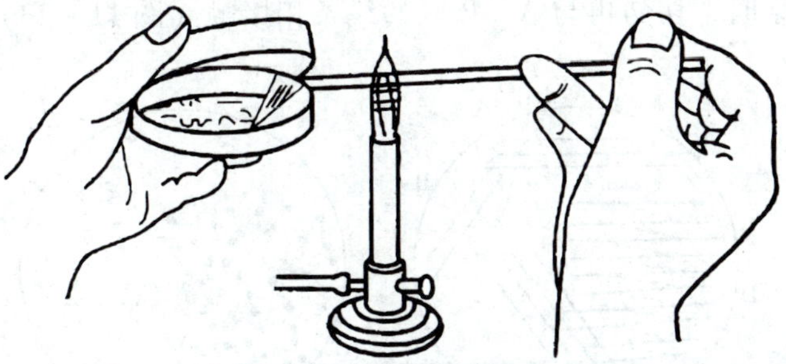

图11－21 涂布操作

5. 培养 将涂布好的平皿倒置放于恒温培养箱中培养，18～24小时后观察分离效果。

6. 挑取单菌落 挑取典型的单菌落进行染色和显微镜观察，若细胞形态及革兰染色反应均一致，将该单菌落移接到斜面培养基上，经培养后即得纯培养。

（二）稀释倾注平板分离法

该方法与稀释涂布法基本相同，无菌操作也一样，区别是先分别将10^{-4}、10^{-5}、10^{-6}这三个稀释度的稀释菌液各1 ml注入相应标记的三个无菌平皿中，然后立即倒入12～15 ml熔化并冷却至45～50℃的营养琼脂培养基，盖上皿盖，将平皿放在桌面上旋转几次，使培养基与稀释液充分混合均匀，待凝固后放于恒温培养箱内培养。长出菌苔、菌落后，观察分离效果，挑取单菌落，并移接于斜面培养基上（图11－22）。

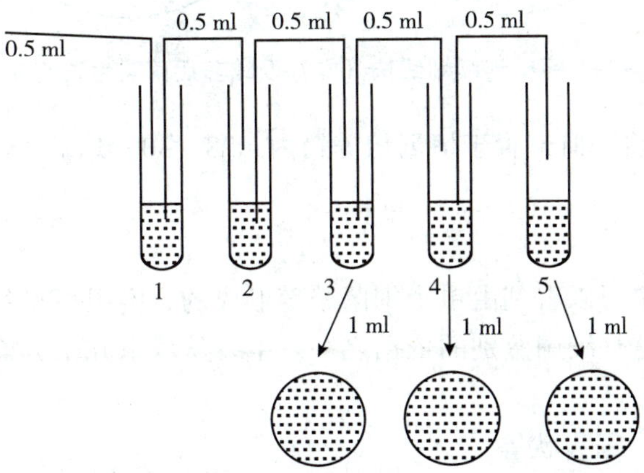

图11－22 倾注分离法

（三）平板划线分离法 微课

1. 制备平板 同涂布平板法。

2. 划线分离平板 划线分离的方法有多种，本实验主要介绍分区划线法和连续划线法。

（1）分区划线法 对于含菌量较多的样品可使用此种方法。将接种环在酒精灯火焰上灼烧灭菌，以无菌操作技术取一环待分离菌液，左手持琼脂平板，在火焰附近稍抬起皿盖，右手持接种环伸入皿内，使接种环与平板表面成约30°角，轻轻接触，以手腕力量使接种环在平板表面作轻快滑动（接种环不应嵌入培养基内）。先在平板一端划3～5条平行线，此划线区域为A区，然后烧掉环上残留的菌液，待环冷却后（可在平板培养基边缘空白处接触一下），将手中的培养皿转动约60°角，用接种环通过A

区向B区来回平行划线，同样再由B区向C区划线，最后由C区向D区划线。所划线的区域有不同的作用，故四区的面积也不应等同，应为D>C>B>A，D区是关键，是单菌落的主要分布区，故面积应最大。此外，在划D区线条时，切勿再与A、B区的线条相接触（图11-23）。

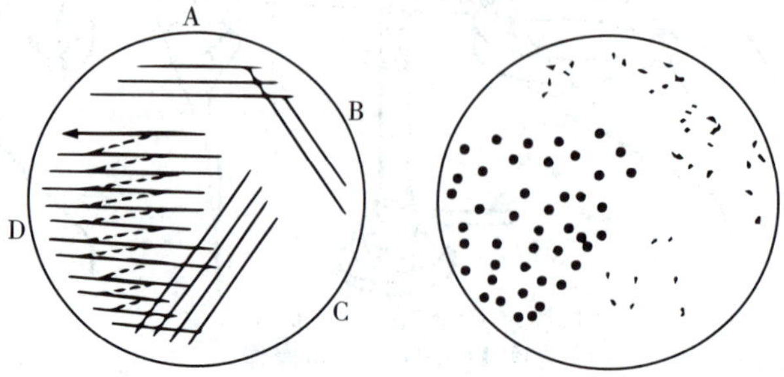

图11-23 平板分区划线法（左）及培养后菌落生长情况（右）

（2）平板连续划线法 样品悬液中含菌数量不太多时，可使用连续划线法。该方法与分区划线法基本相同，无菌操作也一样，所不同的是划线方式。用接种环先蘸取样品悬液，在平板上一点处研磨后，从该点开始向左右两侧划线，逐渐向下移动，连续划成若干条分散而不重叠的折线（图11-24）。

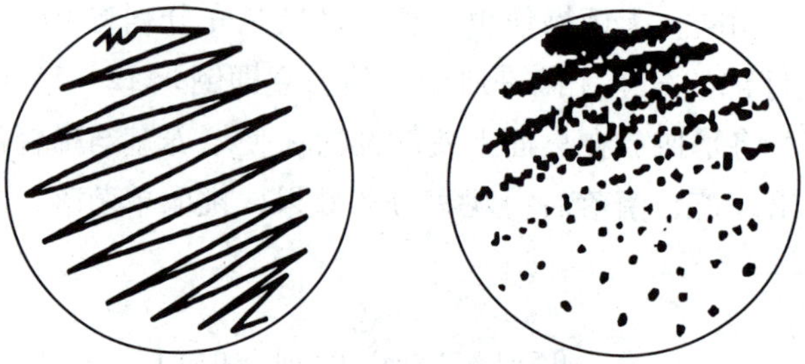

图11-24 平板连续划线法（左）及培养后菌落生长情况（右）

3. 培养 划线完毕后，将平皿倒置于恒温培养箱内，28~30℃培养18~24小时。

五、实验结果

经培养后，在琼脂平板中可以看到由单个细菌繁殖形成的，肉眼可见的细菌集团，即菌落。不同的细菌菌落特征不完全相同，这是细菌鉴别的依据之一。主要从以下几个方面观察菌落的特征。

（1）大小以毫米计。

（2）边缘整齐、波纹状、锯齿状等。

（3）表面光滑、粗糙、圆环状、乳突状等。

（4）形状圆形、不规则、放射状等。

（5）色素有无色素、颜色、溶解性等

（6）透明度透明、半透明、不透明。

（7）湿润度湿润、干燥。

六、复习与思考

1. 请设计两种不同的实验程序，从一微生物混合材料中分离得到纯培养物。
2. 用划线法分离，怎样才能得到相互分离的菌落？
3. 倾注分离法分离的操作过程中应注意哪些方面？

实训八　食品中菌落总数的测定

一、实训目的

1. 掌握　细菌分离和活菌计数的基本方法。

2. 熟悉　菌落总数测定在对被检样品进行卫生学评价中的意义。

2. 了解　食品中菌落总数测定的原理。

二、实训原理

食品中的菌数量是评价食品质量的重要指标之一，检测食品是否符合卫生标准，是否可以安全食用，通常需要对食品中的菌落总数进行测定。

菌落总数是指食品经过处理，在一定条件下（如培养基、培养温度和培养时间等）培养后，所得每克（毫升）检样中形成的微生物菌落总数。菌落总数主要作为判别食品被污染程度的标志，也可以应用这一方法观察微生物在食品中繁殖的动态过程，以便在对被检样品进行卫生学评价时提供依据。

菌落总数并不表示样品中实际存在的所有微生物总数，菌落总数也并不能区分其中微生物的种类，所以有时也被称为杂菌数、需氧菌数等。

三、仪器与材料

1. 仪器　恒温培养箱：(36 ±1)℃，(30 ±1)℃；冰箱：2 ~ 5℃；恒温水浴锅：(46 ±1)℃；天平：感量为 0.1 g；均质器；振荡器；无菌吸管：1 ml（具 0.01 ml 刻度）、10 ml（具 0.1 刻度）或微量移液器及吸头；无菌锥形瓶：容量 250 ml、500 ml；无菌培养皿：直径 90 mm；pH 计或 pH 比色管或精密 pH 试纸；放大镜（和）或菌落计数器。

2. 材料　食品检样、平板计数琼脂培养基、磷酸盐缓冲液、无菌生理盐水。

四、实验方法与步骤

（一）菌落总数检验程序

菌落总数检验程序见图 11 – 25。

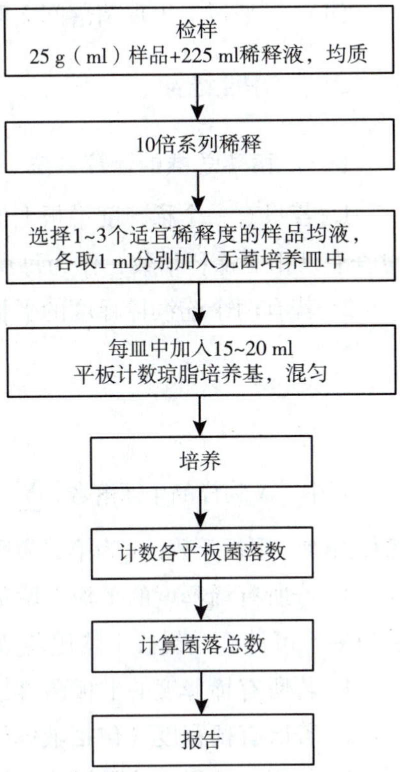

图 11 – 25　菌落总数检验程序

（二）实验步骤

1. 样品的稀释

（1）固体和半固体样品。称取 25 g 样品置盛有225 ml 磷酸盐缓冲液或生理盐水的无菌均质杯内，8000 ~ 10 000 r/min 均质 1 ~ 2 分钟，或放入盛有 225 ml 稀释液的无菌均质袋中，用拍击式均质器拍打 1 ~ 2 分钟，制成 1∶10 的样品匀液。

（2）液体样品。以无菌吸管吸取 25 ml 样品置盛有 225 ml 磷酸盐缓冲液或生理盐水的无菌锥形瓶（瓶内预置适当数量的无菌玻璃珠）中，充分混匀，制成 1∶10 的样品匀液。

（3）用 1 ml 无菌吸管或微量移液器吸取 1∶10 样品匀液 1 ml，沿管壁缓慢注于盛有9 ml稀释液的无菌试管中（注意吸管或吸头尖端不要触及稀释液面），振摇试管或换用1支无菌吸管反复吹打使其混合均匀，制成1：100的样品匀液。

（4）按上述操作，制备10倍系列稀释样品匀液。每递增稀释一次，换用1次1 ml无菌吸管或吸头。

（5）根据对样品污染状况的估计，选择1～3个适宜稀释度的样品匀液（液体样品可包括原液），在进行10倍递增稀释时，吸取1 ml样品匀液于无菌平皿内，每个稀释度做两个平皿。同时，分别吸取1 ml空白稀释液加入两个无菌平皿内作空白对照。

（6）及时将15～20 ml冷却至46℃的平板计数琼脂培养基（可放置于46±1℃恒温水浴箱中保温）倾注平皿，并转动平皿使其混合均匀。

2. 培养

（1）待琼脂凝固后，将平板翻转，（36±1）℃培养48±2小时。水产品（30±1）℃培养72±3小时。

（2）如果样品中可能含有在琼脂培养基表面弥漫生长的菌落时，可在凝固后的琼脂表面覆盖一薄层琼脂培养基（约4 ml），凝固后翻转平板，按上述条件进行培养。

3. 菌落计数

（1）可用肉眼观察，必要时用放大镜或菌落计数器，记录稀释倍数和相应的菌落数量。菌落计数以菌落形成单位（colony－forming units，CFU）表示。

（2）选取菌落数在30～300 CFU之间、无蔓延菌落生长的平板计数菌落总数。低于30 CFU的平板记录具体菌落数，大于300 CFU的可记录为多不可计。每个稀释度的菌落数应采用两个平板的平均数。

（3）其中一个平板有较大片状菌落生长时，则不宜采用，而应以无片状菌落生长的平板作为该稀释度的菌落数；若片状菌落不到平板的一半，而其余一半中菌落分布又很均匀，即可计算半个平板后乘以2，代表一个平板菌落数。

（4）当平板上出现菌落间无明显界线的链状生长时，则将每条单链作为一个菌落计数。

五、实验结果

（一）菌落总数的计算方法

1. 若只有一个稀释度平板上的菌落数在适宜计数范围内，计算两个平板菌落数的平均值，再将平均值乘以相应稀释倍数，作为每克（毫升）样品中菌落总数结果。

2. 若有两个连续稀释度的平板菌落数在适宜计数范围内时，按以下公式计算：

$$N = \frac{\sum C}{(n_1 + 0.1n_2)d}$$

式中，N为样品中菌落数；$\sum C$为平板（含适宜范围菌落数的平板）菌落数之和；n_1为第一稀释度（低稀释倍数）平板个数；n_2为第二稀释度（高稀释倍数）平板个数；d为稀释因子（第一稀释度）。

3. 若所有稀释度的平板上菌落数均大于300 CFU，则对稀释度最高的平板进行计数，其他平板可记录为多不可计，结果按平均菌落数乘以最高稀释倍数计算。

4. 若所有稀释度的平板菌落数均小于30 CFU，则应按稀释度最低的平均菌落数乘以稀释倍数计算。

5. 若所有稀释度（包括液体样品原液）平板均无菌落生长，则以小于1乘以最低稀释倍数计算。

6. 若所有稀释度的平板菌落数均不在30～300 CFU之间，其中一部分小于30 CFU或大于300 CFU时，则以最接近30 CFU或300 CFU的平均菌落数乘以稀释倍数计算。

（二）菌落总数的报告

1. 菌落数小于 100 CFU 时，按“四舍五入”原则修约，以整数报告。

2. 菌落数大于或等于 100 CFU 时，第 3 位数字采用“四舍五入”原则修约后，取前 2 位数字，后面用 0 代替位数；也可用 10 的指数形式来表示，按“四舍五入”原则修约后，采用两位有效数字。

3. 若所有平板上为蔓延菌落而无法计数，则报告菌落蔓延。

4. 若空白对照上有菌落生长，则此次检测结果无效。

5. 称重取样以 CFU/g 为单位报告，体积取样以 CFU/ml 为单位报告。

六、复习与思考

1. 食品检验为什么要测定菌落总数？
2. 实验操作过程中，如何使数据可靠？
3. 食品中检出的菌落总数是否代表该食品上的所有微生物数？为什么？

（申　森）

书网融合……

微课　　题库

参考文献

[1] 吴祖芳．现代食品微生物学［M］．杭州：浙江大学出版社，2017.
[2] 何国庆．食品微生物学［M］.2 版．北京：中国农业大学出版社，2016.
[3] 常洪伟．食品微生物学［M］．长春：吉林大学出版社，2016.
[4] 胡树凯．食品微生物学［M］．北京：北京交通大学出版社，2016.
[5] 林继元，李万德．食品微生物基础与应用［M］．北京：中国质检出版社，2013.
[6] 车云波．食品微生物技术［M］．北京：中国质检出版社，2013.
[7] 李平兰．食品微生物学教程［M］．北京：中国林业出版社，2011.
[8] 李志香，张家国．食品微生物学及其技能训练［M］．北京：中国轻工业出版社，2011.
[9] 范建奇．食品微生物基础与实验技术［M］．北京：中国质检出版社，2012.
[10] 侯建平，纪铁鹏．食品微生物［M］．北京：科学出版社，2009.
[11] 陈红霞，李翠华．食品微生物学及实验技术［M］．北京：化学工业出版社，2008.
[12] 黄贝贝，陈电容．微生物学与免疫学基础［M］．北京：化学工业出版社，2009.
[13] 李明远．微生物与免疫学［M］．北京：人民卫生出版社，2000.
[14] 魏明奎，段鸿斌．食品微生物检验技术［M］．北京：化学工业出版社，2008.
[15] 牛天贵，张宝芹．食品微生物检验［M］．北京：中国计量出版社，2003.
[16] 张青，葛菁萍．微生物学［M］．北京：科学出版社，2004.
[17] 叶剑尔．微生物学基础及药用技术［M］．杭州：浙江大学出版社，2014.
[18] 周海鸥，蒋锦琴．药学微生物及技术［M］．杭州：浙江大学出版社，2011.
[19] 杨玉红，陈淑范．食品微生物学［M］.3 版．武汉：武汉理工大学出版社，2018.
[20] 姜培珍．食源性疾病与健康［M］．北京：化学工业出版社，2006.
[21] 刘绍军．食源性病原微生物及防控［M］．北京：中国轻工业出版社，2006.
[22] 杨玉红，吕玉珍．食品微生物与实验实训［M］．大连：大连理工大学出版社，2011.
[23] 刘素纯，贺稚非．食品微生物检验［M］．北京：科学出版社，2013.
[24] 刘世利．CRISPR 基因编辑技术［M］．北京：化学工业出版社，2021.
[25] 刘绍军，岳晓禹．食品微生物学［M］．北京：中国农业大学出版社，2020.
[26] 汤高奇．食品合规管理职业技能教材［M］．北京：化学工业出版社，2022.
[27] 青宁生．食品安全卫士——微生物学家孟昭赫［J］．微生物学报，2018，58（2）：359－360.